U0904932

高等职业教育规划教材

电工学与工业电子学(非电类)

第 2 版

主　编　丁卫民
参　编　张培珍　武可庚　权高军　罗贵隆
主　审　夏路易

机 械 工 业 出 版 社

本书分四篇，共十二章。其中，第一篇电路基础，包括：直流电路、正弦交流电路和三相交流电路；第二篇工业企业常用电气设备，包括：磁路与变压器、电动机、常用电器与控制电路和工业企业供电与用电基本知识；第三篇电子技术基础，包括：常用半导体器件、晶体管放大电路、数字电路基础和直流稳压电源；第四篇电工测量基础，包括：常用指示仪表的基本结构、原理、分类，误差，电流、电压和电功率的测量，万用表简介。

本书内容简明，文字叙述详细，阐述严谨，通俗易懂，例题、习题丰富。可作为高等职业技术学院非电类专业“电工学与工业电子学”课程的教材，也可作为职工大学或工程技术人员作为培训教材或参考书。

为方便教学，本书配有免费电子课件、习题解答，凡选用本书作为授课教材的教师，均可来电索取，咨询电话：010-88379564。

图书在版编目（CIP）数据

电工学与工业电子学（非电类）/丁卫民主编. —2版. —北京：机械工业出版社，2013.10（2019.1重印）

高等职业教育规划教材

ISBN 978-7-111-44174-8

Ⅰ.①电… Ⅱ.①丁… Ⅲ.①电工学-高等职业教育-教材②电子学-高等职业教育-教材 Ⅳ.①TM1②TN01

中国版本图书馆CIP数据核字（2013）第227962号

机械工业出版社（北京市百万庄大街22号 邮政编码100037）
策划编辑：于 宁 责任编辑：于 宁 冯睿娟
版式设计：霍永明 责任校对：程俊巧
封面设计：赵颖喆 责任印制：常天培
北京京丰印刷厂印刷
2019年1月第2版·第4次印刷
184mm×260mm·12.5印张·306千字
6 801—8 300册
标准书号：ISBN 978-7-111-44174-8
定价：27.00元

凡购本书，如有缺页、倒页、脱页，由本社发行部调换

电话服务	网络服务
服务咨询热线：010-88379833	机 工 官 网：www.cmpbook.com
读者购书热线：010-88379649	机 工 官 博：weibo.com/cmp1952
	教育服务网：www.cmpedu.com
封面无防伪标均为盗版	金 书 网：www.golden-book.com

第2版前言

自本书第1版问世以来，已经经历了近十年。在这期间，高等职业教育发生了突飞猛进的发展变化，教育教学改革不断深入，促使本教材得以改进完善，第2版现在与读者见面了。

新版是在第1版的基础上，经过总结提高、修改增删而成的。在修订工作中，以《教育部关于加强高职高专教育人才培养工作的意见》（教高［2002］2号）文件精神为指导，以“必需、够用、实用、好用”为原则，根据教育部最新制订的“高职高专教育电工电子技术课程教学基本要求”，针对高职高专生源的特点，并大量汲取了读者和广大教师的反馈意见和建议，对原书中很多地方作了补充、修改和完善，特别是丰富了习题的数量和类型，便于学生对知识的练习和巩固。

修订后的教材，具有以下特点：

1）将素质教育和创新教育贯穿其中，潜移默化于教学中。

2）简明，扼要；通俗，易懂；易教，易学。

3）直观、形象，图文并茂。

4）习题丰富，题型多样，难易结合，贴近实际。

5）将先进性、科学性、实用性和系统性融为一体。

本书可作为高等职业技术学院“电工学与工业电子学”课程的试用教材或教学参考书，也可供职工大学或工程技术人员作为教材或参考书之用。

本书由山西铁道职业技术学院丁卫民任主编（编前言、绪论、第三章、第五章、第六章、第七章、第十章、第十二章；并重新修订了全部章节的习题。），负责全书的组织、提纲编写和统稿工作；参编者有：山西铁道职业技术学院张培珍（编第四章）、武可庚（编第一、二章）、权高军（编第十一章）、山西职业技术学院罗贵隆（编第八、九章）。

本书由太原理工大学夏路易教授主审，他详细审阅了编写提纲以及全部书稿，提出了许多宝贵意见和建议，在此深表感谢！

本书自2002年出版以来，经12次印刷共发行约50000册。编者收到来自多方的反馈信息，读者提出了很多宝贵意见和建议，对本书此版的修订起到至关重要的作用。在此，也一并表示深深的谢意。

虽经审阅修订，但限于编者水平，教材中仍难免存在不妥之处，希望广大读者提出批评和指正。

编　者

第1版前言

本书是参照高等职业技术学院非电类专业“电工学与工业电子学”教学大纲，在多年从事电工电子教学的基础上，总结多年的教学改革经验而编写的。

本书作为跨世纪的新型教材，在编写中，以素质教育和学生的发展为根本宗旨，以培养学生创新精神和实践能力为重点，以使学生掌握基本的电工电子理论和技能并为后续课程打下良好的基础为目的，力求使本书具有以下特点：

1）渗透素质教育的思想及内容，潜移默化于教学中。

2）简洁、明了，以易懂、广度优先，理论为应用服务，够用即可。

3）突出了教材的先进性与科学性，内容具有鲜明的时代气息。本书采用了最新的术语、图形符号、字母符号和单位。

4）适宜自学。语言文字精练、通俗，内容上循序渐进。

5）实用性强。例题、习题内容新颖，贴近实际，有助于学生创新思维的开发。教材内容突出外特性讲述，内部机制不讲或少讲。除删除一些传统的繁琐内容外，还增加了某些实用性强的基础内容，如电工测量部分，拓宽了基础范畴。

本书可作为高等职业技术学院非电类专业“电工学与工业电子学”课程的试用教材或教学参考，也可供职工大学或工程技术人员作为教材或参考书之用。

本书由山西铁道职业技术学院丁卫民任主编（编前言、绪论、第十二章），负责全书的组织、提纲编写和统稿工作。参编者有：山西铁道职业技术学院张培珍（编第四、五章）、武可庚（编第一、二章）、权高军（编第十、十一章）、李明（编第七章），山西综合职业技术学院罗贵隆（编第八、九章）、山西煤炭职业技术学院王红俭（编第六章）、山西交通职业技术学院王安新（编第三章）。

本书由太原理工大学夏路易教授主审。他详细审阅了编写提纲以及全部书稿，提出了许多宝贵意见和建议，在此深表感谢！

限于编者水平，同时编写时间也比较仓促，因而教材中一定存在不妥之处，希望广大读者批评和指正。

编　者

目　录

第三篇　电子技术基础

第四篇　电工测量基础

绪 论

一、电能的应用、特点及电气化的重要性

“电工学与工业电子学”是研究电能在技术领域中应用的技术基础课程。为什么要研究电能呢?

电能的利用是人类生产发展史上的伟大革命。电能从19世纪应用以来，在现代工业、农业、国防、交通、科研和日常生活中发挥着越来越重要的作用。从某种意义上讲，电气化的程度已作为衡量一个国家是否发达的主要标志之一。

随着生产和科学技术的发展，电子技术得到了高度的发展和广泛应用，特别是计算机的出现，对于社会生产力的发展起着变革性的推动作用。计算机从最初的解决各种数学计算问题，发展到今天的能解决各种逻辑问题，例如，文字翻译、自动控制、统计分析、行政管理等。现在一切新的科学技术的发展无不与电能的应用有着密切的联系。

电能之所以得到如此广泛的应用，是因为它具有其他能量无可比拟的优点，主要表现在：

(1) 易于转换　电能可以很方便地由热能（火力发电）、水能（水力发电）、化学能（电池）、原子能（原子能发电）等转换而来，成为廉价的动力来源。电能又可以很方便地转换为其他形式的能量，例如机械能（电动机）、热能（电炉）、光能（电灯）等。

(2) 易于输送和分配　电能可以很方便地输送到距离很远的地方，方便地进行分配，而且设备简单，损失小、效率高。

(3) 易于控制　利用电磁学理论进行控制和调节准确而又迅速，能够做到自动控制、自动调节和自动保护。

二、课程的性质、任务和学习中应注意的问题

“电工学与工业电子学”是研究电磁的自然规律在工程技术上应用的科学，是一门技术基础课程。通过本课程的学习，可获得必要的电工基础知识和基本技能，了解一般机械工业常用低压电器的主要功能和用途，获得正确使用、维护电气设备以及安全用电的基础知识；看懂简单电气控制线路图，掌握基本的电子技术的基础理论知识及基本技能，初步掌握阅读和分析简单电子线路原理图的一般规律；熟悉基本的电工测量仪表的组成、使用方法，了解一般电工测量方法。同时，结合本课程的特点，进行辩证唯物主义观点的教育、素质教育和创新教育，培养学生观察、分析和解决问题的能力。

本课程内容广泛，既具有较强的理论性，也具有较强的实践性。在学习中应注意以下几点：

1）注重物理概念的理解和掌握。

2）注重定理和定律的理解和掌握，弄清它们的适用范围与条件。

3）注重“方向”和“等效”的理解、掌握和应用。

4）注重“单位”的正确使用和换算。

5）注重实验和相关理论的联系。

第一篇　电路基础

第一章　直流电路

第一节　电路的基本概念

一、电路和电路图

电流所流过的路径称为电路，它是为了某种需要由某些电器元件或设备按一定方式连接起来而形成的系统。如图 1-1 所示，当合上开关时，因电流流过电灯，电灯就发光。干电池、电灯、开关和连接导线就构成了一个最简单的电路。

用国家统一规定的电器元件或设备符号来表示电路连接情况的图称为电路图，例如图 1-1b 就是图 1-1a 所示的电路图。

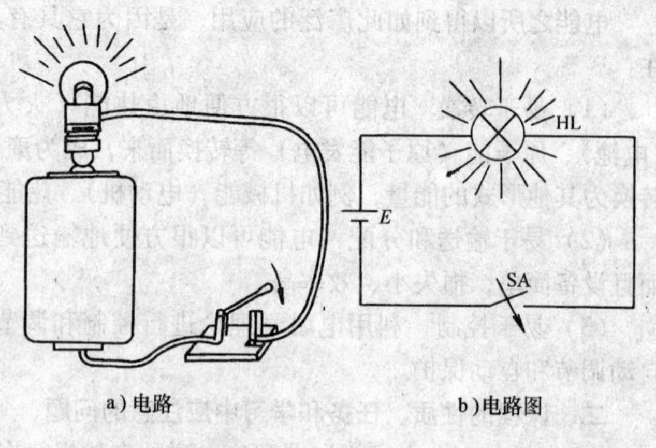

图 1-1　电路和电路图

一般电路都是由电源、负载、开关和连接导线四个基本部分组成的。电源是把非电能转换成电能、向负载提供电能的装置。常见的电源有干电池、蓄电池和发电机等。负载通常也称为用电器，它们是将电能转变成其他形式能的元器件或设备，如电灯可将电能转变成光能，电炉和电烙铁可将电能转变成热能，扬声器可将电能转变成声能，而电动机则可将电能转变成机械能等。开关是控制电路接通和断开的器件。连接导线担负传输或分配电能的任务。

二、电路的几个物理量

1. 电流（I）

电荷的定向运动就形成电流。在金属导体中，电流是自由电子在电场的作用下作定向运动形成的。在某些液体或气体中，电流则是带正负电荷的离子在电场力的作用下作有规则的运动形成的。

电流的大小等于单位时间内通过某一导体横截面的电荷量，用电流（I）来表示。电流这一名词既表示一种物理现象，也表示一个物理量。

若在 t 秒(s)内通过导体横截面的电荷量是 Q 库仑(C)，则电流 I 就可以用下式表示

$$I = \frac{Q}{t} \tag{1-1}$$

如果在1秒(s)内通过导体横截面的电荷量是1库仑(C)，则导体的电流就是1安培。安培简称安，以字母A表示。除安培外，常用的电流的单位还有千安（kA)、毫安（mA）和微安（μA)。电流各单位间的关系为

$$1\text{kA} = 10^3\text{A}$$

$$1\text{mA} = 10^{-3}\text{A}$$

$$1\mu\text{A} = 10^{-3}\text{mA} = 10^{-6}\text{A}$$

习惯上规定以正电荷的运动方向为电流的方向（实际方向)。在金属导体中，虽然电流实际上是自由电子定向移动形成的，但其效果与等量的正电荷反向流动完全相同，因此电流方向和电子流方向相反。

在一段无分支的电路中，电流处处相等。因为在电荷移动过程中，不可能在某一点聚集或消失，这一规律称为电流的连续性原理。

在分析电路时，常常要知道电流的方向，但有时对某段电路的实际方向往往难以判断，此时可先假定一个电流的参考方向，然后列方程求解。在电路图中，电流的参考方向可用带箭头的实线表示。当解出的电流为正值时，就认为电流的实际方向与参考方向一致；反之，当解出的电流为负值时，就认为电流的实际方向与参考方向相反。如图1-2所示，电流的参考方向用实线箭头表示，电流的实际方向用虚线箭头表示。

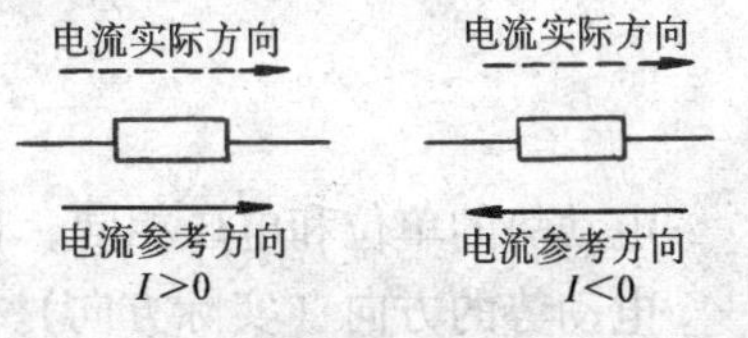

图1-2 电流的参考方向与实际方向

电流分为直流电流和交流电流两类。大小和方向都不随时间变化的电流称稳恒（直流）电流，简称直流，常用DC表示；凡大小和方向都随时间变化的电流称变动电流。在变动电流中有一种呈周期性变化且一个周期内平均值为零的电流称为交流电流，简称交流，常用AC表示。本章只讨论直流。

2. 电压（U）

电荷在电场力的作用下移动一段距离，电场力就做了功。电压是衡量电场做功本领大小的物理量。在电场中，若电场力将正电荷Q从a点移动到b点所做的功为W_{ab}，则功W_{ab}与电荷量Q的比值就称为这两点间的电压，用符号U_{ab}来表示。其表达式为

$$U_{ab} = \frac{W_{ab}}{Q} \tag{1-2}$$

可见，电压在数值上等于电场中电场力将单位正电荷从a点移到b点所做的功。电压单位为伏特，简称伏，用字母V来表示。除伏特外常用的电压单位还有千伏（kV)、毫伏（mV）和微伏（μV)。电压各单位间的关系为

$$1\text{kV} = 10^3\text{V}$$

$$1\text{mV} = 10^{-3}\text{V}$$

$$1\mu\text{V} = 10^{-3}\text{mV} = 10^{-6}\text{V}$$

电压和电流一样，不但有大小而且有方向，电压的方向（实际方向）规定为正电荷在电场中受电场力作用而移动的方向。对于电路中某两点间的电压方向不能确定时，也可先假定电压的参考方向。在电路图中电压的参考方向一般有三种表示形式：①用带箭头的实线表

示；②用双下标表示，如 U_{AB}、U_{CD}等，即由前面字母指向后面字母的方向；③用正、负号即“+”、“-”表示，为由“+”极指向“-”极的方向。然后根据计算所得数值的正负，来确定其实际方向，方法与确定电流方向相同。如图 1-3 所示，电压参考方向用实线表示，电压实际方向用虚线表示。电阻两端的电压常称为电压降。

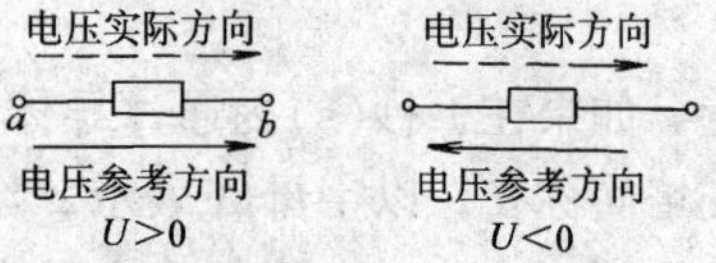

电压实际方向 a b 电压参考方向 $U>0$　电压实际方向 电压参考方向 $U<0$

图 1-3　电压的参考方向与实际方向

在电路分析时，电路图上只标定电量的参考方向，电量的正、负是相对参考方向而言的，而实际方向是由参考方向和电量的正负共同来确定的。

电流参考方向和电压参考方向可以任意选定，为了方便起见，往往将一段电路或一个元件上的电流和电压参考方向选成一致。电流和电压的这种参考方向称为关联参考方向，简称关联方向。

3. 电动势（E）

电动势是衡量电源将非电能转换成电能本领的物理量。电动势在数值上等于外力将单位正电荷从电源的负极移动到正极所做的功，用字母 E 来表示。若外力将正电荷 Q 从负极移到正极所做的功为 W_E，则电动势的数学式为

$$E=\frac{W_E}{Q} \tag{1-3}$$

电动势的单位和电压相同，也是伏特。

电动势的方向（实际方向）规定为由电源负极指向正极。在电路中用带箭头的实线来表示电动势的方向。

电源两端的电压称为电源的端电压，当电源开路时端电压在数值上等于电源的电动势，但两者实际方向相反。因此，当两者参考方向相反时，有 $U=E$；参考方向相同时，有$U=-E$，如图 1-4 所示。

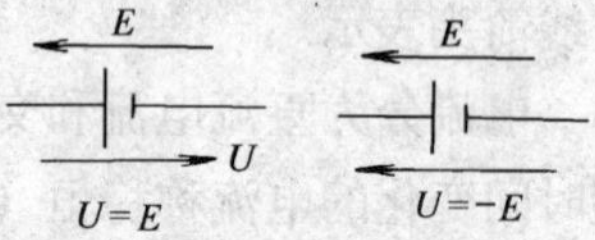

E U $U=E$　E $U=-E$

a）参考方向相反 b）参考方向相同

图 1-4　电压与电动势的关系

当电源和负载构成通路时由于内阻的存在，电源端电压与电动势不相等，即 $U\neq E$，只有当忽略内阻作用时，两者才近似相等。

4. 电阻（R）

当电流流过金属导体时，导体对电流的阻碍作用就称为电阻，用字母 R 表示。其单位是欧姆，简称欧，符号是 Ω。

实验证明：当电阻上加有电压时，就会有电流产生。如果电阻两端的电压和电流的大小成正比，该电阻叫线性电阻；否则叫非线性电阻。本书只讨论线性电阻。线性电阻两端电压与电流的关系可用下式表示：

即：
$$\frac{U}{I}=R \text{ 或 } U=RI$$

称之为欧姆定律。式中，电阻 R 是一个正实常数。电压 U 的单位用伏（V）表示，电流 I 的单位用安（A）表示时，电阻 R 的单位是欧姆（Ω）。

如果导体两端的电压为 1V，通过的电流是 1A，则该导体的电阻就是 1Ω。

除欧外，常用电阻的单位还有千欧（kΩ）和兆欧（MΩ）。电阻各单位之间的换算公式为

$$1\text{k}\Omega = 10^3\Omega$$

$$1\text{M}\Omega = 10^3\text{k}\Omega = 10^6\Omega$$

导体的电阻是客观存在的，它不随导体两端的电压大小变化。即使没有电压，导体仍然有电阻。实践证明，温度一定时导体的电阻跟导体的长度 l 成正比，跟导体的横截面积 S 成反比，并与导体的材料性质有关，可用下式表示：

$$R = \rho \frac{l}{S} \tag{1-4}$$

式中，ρ 是与材料有关的物理量，称为电阻率。电阻率的大小等于长度为 1m、横截面积为 1m^2 的导体，在一定温度下的电阻值，其单位是欧米（Ω·m）。在相同条件下，材料的电阻率越低说明其导电性能越好。

几种材料在 20°C 时的电阻率见表 1-1，可以看出，银的导电性能最好。由于银的价格昂贵，用它做导线太不经济，因此目前多用铜和铝做导线。又因铝矿丰富、价格便宜，所以在许多场合下常用铝代铜做导线。

表 1-1　几种材料在 20°C 时的电阻率

材料名称	电阻率 ρ/(Ω·m)	电阻温度系数 α/(°C^{-1})	材料名称	电阻率 ρ/(Ω·m)	电阻温度系数 α/(°C^{-1})
银	1.6×10^{-8}	0.0036	铁	10×10^{-8}	0.006
铜	1.7×10^{-8}	0.004	碳	3500×10^{-8}	-0.0005
铝	2.9×10^{-8}	0.004	锰铜	44×10^{-8}	0.000005
钨	5.3×10^{-8}	0.005	康铜	50×10^{-8}	0.000005

注：表中数据是近似值，随材料的纯度和成分的不同而有所改变。

例 1-1　一根铜线的横截面积为 1.5mm^2，长为 500m，试求这根导线在 20°C 时的电阻。

解：由表 1-1 查得铜的电阻率　$\rho = 1.7\times10^{-8}\Omega\cdot\text{m}$

由式（1-4）得

$$R = 1.7\times10^{-8}\times\frac{500}{1.5\times10^{-6}}\Omega = 5.67\Omega$$

导体的电阻除与材料的性质、尺寸有关外，还与温度有关，大多数金属随温度的升高电阻增大。

实验证明，温度在 0~100°C 范围内，金属导体的电阻改变量大体和温度改变的数值成正比。温度每升高 1°C 时，导体电阻的增加值与原来电阻的比值，称为电阻温度系数，用字母 α 表示，单位°C^{-1}。

如果在温度 t_1 时，导体的电阻为 R_1；在温度 t_2 时，导体的电阻为 R_2，那么电阻温度系数为

$$\alpha = \frac{R_2 - R_1}{R_1(t_2 - t_1)} \tag{1-5}$$

例 1-2　有一台电动机，它的绕组是铜线。在室温 26°C 时测得电阻为 1.25Ω。运转 3h 后，测得电阻为 1.5Ω，问此时电动机绕组的温度是多少？

解：由题目可知，$R_1 = 1.25\Omega$，$R_2 = 1.5\Omega$，$t_1 = 26°\text{C}$，由表 1-1 查得 $\alpha = 0.004°\text{C}^{-1}$

由式(1-5)可得：$t_2 = \dfrac{R_2 - R_1}{R_1\alpha} + t_1 = \left(\dfrac{1.5 - 1.25}{1.25\times0.004} + 26\right)°\text{C} = 76°\text{C}$

5. 电功与电功率

电流流过电器时，电器就将电能转化成其他形式的能，我们把电能转化为其他形式的能称为电流做功，简称电功，用字母 W 来表示。根据电压的定义和欧姆定律可知

$$W=UQ=IUt=I^2Rt=\frac{U^2}{R}t \tag{1-6}$$

式中，若电压单位为 V、电流单位为 A、电阻单位为 Ω、时间单位为 s 时，则电功单位为焦耳，简称焦，用字母 J 来表示。

电流流过用电器在单位时间内所做的功称为电功率，以字母 P 来表示，其数学表达式为

$$P=\frac{W}{t}=I^2R=\frac{U^2}{R} \tag{1-7}$$

式中，若电流单位为 A、电压单位为 V、电阻的单位为 Ω 时，则电功率的单位为瓦特，简称瓦，用字母 W 表示。除瓦特外，常用的功率单位还有千瓦（kW）、兆瓦（MW）等。其换算公式为

$$1\text{W}=10^{-3}\text{kW}$$

$$1\text{kW}=10^{-3}\text{MW}$$

由式（1-7）可以看出：

1）当用电器的电阻一定时，电功率与电流的平方成正比，与电压的平方成正比。

2）当流过用电器的电流一定时，电功率与电阻值成正比。由于串联电路流过同一电流，则串联电阻的功率与各电阻值成正比。

3）当加在用电器两端的电压一定时，电功率与电阻值成反比。如额定电压同为 220V 的白炽灯，25W 灯泡的灯丝电阻（工作时的电阻约为 1936Ω）比 40W 灯泡的灯丝电阻（约为 1210Ω）大。若把它们并接到 220V 电源上，则 40W 的灯泡比 25W 的灯泡亮；但若将两个灯泡串联后接在 220V 的电源上，则 25W 灯泡反而比 40W 灯泡亮。

在实际工作中，电功的单位常用千瓦小时（kW·h），俗称“度”。它表示功率为 1kW 的用电器在 1h 中消耗的电能，即

$$1\text{kW}\cdot\text{h}=1\text{kW}\times1\text{h}=3.6\times10^6\text{J}$$

例 1-3 某电视机的功率为 60W，平均每天开机 2h，若每 kW·h 电费为人民币 0.5 元，则一年（以 365 天计）要交纳多少电费?

解：电视机一年内消耗的电能为

$$W=60\times10^{-3}\times2\times365\text{kW}\cdot\text{h}=43.8\text{kW}\cdot\text{h}$$

则一年电费为

$$43.8\times0.5\text{ 元}=21.9\text{ 元}$$

第二节 电源的工作状态及电压源与电流源

一、电源的工作状态及其外特性

电源的工作状态有三种：空载、有载和短路。

1. 空载状态

通常一个实际电源都可用一个电动势和电阻串联来表示，如图 1-5 所示，电动势 E 与电

阻 R_0 串联表示一个实际电源，R_0 为电源的内电阻。

外电路处于断路状态称为空载，如图 1-5a 所示。此时，相当于负载电阻 $R \to \infty$，电路电流 $I=0$，电源的输出电压等于电源的电动势，即 $U=E$。

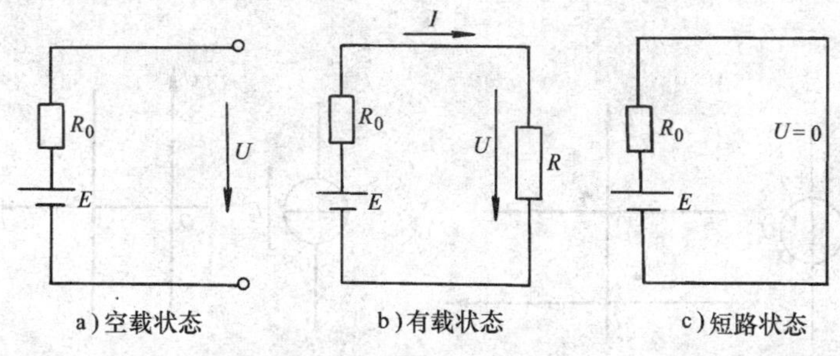

图 1-5　电源的三种状态

2. 有载状态

外电路接以负载电阻 R，电源向电路供给能量，称为有载，如图 1-5b 所示。有载时电路中的电流为

$$I=\frac{E}{R+R_0} \tag{1-8}$$

电源的输出端电压为

$$U=E-IR_0 \tag{1-9}$$

由式（1-9）可知此时电源的输出电压小于电动势，即

$$U<E$$

若电阻 R 逐渐减小，电流将增大，电源内部的电压降 IR_0 随之增大，电源的输出端电压 U 将逐步降低。电源输出电压随负载电流 I 变化的规律即 $U=f(I)$ 称为外特性。根据式（1-9）可作出图 1-6 所示的电源外特性曲线。

由图可知，电源的外特性曲线是一条向下倾斜的直线。随着 I 的增大，电源的端电压 U 由 E 沿直线下降，电源内阻越大，U 下降越多。当电源内阻为零时，其外特性为一条平行于横轴的直线（见图中虚线）。通常直流负载都需要恒定电压供电，所以总需要电源内阻越小越好。

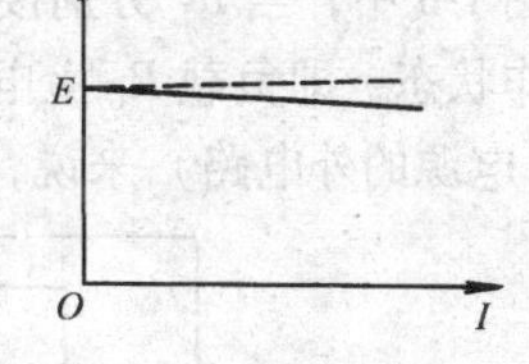

图 1-6　电源的外特性曲线

3. 短路状态

电源外电路电阻为零称为短路，如图 1-5c 所示，此时电路中的电流称为短路电流，且

$$I=\frac{E}{R_0} \tag{1-10}$$

由于 R_0 一般很小，所以 I 很大，可能损坏设备和线路，这是不允许的。短路时 $U_0=E$，$U=0$。

通常电源电动势和内阻都基本不变，且 R_0 很小，所以可近似认为电源的端电压就等于电源电动势。今后若不特别提出电源内阻时，就表示电源内阻很小，可以略去不计。

二、电压源与电流源

1. 理想电压源与理想电流源

理想电压源是一种能产生并维持一定输出电压的理想电源元件，又称恒压源。理想电压源在电路中的图形符号和伏安特性如图 1-7a 所示。理想电流源是一种能产生并维持一定输出电流的理想电源元件，又称恒流源。理想电流源在电路中的图形符号和伏安特性如图 1-7b 所示。

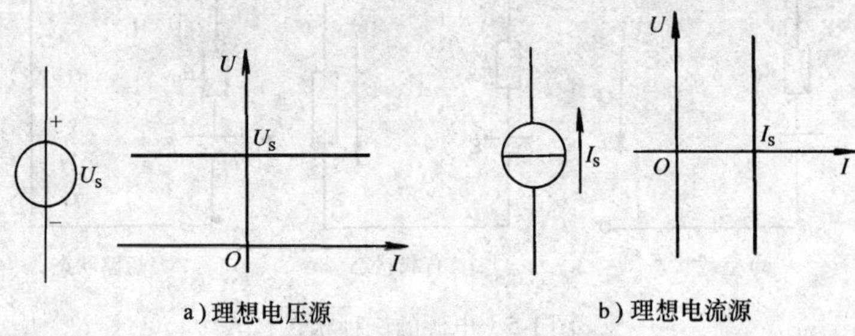

图 1-7　理想电压源和理想电流源

2. 实际电源的两种模型

理想电压源和理想电流源实际上是不存在的，但一个实际的电源可以用一个理想电压源 U_s（或电动势 E）与电源内阻 R_0 串联组合来表示，如图 1-8a 所示电路中的点画线框，称之为电压源模型，简称电压源。同理，一个实际的电流源也可以用一个理想电流源 I_s 与电源内阻 R_s 并联组合来表示，如图 1-8b 所示电路中的点画线框，称之为电流源模型，简称电流源。

3. 电压源与电流源的等效变换

所谓等效是指：若一个二端网络（即电路）端口的伏安特性与另一个二端网络端口的伏安特性相同，则这两个二端网络对同一负载（或外电路）而言是等效的。由此可知，在图 1-8 中，当 R_L 分别接在电压源（图 1-8a）上和接到电流源（图 1-8b）上若保持相同的工作状态，即负载 R_L 上电流及端电压相等（$I = I'$，$U = U'$），则可认为两电源等效，即对 R_L（电源的外电路）来说，两个等效电源可以互相替换。

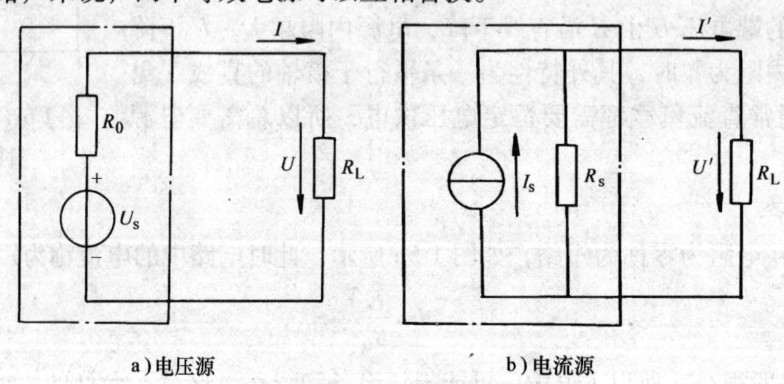

图 1-8　电压源与电流源

由图 1-8a 可得电压源的外特性方程为

$$U = U_s - IR_0 \tag{1-11}$$

在图 1-8b 中由于 $I_s - I' = U'/R_s$，由此可得到电流源的外特性方程为

$$U' = I_s R_s - I' R_s \tag{1-12}$$

若电压源和电流源等效，则比较式（1-11）和式（1-12）得到

$$U_s = I_s R_s \tag{1-13}$$

$$R_0 = R_s \tag{1-14}$$

式（1-13）及式（1-14）即为电压源与电流源等效变换条件。将电压源与电流源进行等效变换，其主要目的是为了简化电路，在进行复杂电路的分析与计算时，会带来很大的方便。在进行电压源与电流源等效变换时，应注意以下问题：

1）电压源从负极到正极的方向与电流源电流的方向在变换前后应保持一致。

2）电源等效变换中的等效是对外电路而言的，对电源的内部是不等效的。例如，电压源开路时，电源电流及功率均为零；而电流源开路时，电源内阻有电流，有功率损耗。

3）理想电压源和理想电流源不能互相替换。

例 1-4 分别求图 1-9a、b 所示的各电路中 a、b 端的等效电路。

解：图 1-9a 所示为两个电压源串联，等效电路如图 1-10a 所示，其中

$$U_s = U_{s1} + U_{s2} = (10+5)\text{V} = 15\text{V}$$

$$R_0 = R_{01} + R_{02} = (3+2)\Omega = 5\Omega$$

图 1-9b 所示为两个电流源并联，等效电路如图 1-10b 所示，其中

$$I_s = I_{s1} + I_{s2} = (1+2)\text{A} = 3\text{A}$$

$$R_0 = R_{01} /\!/ R_{02} = 2/2\Omega = 1\Omega$$

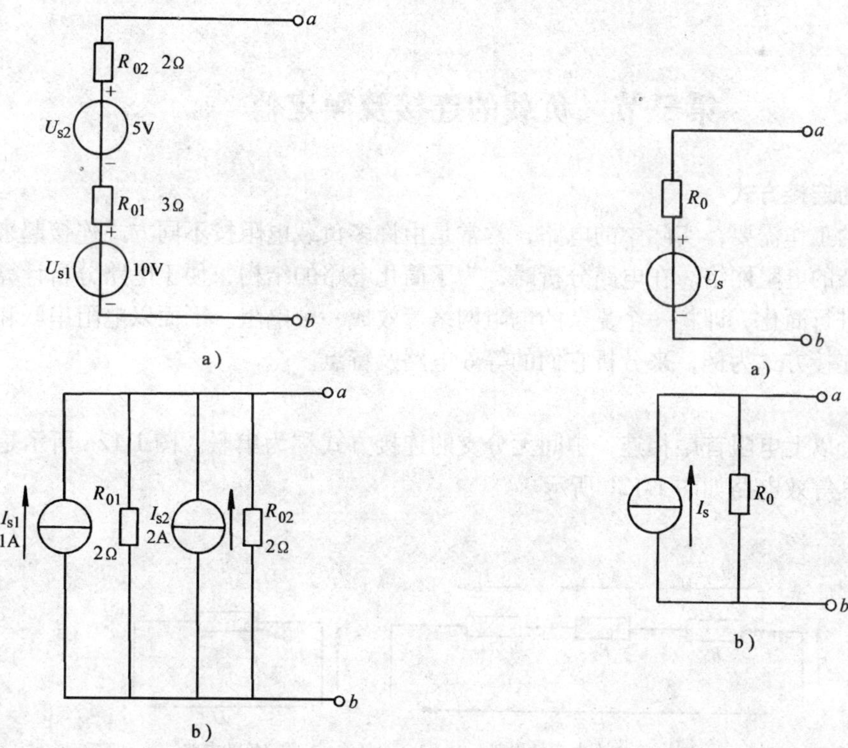

图 1-9　例 1-4 电路图

图 1-10　图 1-9 的等效电路

例 1-5 求图 1-11a 所示的电路中 a、b 端的等效电路。

解：图 1-11a 为两个电源串联，先将电路图上方电流源变换成等效的电压源，如图 1-11b 所示，其中

$$U_s' = I_s R_s = 2 \times 2\text{V} = 4\text{V}$$

$$R_0' = R_s = 2\Omega$$

再将两电压源串联，得到简化后的等效电路如图 1-11c 所示，由于 U_s 和 U_s'的极性相反，所以

$$U_s'' = U_s - U_s' = (10 - 4)\text{V} = 6\text{V}$$

$$R_0'' = R_0 + R_0' = (2 + 2)\Omega = 4\Omega$$

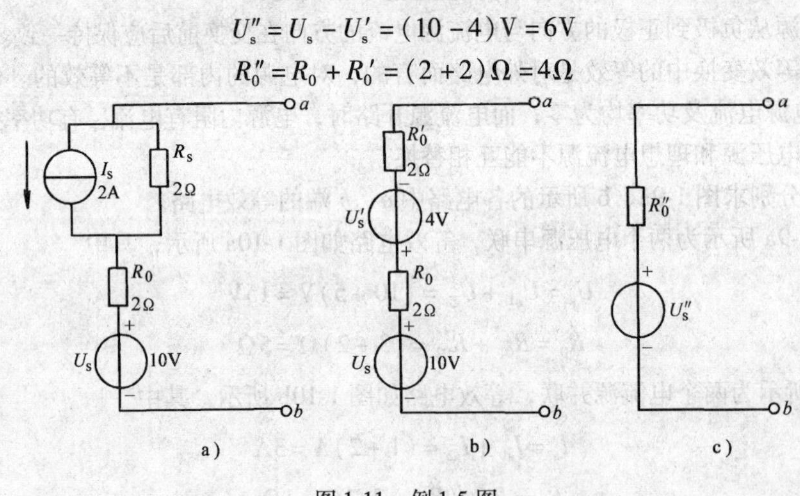

图 1-11 例 1-5 图

第三节 负载的连接及额定值

一、负载的连接方式

由于不同的工作需要，实际中的电路，常常是由许多负载电阻按不同方式连接起来所组成的一个较复杂的电阻网络。在电路分析时，为了简化电路的结构，便于电路分析计算，需要对电阻网络进行简化，即将一个复杂的电阻网络等效成一个电阻。下面以电阻串联和并联这两种基本的连接方式为例，来分析它们的等效电路及特点。

1. 串联

两个或两个以上电阻首尾相连，中间无分支的连接方式称为串联。图 1-12a 所示是三个电阻的串联，其等效电路如图 1-12b 所示。

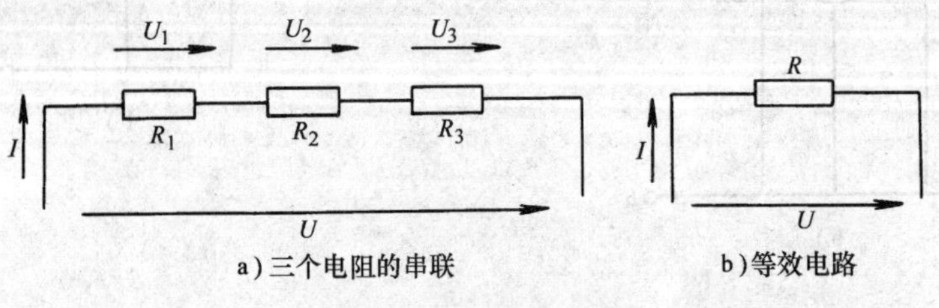

图 1-12 电阻的串联

串联电路的性质：

1）串联电路中流过每个电阻的电流相等。

2）串联电路两端的总电压等于各电阻两端电压之和，即

$$U = U_1 + U_2 + U_3 \tag{1-15}$$

3）串联电路的等效电阻（即总电阻）等于各串联电阻之和，即

$$R = R_1 + R_2 + R_3 \tag{1-16}$$

4）分压公式

$$\begin{cases} U_1 = IR_1 = \dfrac{U}{R_1 + R_2 + R_3}R_1 = \dfrac{R_1}{R_1 + R_2 + R_3}U \\ U_2 = \dfrac{R_2}{R_1 + R_2 + R_3}U \\ U_3 = \dfrac{R_3}{R_1 + R_2 + R_3}U \end{cases} \tag{1-17}$$

式（1-17）表明，在串联电路中，电压的分配与电阻成正比，即电阻值大的所分配到的电压越大，反之电压越小。

2. 并联

两个或两个以上的电阻接在电路相同的两点的连接方式称为电阻的并联。图 1-13a 所示是三个电阻的并联，其等效电路如图 1-13b 所示。

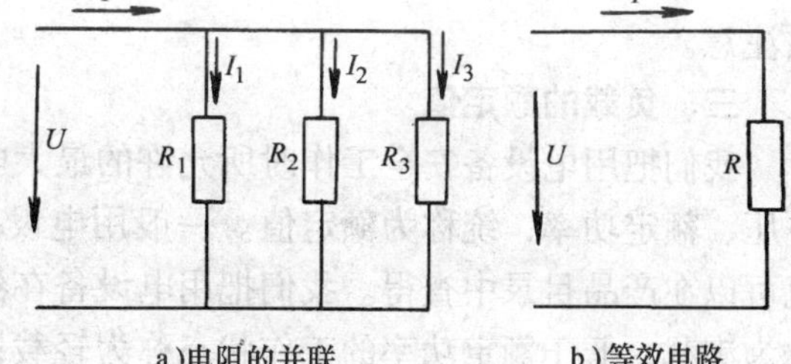

图 1-13　电阻的并联

并联电路的性质：

1）并联电路中各电阻上的电压相等。

2）并联电路中的总电流等于各电阻中的电流之和，即

$$I = I_1 + I_2 + I_3 \tag{1-18}$$

3）并联电路的等效电阻（即总电阻）的倒数等于各并联电阻的倒数之和，即

$$\frac{1}{R} = \frac{1}{R_1} + \frac{1}{R_2} + \frac{1}{R_3} \tag{1-19}$$

或

$$G = G_1 + G_2 + G_3 \tag{1-20}$$

式中，G 称为电导，它是电阻的倒数，单位为西门子，简称西（S）。

若是两个电阻并联，则并联后的总电阻为

$$R = \frac{R_1 R_2}{R_1 + R_2} \tag{1-21}$$

若 n 个相同的电阻（R）并联，则各电阻上电流都相等，总电阻等于 R/n。

4）分流公式。两个电阻 R_1、R_2 并联，则

$$\begin{cases} I_1 = \dfrac{U}{R_1} = \dfrac{IR}{R_1} = \dfrac{R_2}{R_1 + R_2} I \\ I_2 = \dfrac{U}{R_2} = \dfrac{IR}{R_2} = \dfrac{R_1}{R_1 + R_2} I \end{cases} \tag{1-22}$$

式（1-22）表明，在并联电路中，电流的分配与电阻成反比，即电阻值越大的所分配到的电流就越小，反之电流越大。

二、电流的热效应

电流通过导体时使导体发热的现象称为电流的热效应。换句话说，电流的热效应就是电能转换成热能的效应。实践证明：电流流过导体产生的热量，与电流的平方成正比，与导体的电阻及通电时间成正比，这个定律称为焦耳-楞次定律，即

$$Q = I^2 Rt \tag{1-23}$$

式中，Q 的单位是焦耳，简称焦，以字母 J 表示。

在生产和生活中，很多用电器都是根据电流的热效应制成的。如电灯、电烙铁、电烘箱、熔断器等在工厂中最常见；电熨斗、电吹风等在家庭中最常见。但电流的热效应也有其不利的一面，如电流的热效应会使电路不该发热的地方（如导线等）也发热，不但消耗能量，而且会使用电器的温度升高，加速绝缘材料的老化，甚至烧坏设备，所以必须注意。

三、负载的额定值

我们把用电设备安全工作时所允许的最大电流、电压和电功率分别称为额定电流、额定电压、额定功率，统称为额定值。一般用电设备的额定值都标在明显位置（设备铭牌上），也可以在产品目录中查得。我们把用电设备在额定功率下的工作状态称为额定工作状态，也称为满载；低于额定功率的工作状态称为轻载；高于额定功率的工作状态称为过载或超载。由于过载很容易烧坏用电器，所以一般不允许出现过载。

一般用电设备的电压是一定的，功率随电流的变化而变化，电流大则功率大，电流小则功率小。因此可根据电流的大小来判断用电设备是否过载。为了防止过载，有时将用电设备的电流限制在一定的范围内。

第四节　导线的选择

为了实现安全、经济供电，并保证供电的电压质量，正确地选择导线是一项极为重要的工作。

一、导线型号的选择

常用导线按材料不同有铜线和铝线两种。与铝线相比，铜线具有电阻率小、机械强度大的优点。在可靠性、供电质量要求较高的场合，应选择铜线。但一般情况下为了节约铜，节省投资，在不影响供电质量的前提下，应尽量采用铝线。长距离的架空线为了提高强度常选用钢芯铝绞线。

低压配电导线又可分为裸线和绝缘线两种。裸线外面没有保护层，绝缘线外面有一层绝缘保护层。根据绝缘保护层的材料不同绝缘线又分为橡皮绝缘线和塑料绝缘线。为了便于选择导线的型号，表 1-2 列出了各种常用导线的型号、名称以及它们的主要用途。

表 1-2　常用导线的型号及主要用途

导线的型号		额定电压/V	导线名称	主要用途
铝线	铜线			
LJ	TJ		裸绞线	室外架空线
LGJ			钢芯铝绞线	室外大跨度架空线
BLV	BV	500	聚氯乙烯绝缘线	室内架空线或穿管敷设
BLX	BX	500	橡皮绝缘线	室内架空线或穿管敷设
BLXF	BXF	500	氯丁橡皮绝缘线	室内外敷设
BLVV	BVV	500	塑料护套线	室内固定敷设
	RV	250	聚氯乙烯绝缘软线	250V 以下各种移动电器接线
	RVS	250	聚氯乙烯绝缘绞型软线	250V 以下各种移动电器接线
	RVV	500	聚氯乙烯绝缘护套软线	500V 以下各种移动电器接线

二、导线截面的选择

我国的导线规格是以其横截面积作为标称值的。表 1-3 列出了导线的规格及其安全载流量（即其额定电流），这一额定值是以不过热为原则来确定的。为了节省投资，导线的截面也不宜过大，一般应考虑四个条件：

（1）发热条件　导线通过最大电流长时间运行时，不至于发生过热而损坏外部绝缘材料、引起短路事故。

（2）电压条件　导线在通过最大电流时，在线路上的电压损失不能过大。

（3）线路损耗　线路损耗的功率不宜过大，以提高传输效率，节约电能。

（4）机械强度　配电导线应有足够的机械强度，避免在刮风、结冰或施工过程中被拉断，从而引起停电或其他事故发生。

距离很近的线路（如室内线路），不会产生很大的线路电压降和功率损耗，这时导线截面的选择就比较简单，可以根据线路中的电流值，从表 1-3 中直接选择。

例 1-6　某一教学楼的照明负载，额定电压为 220V，额定功率为 10kW，室内电源总线采用双芯塑料绝缘电缆、明敷方式，采用铝芯和铜芯时，分别应选择多大的导线截面？

解：由于是室内，可不考虑电压、损耗及机械强度等因素，仅由电流的大小来选择导线截面。导线上的电流为

$$I = \frac{P}{U} = \frac{10 \times 1000}{220}\text{A} = 45.5\text{A}$$

直接查表 1-3 中“铝芯塑料绝缘电缆、双芯、明敷”一栏，得导线的截面应为 10mm^2。

再查表 1-3 中“铜芯塑料绝缘电缆、双芯、明敷”一栏，得导线的截面应为 6mm^2。

表 1-3　500V 橡皮与塑料绝缘电力电缆及裸导线载流量表　　（单位：A）

导线截面/mm²	铜芯橡皮或塑料绝缘电力电缆				铝芯橡皮或塑料绝缘电力电缆				裸铜导线		裸铝导线	
	双芯		三芯		双芯		三芯		户内	户外	户内	户外
	明敷	埋设	明敷	埋设	明敷	埋设	明敷	埋设				
1.5	19	29	19	24	—	—	—	—	—	—	—	—
2.5	27	39	25	34	21	30	19	26	—	—	—	—

（续）

导线截面/mm²	铜芯橡皮或塑料绝缘电力电缆				铝芯橡皮或塑料绝缘电力电缆				裸铜导线		裸铝导线	
	双芯		三芯		双芯		三芯		户内	户外	户内	户外
	明敷	埋设	明敷	埋设	明敷	埋设	明敷	埋设				
4	38	49	35	44	29	37	27	34	25	—	—	—
6	50	62	42	53	38	49	32	41	35	—	—	—
10	70	94	55	80	55	71	42	62	60	85	55	—
16	90	120	75	102	70	94	60	80	100	130	80	105
25	115	156	95	134	90	120	75	102	140	180	110	135
35	140	187	120	160	105	143	90	125	175	220	135	170
50	175	236	145	200	135	183	110	156	220	270	170	215
70	215	285	180	245	165	218	140	187	280	340	215	265
95	260	344	220	294	200	262	170	227	340	415	260	325
120	300	396	260	343	230	302	200	263	405	485	310	375
150	350	450	305	387	270	347	235	298	480	570	370	440
185	405	508	350	445	310	392	270	343	550	645	425	500
240	—	—	—	—	—	—	—	—	650	770	—	610

注：橡皮与塑料绝缘电力电缆线芯最高允许工作温度为 +65°C，裸导线为 +70°C，护套线为 +65°C。周围环境温度为 +25°C。

输电距离较远的线路，将产生较大的线路电压降和功率损耗。若想使线路电压减小，必须加大导线截面，显然这是很不经济的。为此，远距离的供电线路必须采用高压。

第五节　基尔霍夫定律

在物理学中的电路，用欧姆定律和电阻串联、并联的方法，就能对其进行分析和计算，这样的电路称为简单电路。但实际的电路往往是比较复杂的，仅用以上方法是无法解决的，必须采用新的方法即基尔霍夫定律，该定律包括基尔霍夫电流定律（也称基尔霍夫第一定律）和基尔霍夫电压定律（也称基尔霍夫第二定律）。在介绍定律之前，先介绍电路中几个常用的术语。

一、电路中几个常用的术语

（1）支路　由一个或几个元件首尾相接而组成的无分支电路。如图 1-14 所示电路中 R_1、U_{s1}组成的支路，R_3 支路等。

（2）节点　电路中三个或三个以上支路的汇交点。如图 1-14 所示电路中 a 点、b 点。

（3）回路　电路中任一闭合路径。如图 1-14 所示电路中 $acbda$ 回路、$acba$ 回路等。

（4）网孔　只有一个孔的回路或最简单的回路。如图 1-14 所示电路中 $acba$ 回路和 $abda$ 回路。

二、基尔霍夫电流定律（KCL）

基尔霍夫电流定律指出：通过电路中任意一个节点的电流代数和为零，即

$$\Sigma I = 0 \tag{1-24}$$

我们把流进节点的电流规定为正，那么流出节点的电流相应为负，这时电流被引伸为一个代数量。由此可知，节点电流的代数和为零的实际含义就是：流进节点的电流等于流出节

点的电流（$I_{进}=I_{出}$）。这一定律也称基尔霍夫第一定律。

例如：对图 1-15 中 A 点，由基尔霍夫电流定律可得

$$I_1+I_4-I_3-I_2-I_5=0$$

$$或\quad I_2+I_3+I_5=I_1+I_4$$

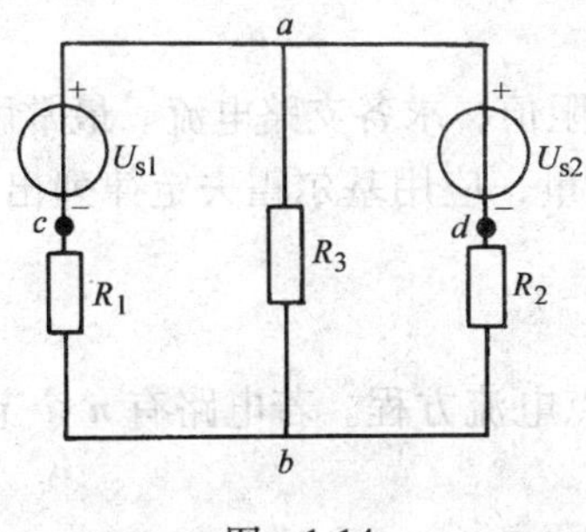

图 1-14　　图 1-15　节点电流

三、基尔霍夫电压定律（KVL）

基尔霍夫电压定律指出：沿电路中任一回路绕行一周，其回路中各段电压的代数和为零，即

$$\Sigma U=0 \tag{1-25}$$

或电压源电压的代数和等于电阻上电压降的代数和，即

$$\Sigma U_s=\Sigma IR \tag{1-26}$$

根据这一定律列出的方程式称为回路电压方程式。在列方程前首先要确定各电量的正负。通常情况下，先在回路中选择一个绕行方向。回路的绕行方向原则上是可以任意选定的，但是绕行方向一旦选取后，在解题过程中不要再改变，并以这个方向作为标准且根据各量的参考方向来确定各电量的正负。

式（1-25）中正负号规定为：回路中电压参考方向与绕行方向一致时为正，相反为负。

式（1-26）中电压源电压正负号规定为：电压源电压参考方向与绕行方向一致者为负；相反者为正。电阻电压降正负号的规定为：流经电阻上的电流方向与绕行方向一致者电压降取正；相反者取负。

下面通过一个具体的例题来说明如何利用以上两个定律求解电路。

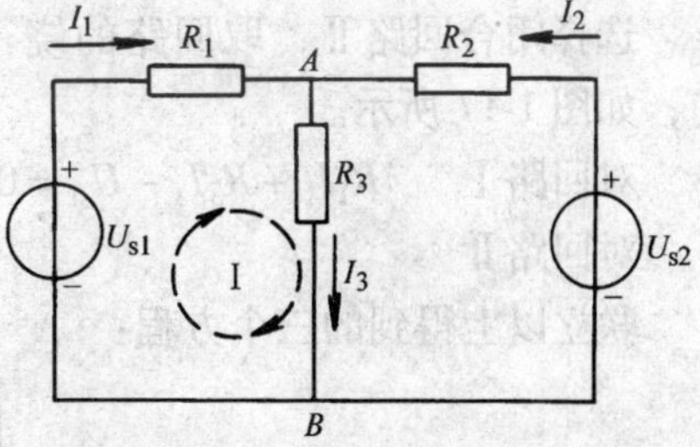

图 1-16　基尔霍夫定律应用

例 1-7　如图 1-16 所示，已知：$R_1=5\Omega$，$R_2=10\Omega$，$R_3=15\Omega$，$U_{s1}=180\text{V}$，$U_{s2}=80\text{V}$，$I_1=12\text{A}$，求 I_2 和 I_3。

解：在回路 I 中，取绕行方向为顺时针，则回路的电压方程为

$$R_1I_1+R_3I_3-U_{s1}=0$$

$$I_3=\frac{U_{s1}-I_1R_1}{R_3}=\frac{180-12\times5}{15}\text{A}=8\text{A}$$

由基尔霍夫第一定律写出 A 节点电流方程：

节点 A $$I_1+I_2-I_3=0$$

$$I_2=I_3-I_1=(8-12)\text{A}=-4\text{A}(I_2\text{ 的实际方向与参考方向相反})$$

第六节　复杂电路的计算

在求解复杂电路时，通常都是已知电源电压和各电阻值，求各支路电流。最常用的方法是支路电流法。所谓支路电流法是以各支路电流为未知量，应用基尔霍夫定律列出足够的、独立的方程联立求解的方法。其主要步骤如下：

1）标出各支路电流的参考方向和网孔的绕行方向。

2）应用基尔霍夫电流定律（KCL）列出独立的节点电流方程。若电路有 n 个节点，则可列出（$n-1$）个独立的节点电流方程。

3）用基尔霍夫电压定律（KVL）列出独立的回路电压方程。为保证方程的独立性，要求每列一个回路方程都要包含一个新支路。可以证明：电路中所有网孔的方程正好是一组独立方程。

4）代入已知数，解联立方程式求出各支路电流。

例 1-8　图 1-17 所示是两个电源并联对负载供电的电路。已知 $U_{s1}=9\text{V}$，$U_{s2}=6\text{V}$，$R_1=R_2=R_3=2\Omega$，求各支路电流。

解：第一步：假定各支路的电流及参考方向如图 1-17 所示。

注意：同一支路中，只需要设一个未知电流。未知电流的参考方向可以任意假定，若求解后得正值，说明电流的参考方向与实际方向相同；若得负值，说明电流的参考方向与实际方向相反。

第二步：用基尔霍夫电流定律写节点电流方程。

节点 A　　$I_1+I_2-I_3=0$

第三步：用基尔霍夫电压定律写回路电压方程。

选择闭合回路Ⅰ，取回路的绕行方向为顺时针方向，如图 1-17 所示。

选择闭合回路Ⅱ，取回路的绕行方向为逆时针方向，如图 1-17 所示。

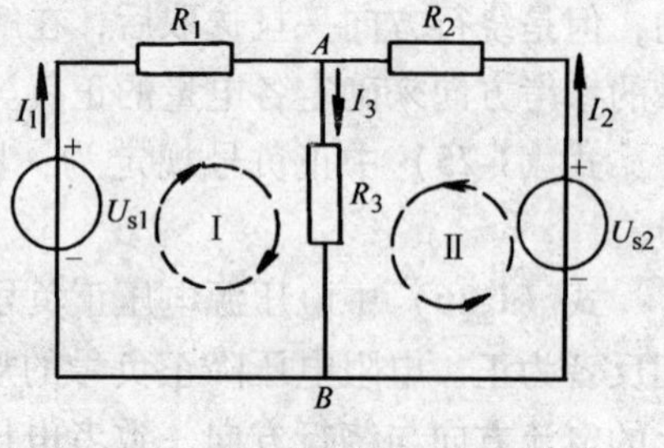

图 1-17　复杂电路计算

对回路Ⅰ　　$R_1I_1+R_3I_3-U_{s1}=0$

对回路Ⅱ　　$R_2I_2+R_3I_3-U_{s2}=0$

联立以上得到的三个方程：

$$\begin{cases}I_1+I_2-I_3=0\\R_1I_1+R_3I_3-U_{s1}=0\\R_2I_2+R_3I_3-U_{s2}=0\end{cases}$$

代入数据

$$\begin{cases}I_1+I_2-I_3=0\\2I_1+2I_3-9=0\\2I_2+2I_3-6=0\end{cases}$$

解得

$$\begin{cases} I_1 = 2\text{A} \\ I_2 = 0.5\text{A} \\ I_3 = 2.5\text{A} \end{cases}$$

第七节　电路中电位及电位的计算

在较复杂的电路中，计算或测量出各点的电位并进行相互比较，往往给分析电路带来很大的方便，为此这种方法经常在分析电路中得到应用。

一、电位

在电路中任选一点为参考点，则电路中某点到参考点的电压就叫做这一点（相对于参考点）的电位。通常把参考点的电位规定为零电位。电位的符号常用带脚标的字母 V 表示，如 V_A 表示 A 点的电位。电位的单位也是伏特。

如选 o 点为参考点，则 a 点的电位为 V_a，即

$$V_a = U_{ao} \tag{1-27}$$

如果已知 a、b 两点的电位各为 V_a、V_b，可证明，此两点间的电压为

$$U_{ab} = U_{ao} + U_{ob} = U_{ao} - U_{bo} = V_a - V_b \tag{1-28}$$

即电路中两点间的电位之差，就是该两点间的电压，即电压就是电位差。

这样，电压的实际方向也就是由高电位点指向低电位点的方向。

在电路分析中，参考点的选择要视分析计算的方便而定。通常选大地为参考点，即把大地的电位规定为零电位，而在电子仪器和设备中又常把金属外壳或电子电路的公共接点作为参考点。常用符号“⏚”（接地）或“⊥”（接外壳）表示。

二、电路中电位的计算

计算电位的步骤如下：

1）先将电路各元件两端的极性标出。电位高的一端标正；电位低的一端标负。

2）求出各元件两端的电位差。理想电压源两端的电位差为 U_s，电阻两端的电位差为 IR。

3）从参考点出发沿任一支路到被测点，沿途遇有电位升计正值，遇电位降计负值，累计其代数和即为该点的电位。

从电路中的某一点到参考点往往有几条不同的路线，在计算时沿任一路线所求得的电位值都是相等的，即电位与路径无关，只与始末两点有关。这一规律称为电位的单值性原理。在计算电位时应尽量选择最简捷的路线。

例 1-9　如图 1-18 所示电路，已知 $U_{s1} = 3\text{V}$，$U_{s2} = 2\text{V}$，$U_1 = 4\text{V}$，$U_2 = 1\text{V}$，以 D 点为参考点，求 A、B、C 各点的电位和 A、C 间的电压 U_{AC}。

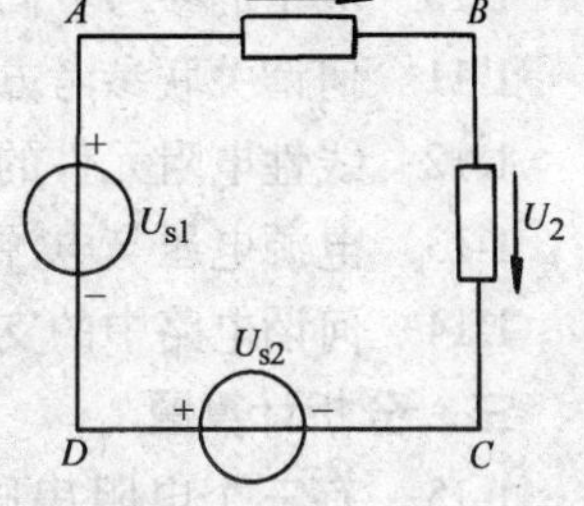

图 1-18　电位和电位差

解：因以 D 点为参考点，则 $V_D = 0$，根据电位的定义可直接求得

$$V_A = U_{AD} = U_{s1} = 3\text{V}$$

$$V_B = U_{BD} = U_{BA} + U_{AD} = -U_1 + 3\text{V} = -1\text{V}$$

$$V_C = U_{CD} = -U_{s2} = -2\text{V}$$
$$U_{AC} = V_A - V_C = 3\text{V} - (-2\text{V}) = 5\text{V}$$

若参考点改变，则电路中各点的电位也随之改变，表 1-4 中列出了不同参考点下图 1-18 所示电路中各点的电位与 A、C 两点间的电压。

表 1-4　电位与电压　（单位：V）

参考点	V_A	V_B	V_C	V_D	U_{AC}
A	0	−4	−5	−3	5
B	4	0	−1	1	5
C	5	1	0	2	5
D	3	−1	−2	0	5

电位和电压既有区别又有联系。电位是某点对参考点的电压，而电压是两点间的电位差。电位是相对值，随参考点的改变而改变，而两点间的电压值不随参考点的改变而改变。通常把这一性质称为电位的相对性和电压的绝对性。

习　题

一、填空题

1-1　电流的实际方向指________移动的方向。

1-2　电源具有________、________和________三种状态。

1-3　通电导体的发热量与________、导体的电阻和________三者的乘积成正比。

1-4　当电源电压一定时，若负载电阻减小，则负载消耗的功率________；当通过负载的电流一定时，若负载电阻减小，则负载消耗的功率________。

1-5　有 R_1、R_2 两个电阻，阻值分别为 15Ω 和 45Ω，串联后接入某电路中总电阻为________Ω；并联后接入某电路中总电阻为________Ω。

1-6　额定电压相同的照明用白炽灯泡，额定功率大的灯泡电阻________。

1-7　负载在额定功率下的工作状态称为________，低于额定功率的工作状态称为________，高于额定功率的工作状态称为过载。一般情况下不允许出现负载工作于________状态。

1-8　已知某电路中 A 点电位 $V_A = 10\text{V}$，B 点电位 $V_B = 0\text{V}$，则 AB 两点电压 $U_{AB} =$ ________V。

二、简答题

1-9　电路都由哪些基本部分组成？说明各组成部分的主要作用。

1-10　电量的参考方向与实际方向有何异同？关系如何？

1-11　何谓关联参考方向？

1-12　线性电阻元件的伏安关系是怎样的？

1-13　电源电压与电源电动势有何异同？

1-14　何谓电路中的支路、节点、回路？网孔与回路的关系如何？

三、分析计算题

1-15　有三个电阻串联后接到电源两端，已知 $R_1 = 2R_2$，$R_2 = 2R_3$，R_2 两端的电压为 10V，求电源两端的电压是多少？（设电源内阻为零）

1-16　将图 1-19 所示的电路变换成电压源的等效电路。

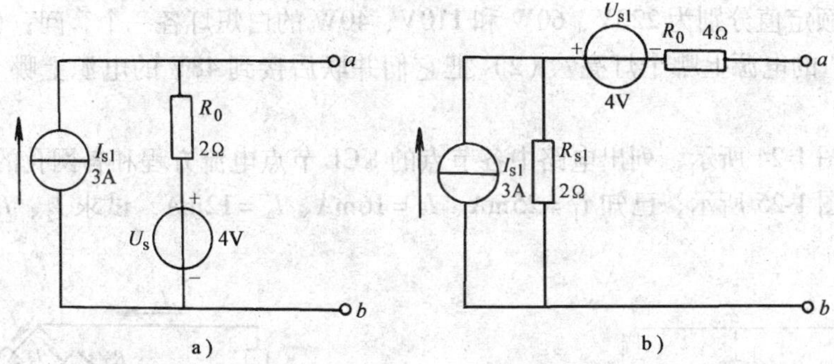

图 1-19　习题 1-16 图

1-17　如图 1-20 所示，已知 $U_s = 10\text{V}$，$R_0 = 0.1\Omega$，$R = 9.9\Omega$，求开关在不同位置时的电流表、电压表的读数各为多少？

1-18　如图 1-21 所示，已知 $U_s = 10\text{V}$，$R_1 = 200\Omega$，$R_2 = 600\Omega$，$R_3 = 300\Omega$，求开关接到 1 和 2 以及打开时电压表的读数各为多少？

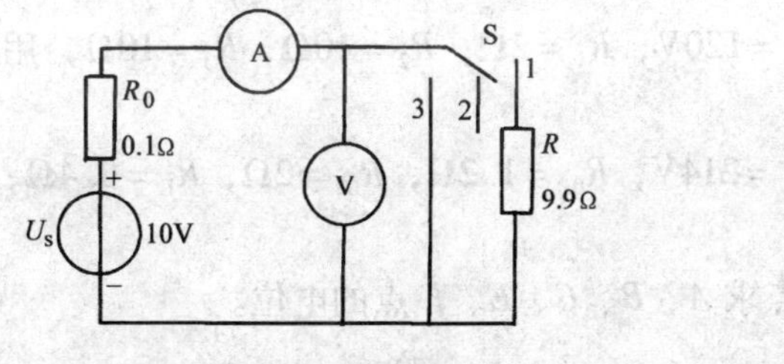

图 1-20　习题 1-17 图

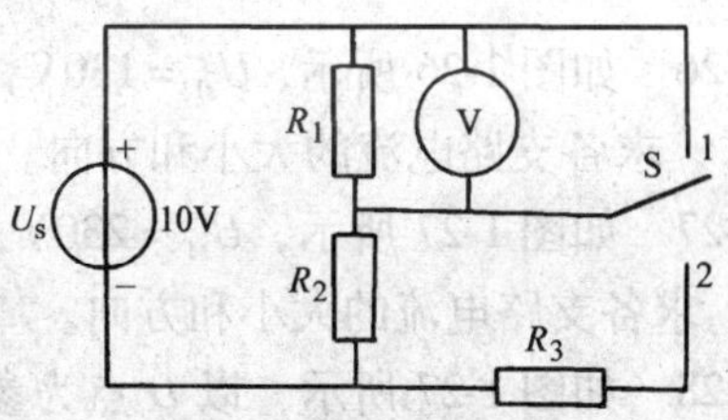

图 1-21　习题 1-18 图

1-19　如图 1-22 所示，已知 $R_1 = R_2 = R_3 = 30\Omega$，求 AB 间的等效电阻 R_{AB} 等于多少？

1-20　如图 1-23 所示，已知 $R_1 = 400\Omega$，$R_2 = 300\Omega$，$R_3 = 600\Omega$，$R_4 = 200\Omega$，求 AB 间的等效电阻 R_{AB} 等于多少？

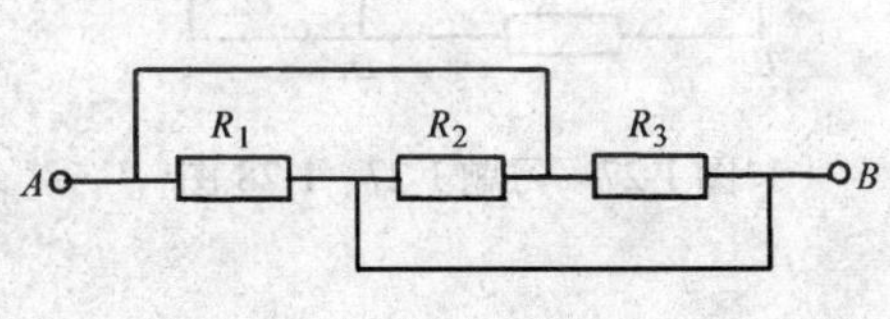

图 1-22　习题 1-19 图

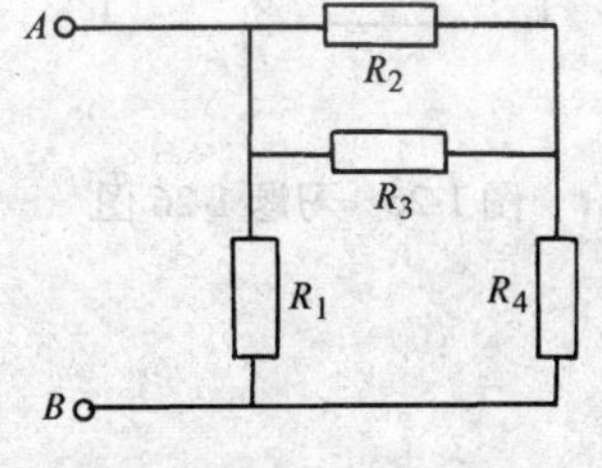

图 1-23　习题 1-20 图

1-21　一个标明 220V、25W 的灯泡，如果把它接在 110V 的电源上，这时它消耗的功率是多少？（假定灯泡的电阻是线性的）

1-22　有两只灯泡、一只是 110V、100W，另一只是 110V、40W，问：（1）哪只灯泡的电阻大？（2）如将两只灯泡串联，接在 220V 的线路中，则哪只灯泡所承受的电压小于额定值？哪一只灯泡较亮？（3）如将两只灯泡并联，接在 110V 的电路中，则又是哪一只灯泡较亮？

1-23 有额定值分别为 220V、60W 和 110V、40W 的白炽灯各一个，问：（1）把它们串联后接到 220V 的电源上哪个灯亮？（2）把它们并联后接到 48V 的电源上哪个灯亮？为什么？

1-24 如图 1-24 所示，列出电路中各节点的 KCL 节点电流方程和各网孔的电压方程。

1-25 如图 1-25 所示，已知 $I_1=25\text{mA}$、$I_3=16\text{mA}$、$I_4=12\text{mA}$，试求 I_2、I_5 和 I_6 的数值和方向。

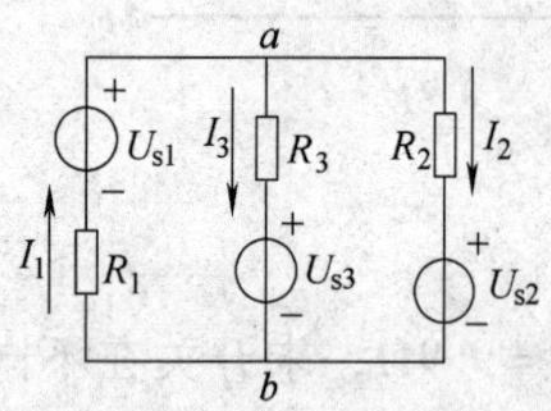

图 1-24 习题 1-24 图

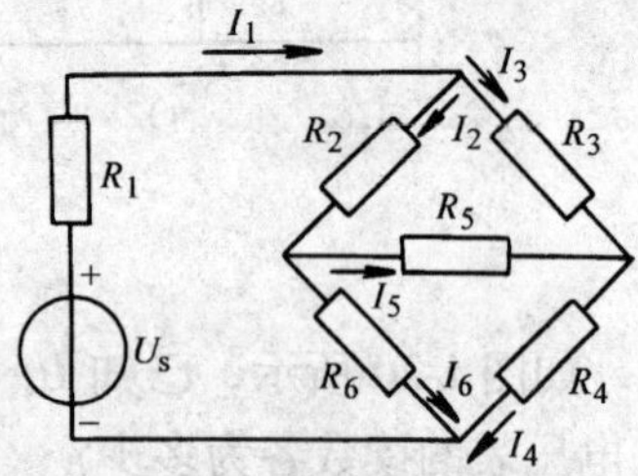

图 1-25 习题 1-25 图

1-26 如图 1-26 所示，$U_{s1}=130\text{V}$，$U_{s2}=120\text{V}$，$R_1=2\Omega$，$R_2=10\Omega$，$R_3=10\Omega$，用支路电流法，求各支路电流的大小和方向。

1-27 如图 1-27 所示，$U_{s1}=230\text{V}$，$U_{s2}=214\text{V}$，$R_{01}=1.2\Omega$，$R_{02}=2\Omega$，$R_L=0.4\Omega$，$R=110\Omega$，求各支路电流的大小和方向。

1-28 如图 1-27 所示，以 D 点为参考点求 A、B、C、E、F 点的电位。

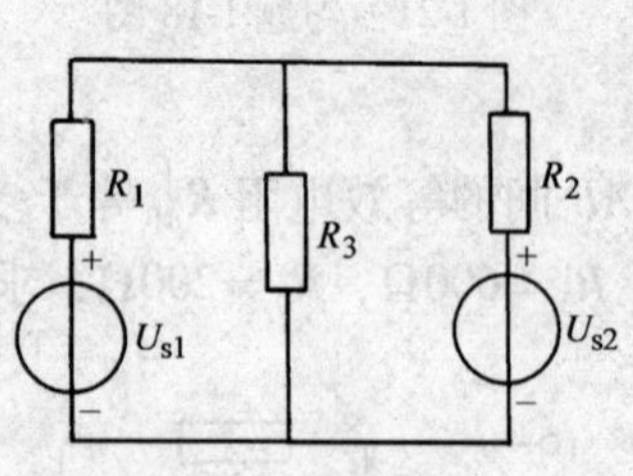

图 1-26 习题 1-26 图

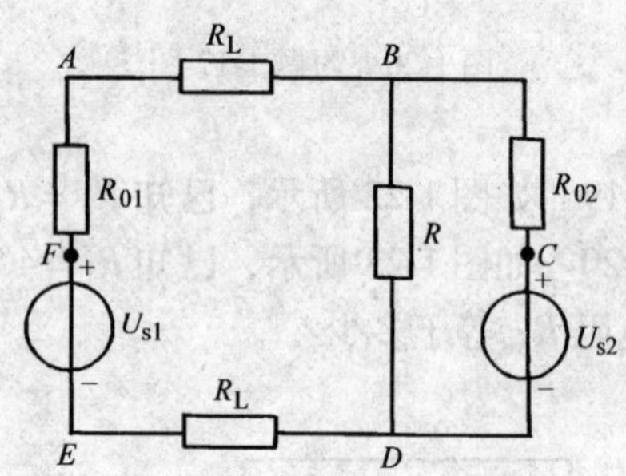

图 1-27 习题 1-27、1-28 图

第二章　正弦交流电路

第一节　正弦交流电的基本概念

大小和方向都随时间作周期性变化且在一个周期内的平均值为零的电动势、电压或电流称为交变电动势、交变电压、交变电流，统称为交流电。在直角坐标系中画出交流电随时间变化的曲线称为交流电的波形图，图 2-1 中给出的就是某些交流电的波形图。实际中常把交流电分为正弦和非正弦两大类。应用最多的是正弦交流电，即电动势、电压、电流都随时间按正弦规律变化，其波形如图 2-1a 所示。在本章中只讨论正弦交流电。目前，发电厂发出的几乎全部是正弦交流电，这不仅因为交流电机比直流电机简单、成本低、工作可靠，更主要的是它可用变压器来改变电压的大小，以满足各种用电器的需要。一些需要直流的场合可以用整流设备将交流变成直流。

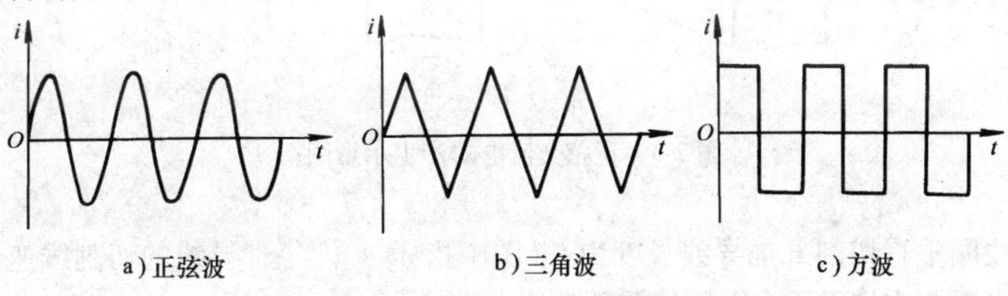

图 2-1　交流电波形示例

为了对正弦交流电有较为形象的了解，我们假定把正弦交流电通入一个电灯，若灯的亮度与电流成正比，则灯的亮度与电流的波形图的对应关系如图 2-2 所示。从图中可以看出，交流电在电路中的方向是不断改变的。我们选定一个参考方向，当电流的方向与参考方向一致时为正值，与参考方向相反时为负值。交流电的数值变化将使灯的亮度随之变化，由于电流的变化所产生的灯光闪烁称为频闪效应，但是实际上电流的变化往往很快，这一现象不易被觉察。由此可以联想到交流电通过各种元件所产生的现象都与直流电不同，这就是本章讨

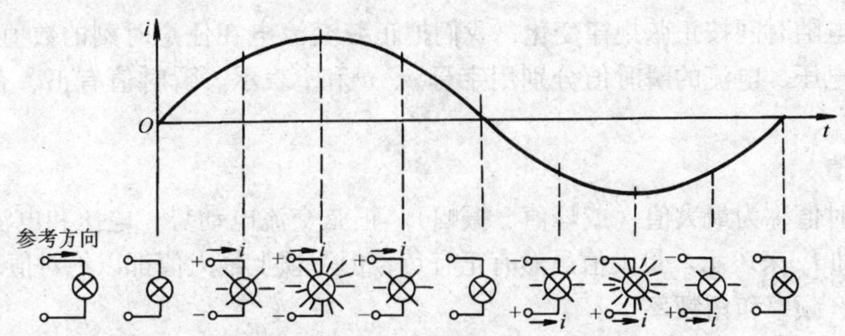

图 2-2　电灯中通过正弦交流电的情况

论的主要内容。为了便于讨论，我们首先讨论正弦交流电的产生和基本特征。

正弦电动势通常是由交流发电机产生，图 2-3a、b 所示是交流发电机的示意图。在静止不动的磁极间装有能转动的圆柱形铁心，铁心上紧绕着线圈 $abb'a'$。线圈的两端分别连接着两个彼此绝缘的铜环 C，铜环又通过电刷 A、B 与外电路相接。当线圈在磁场中作逆时针方向旋转时，线圈就切割磁场产生感应电动势。为获得正弦交流电，磁极被设计成特殊形状，如图 2-3b 所示。在磁极中心处磁感应强度最强，在中心两侧磁感应强度按正弦规律逐渐减小，在磁极分界面 OO' 处磁感应强度正好为零（我们把磁感应强度为零的面称为中性面)。这样不仅铁心表面的磁感应强度按正弦规律分布，而且磁感应强度的方向总是处处与铁心表面垂直。若磁极中心处的磁感应强度为 B_m，线圈平面与中性面的夹角为 α，则铁心表面的磁感应强度可表示为

$$B = B_m \sin\alpha \tag{2-1}$$

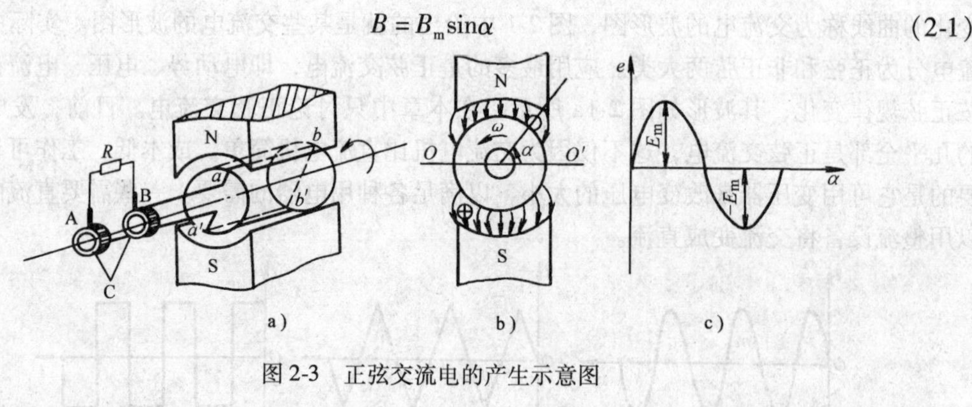

图 2-3　正弦交流电的产生示意图

设单匝线圈垂直切割 B 的导线长度为 l（图中指 $ab + a'b'$），导线的切割线速度为 v，且起始时线圈平面与中性面重合，则线圈的感应电动势为

$$e' = Bvl = B_m vl \sin\alpha$$

若切割磁力线的线圈有 N 匝，则线圈中的感应电动势为

$$e = NBvl = NB_m vl \sin\alpha = E_m \sin\alpha \tag{2-2}$$

式中，$E_m = NB_m vl$。可以看出，线圈中的感应电动势是按正弦规律变化的，如图 2-3c 所示。

第二节　正弦交流电的三要素

一、瞬时值

正弦交流电随时间按正弦规律变化，我们把正弦交流电在任意时刻的数值称为瞬时值，正弦电动势、电压、电流的瞬时值分别用字母 e、u 和 i 表示。瞬时值有正、有负，也可能为零。

二、最大值

最大的瞬时值称为最大值（或峰值、振幅)。正弦交流电动势、电压和电流的最大值分别用 E_m、U_m 和 I_m 来表示。最大值虽然有正有负，但习惯上最大值都以绝对值表示。

三、周期、频率和角频率

1. 周期

交流电每重复一次变化所需要的时间称为周期，用字母 T 表示，单位是秒（s)。

2. 频率

交流电 1s 内重复变化的次数称为频率，用字母 f 表示，单位是赫兹，用字母 Hz 表示。如果交流电 1s 内变化了 1 次，我们就称该交流电的频率是 1Hz。比赫兹大的常用单位是千赫（kHz）和兆赫（MHz）。

$$1\text{kHz}=10^3\text{Hz}$$

$$1\text{MHz}=10^6\text{Hz}$$

根据周期和频率的定义可知，周期和频率互为倒数，即

$$f=\frac{1}{T} \quad 或 \quad T=\frac{1}{f} \tag{2-3}$$

我国工农业及生活中使用的交流电频率为 50Hz（习惯上称为工频），其周期为 0.02s。世界上少数国家交流电频率采用 60Hz。中央人民广播电台中波频率之一是 540kHz，其周期约为 1.85μs。

3. 角频率

在式（2-2）中，角度 α 的大小反映着线圈中的感应电动势大小和方向的变化。这种以电磁关系来计量交流电变化的角度称为电角度。当然电角度并不是在任何情况下都等于线圈实际转过的机械角度，只有在两个磁极的发电机中才等于机械角度。今后在正弦交流电表达式中的角度，都是指电角度。

所谓角频率（即电角速度）是指交流电在 1s 内变化的电角度，用字母 ω 表示，单位是弧度/秒（rad/s）。如果交流电在 1s 内变化了 1 次，则电角度正好变化了 2πrad，也就是说该交流电的角频率 $\omega=2\pi\text{rad/s}$。若交流电 1s 内变化了 f 次，则可得角频率与频率的关系式为

$$\omega=2\pi f \tag{2-4}$$

由角频率的定义可得：$\omega=\alpha/t$ 或 $\alpha=\omega t$，这样，式（2-1）可改为

$$e=E_\text{m}\sin\omega t \tag{2-5}$$

式（2-5）更加明确地表示交流电是随时间按正弦规律变化的。

以上所讲的周期、频率和角频率都是表示交流电变化快慢的物理量。三个物理量中只要知道其中一个，就可以通过式（2-3）和式（2-4）求出另外两个。

例 2-1 已知某正弦交流电动势为 $e=311\sin314t\text{V}$，试求该电动势的最大值、角频率、频率和周期各为多少？

解：将式 $e=311\sin314t\text{V}$ 与公式 $e=E_\text{m}\sin\omega t$ 比较可得

$$E_\text{m}=311\text{V} \qquad \omega=314\text{rad/s}$$

$$f=\frac{\omega}{2\pi}=\frac{314}{2\times3.14}\text{Hz}=50\text{Hz}$$

$$T=\frac{1}{f}=0.02\text{s}$$

四、初相角

在讲述交流电动势产生时，是假定线圈从中性面上开始转动的。此时，线圈平面和中性面重合，$\alpha=0$，线圈的感应电动势为零，也就是说我们是假设正弦交流电的起始为零。但事实上正弦交流电的变化是连续的，并没有绝对的起点和终点。如果起始时（即 $t=0$ 时），

线圈平面与中性面的夹角不为零而等于某一角度 φ，如图 2-4a 所示，则线圈在 t 时刻产生的感应电动势可表示为

$$e = E_m \sin(\omega t + \varphi) \tag{2-6}$$

如果把线圈平面与中性面夹角为 φ 的位置作为起始位置，由式（2-6）可作出电动势的变化曲线如图 2-4b 所示。显然，电角度 $\alpha = \omega t + \varphi$ 是随时间变化的。对于一个确定的时间 t，就有一个确定的感应电动势与之对应。也就是说，角度 $\alpha = \omega t + \varphi$ 是表示正弦交流电在任意时刻的电角度，通常把它称为相位角，也叫相位或相角。而把线圈刚开始转动瞬时（$t=0$）的相位角称为初相角，也叫初相位或初相。在式（2-6）中正弦电动势的初相角就等于 φ。

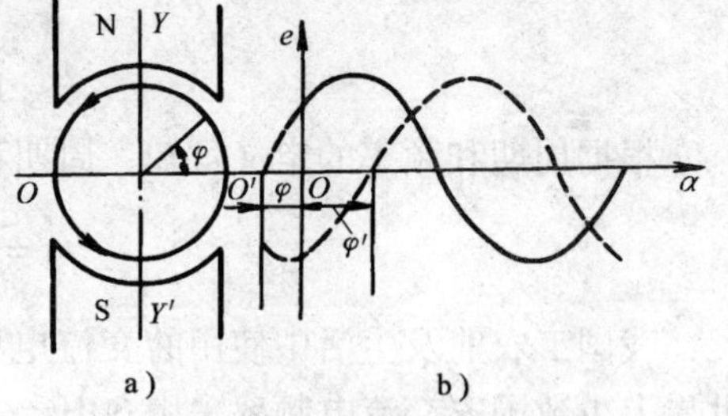

图 2-4　正弦交流电的初相

初相角和时间的起点选择有关，如果 $t=0$ 时正弦交流电的值为正，则其初相角为正角；反之初相角为负角。在图形上表示初相角时，横坐标常以弧度（rad）或度（°）为单位，取曲线由负值变为正值的零点（取离坐标原点最近的零点）与坐标原点间的角度为初相角，在坐标原点左侧的初相角为正值，在右侧的为负值。如图 2-4b 所示 φ 为正，φ' 为负。另外，习惯上初相角的绝对值不大于 180°。凡大于 180°的正角就化为绝对值小于 180°的负角，而绝对值大于 180°的负角就化成小于 180°的正角来表示。如 240°可化成 240° − 360° = −120°，而 −240°可化成 360° − 240° = 120°。

由式 $e = E_m \sin(\omega t + \varphi)$ 可以看出，当正弦交流电的最大值、角频率（或频率、周期）和初相角这三个量确定时，正弦交流电才能被确定。也就是说这三个量是描述正弦交流电必不可少的要素，所以称它们为正弦交流电的三要素。

例 2-2　已知某正弦交流电动势为 $e = 14.1\sin\left(800\pi t + \dfrac{3\pi}{2}\right)$V，求该正弦交流电的三要素各是多少？

解：将式 $e = 14.1\sin(800\pi t + 3\pi/2)$ 与公式 $e = E_m \sin(\omega t + \varphi)$ 比较可得

$$E_m = 14.1\text{V} \qquad \omega = 800\pi\text{rad/s}$$

$$f = \frac{\omega}{2\pi} = 400\text{Hz}$$

$$T = \frac{1}{f} = 2.5\text{ms}$$

$$\varphi = \frac{3\pi}{2} - 2\pi = -\frac{\pi}{2} = -90°$$

五、正弦交流电的相位差

如图 2-5a 所示，设线圈 1 和 2 完全相同，它们的平面与中性面的夹角分别为 φ_1 和 φ_2。当它们同时以角频率 ω 逆时针旋转时，两个线圈中都将产生感应电动势，而且电动势的频率相同，最大值相等，但初相不同，即两个电动势不能同时达到最大值或零值。它们可分别表示为

$$e_1 = E_m \sin(\omega t + \varphi_1)$$
$$e_2 = E_m \sin(\omega t + \varphi_2)$$

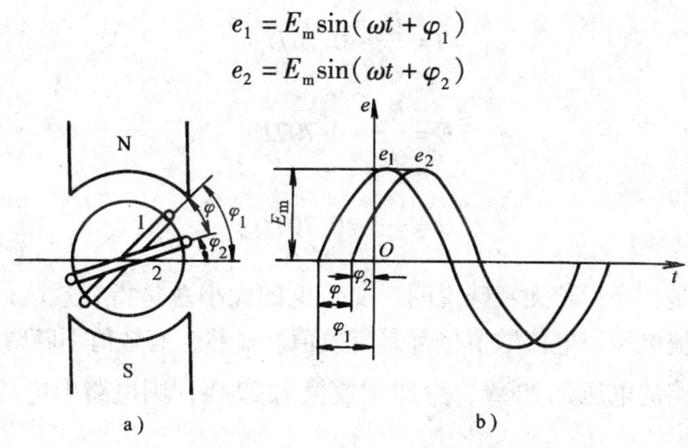

图 2-5　正弦交流电相位差

图 2-5b 所示为以上两式的曲线，显然，这两条曲线的起始位置不同。为了比较两个正弦交流电，我们引入相位差的概念。所谓相位差，就是两个同频率正弦交流电的相位之差。因 e_1 的相位为 $\omega t + \varphi_1$，e_2 的相位为 $\omega t + \varphi_2$，则两者的相位差为

$$\varphi = \omega t + \varphi_1 - (\omega t + \varphi_2) = \varphi_1 - \varphi_2 \tag{2-7}$$

式（2-7）表明，同频率正弦交流电的相位差，实质上就是它们的初相角之差。如果一个正弦交流电比另一个正弦交流电提前达到零值或最大值，如图 2-5b 所示，因 e_1 在 e_2 前先达到最大值，所以称 e_1 超前 e_2，也可以说 e_2 滞后 e_1；若两个正弦交流电同时达到最大值或零值，即两者的初相角相等，则称它们同相，如图 2-6a 所示；若一个正弦交流电达到最大值时，而另一个正弦交流电达到负的最大值，即它们的初相角相差 180°，则称它们的相位相反，简称反相，如图 2-6b 所示。

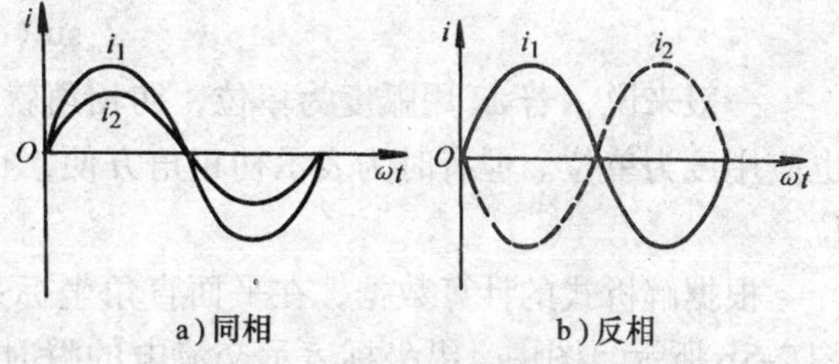

图 2-6　交流电的同相和反相

六、正弦交流电的有效值

比较不同交流电时，除初相、频率外还要比较大小。然而，交流电是在不断变化的，瞬时值和最大值均不能反映交流电实际做功的效果。因此，在电工技术中，常用有效值来衡量做功能力的大小。如图 2-7 所示，让交流电和直流电分别通过阻值完全相同的电阻，如果在相同的时间内这两种电流产生的热量相等，就把此直流电的数值称为该交流电的有效值。换句话说，把热效应相等的直流电流（或电压、电动势）定义为交流电流（或电压、电动势）的有效值。交流电流、电压和电动势有效值的符号分别是 I、U 和 E。

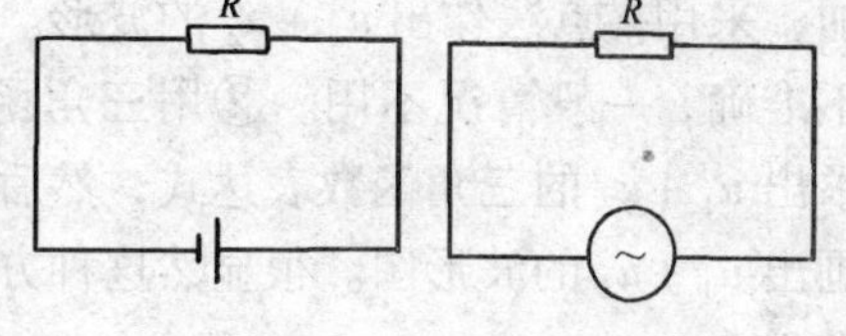

图 2-7　交流电的有效值

可以证明，正弦交流电的有效值和最大值之间有以下关系

$$I = \frac{I_m}{\sqrt{2}} \approx 0.707 I_m \tag{2-8}$$

$$E = \frac{E_m}{\sqrt{2}} \approx 0.707 E_m \tag{2-9}$$

$$U = \frac{U_m}{\sqrt{2}} \approx 0.707 U_m \tag{2-10}$$

特别应指出的是，今后若无特殊说明，交流电的大小总是指有效值。一般灯泡、电器、仪表上所标注的交流电压、电流数值也都是有效值。显然，有效值不随时间变化。例如通常使用的单相照明电路的电压是 220V，也即有效值为 220V，则电路中电压的最大值 $U_m = \sqrt{2} \times 220V \approx 311V$。

第三节　正弦交流电的相量表示法

用三角函数式表示正弦交流电随时间变化的方法叫解析法。根据前面所学知识可知，正弦交流电动势、电压和电流的解析式为

$$e = E_m \sin(\omega t + \varphi_e)$$
$$u = U_m \sin(\omega t + \varphi_u)$$
$$i = I_m \sin(\omega t + \varphi_i)$$

一般来说，若 ωt 用弧度为单位，初相角就应用弧度为单位；若 ωt 用度为单位，初相角也应用度为单位。但有时为表示初相角方便，也允许 ωt 用弧度为单位，而初相角用度为单位。

根据解析式的计算数据，在平面直角坐标系中作出波形的方法叫波形法，如图 2-4b 和图 2-5b 所示。图中，纵坐标表示交流电的瞬时值，横坐标表示电角度 ωt 或时间 t。我们把这种曲线叫做正弦交流电的曲线图或波形图。

例 2-3　已知 $u_1 = 3\sqrt{2}\sin 100\pi t$V，$u_2 = 4\sqrt{2}\sin\left(100\pi t + \frac{\pi}{2}\right)$V，求 u_1 和 u_2 的波形图和 $u_1 + u_2$ 的波形图。

解：①波形法解。如图 2-8 所示，先作出 u_1 和 u_2 的波形图，然后把两个波形在每一瞬间相对应的纵坐标相加，采用描点法作出 $u_1 + u_2$ 的波形。但这种方法既复杂又不准确，一般情况不用。②用三角函数求和的计算方法，求出 $u_1 + u_2$ 的三角函数表达式，然后，再根据三角函数式画出 $u_1 + u_2$ 的波形图。很显然这种方法比波形图法还要复杂得多。

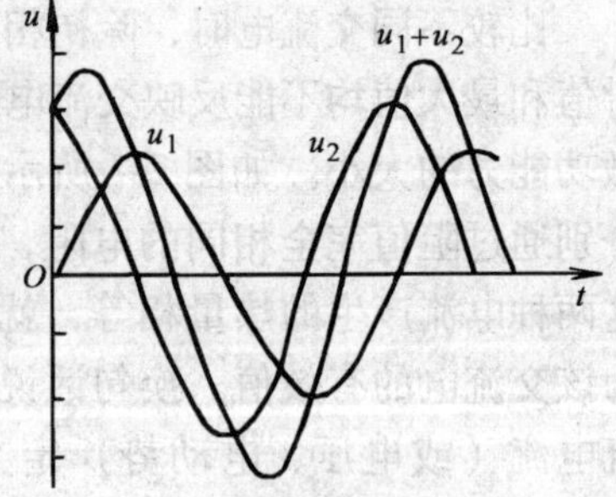

图 2-8　波形法

为了形象化表示正弦交流电，使正弦交流电的计算更加简便，常采用旋转相量法。

在描绘正弦曲线时，数学上常用这样的方法（如图 2-9 所示）：取一段长度等于正弦函数幅值的线段作为半径，令其绕坐标原点逆时针旋转，它在各个不同角度时的纵轴投影即为

各对应角的正弦函数，由此可描绘出正弦函数的曲线。同样对于一个正弦电流，也可以用一个这样的方法来表示。所谓旋转相量法，就是用一个在直角坐标系中绕原点作逆时针方向不断旋转的相量来表示正弦交流电的方法。

旋转相量与其表示的正弦量的对应关系是：

1）旋转相量的长度代表正弦交流电的最大值。

2）旋转相量沿逆时针方向旋转的角速度等于正弦交流电的角频率。

3）旋转相量起始时与 x 轴正方向的夹角代表正弦交流电的初相角。当旋转相量起始与 x 轴正方向同向时，正弦交流电的初相为零。

满足上述关系的旋转相量称为最大值旋转相量，常用 $\dot{U}_m$、$\dot{I}_m$ 和 $\dot{E}_m$ 来表示。最大值的旋转相量在纵轴上的投影就是该瞬间正弦交流电的瞬时值。

在图 2-9 中，若旋转相量的长度为 E_m，逆时针方向旋转的角速度为 ω，起始时与横轴正方向的夹角为 φ，则 t 时刻旋转相量在纵坐标上的投影为 $y=e=E_m\sin(\omega t+\varphi)$，即正弦交流电的瞬时值。由于旋转相量在坐标中的位置与时间有关，在图 2-9 中，相量的起始位置用实线表示，经 t 时刻后它已转到虚线位置。所以旋转相量是时间的函数，通常把它称为时间相量。

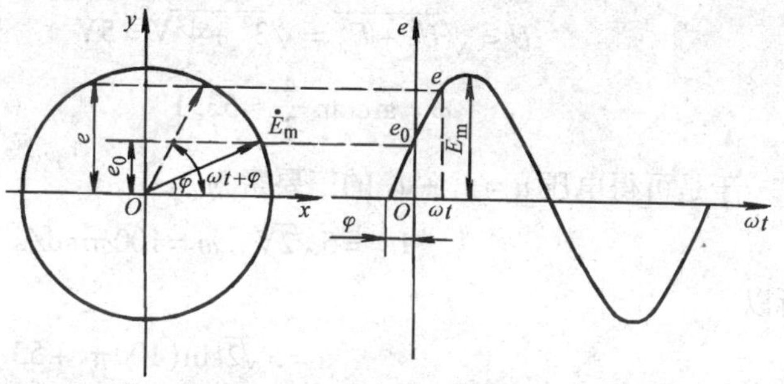

图 2-9　正弦交流电的旋转相量表示法

虽然正弦交流电本身不是相量，但它是时间的函数，又因为旋转相量的三个特征（长度、转速、与横坐标的夹角）可以分别表示正弦交流电的三要素（最大值、角频率、初相角），所以可以借助旋转相量按一定的法则来表示正弦交流电。使用旋转相量法后，就可大大简化正弦交流电的加减运算，而且使表示更为直观。

用旋转相量法计算正弦量，必须注意以下几点：

1）用旋转相量法计算正弦量的和、差是采用相量的平行四边形法则进行计算的。且只适用于同频率的正弦交流电的加减。

2）同频率正弦量的和（差）仍然是同频率的正弦量。

3）同频率正弦量和（差）的相量等于其各自相量的和（差）。

4）旋转相量法中的各旋转相量都是以相同的角速度 ω 作逆时针旋转，在旋转过程中各相量间的夹角保持不变，所以只需画出起始时各相量的位置就可以进行计算。

在实际中，交流电各量的表示一般常用有效值，因此往往采用有效值相量图来计算同频率正弦量的加减。有效值的相量图简称相量图，它具有以下几个特点：

1）相量的长度表示正弦交流电的有效值。

2）相量与水平方向的夹角仍表示正弦交流电的初相角，沿逆时针转动的角度为正角，反之为负角。

3）在仅仅为了表示几个正弦交流电的相位关系时，既可以选横轴的正方向为参考方向，也可任意选一个相量作参考相量，并取消直角坐标轴。

4）有效值的相量用 $\dot{U}$、$\dot{I}$ 和 $\dot{E}$ 来表示。

根据有效值的相量图，求得合成相量的大小和初相位后，就不难列出对应的正弦交流电的瞬时值表达式，也不难作出波形图。

注意：有效值的相量在纵轴上的投影并不等于正弦交流电的瞬时值。这一点与最大值的相量图是不一样的。

例 2-4 已知 $u_1=3\sqrt{2}\sin 100\pi t\text{V}$，$u_2=4\sqrt{2}\sin\left(100\pi t+\dfrac{\pi}{2}\right)\text{V}$，求 u_1+u_2 的瞬时值表达式。

解：根据平行四边形法则画出 $\dot{U}_1$、$\dot{U}_2$ 及其和 $\dot{U}$ 的相量（见图 2-10）。

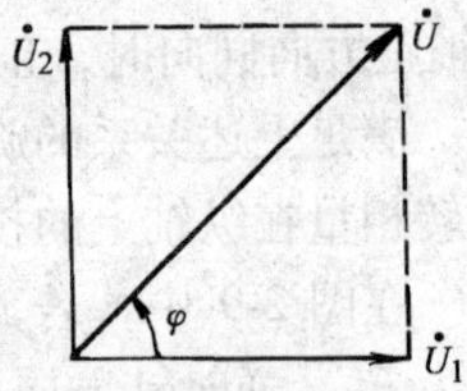

图 2-10 例 2-4 图

从相量图上看

$$U=\sqrt{U_1^2+U_2^2}=\sqrt{3^2+4^2}\text{V}=5\text{V}$$

$$\varphi=\arctan\frac{4}{3}\approx 53.1°$$

于是可得电压 $u=u_1+u_2$ 的三要素为

$$U_m=5\sqrt{2}\text{V}\quad \omega=100\pi\text{rad/s}\quad \varphi=53.1°$$

所以

$$u=5\sqrt{2}\sin(100\pi t+53.1°)\text{V}$$

由此可知，采用相量法表示正弦量比前述波形图法和三角函数求和法两种方法简单、方便。

第四节 交流电路概述

以上讨论了正弦交流电的基本概念和常用的三种表示方法，下面开始讨论交流电路。在交流电路中，我们将讨论三种不同性质的负载元件：电阻、电感和电容。三种元件的组成及性质不同，因此在电路中的作用也不相同。电阻元件把它在电路中获得的能量转化成热能消耗掉，其转换过程不可逆转，因此它是耗能元件。电感元件把从电路中吸取的能量转化成磁场能；电容元件把从电路中吸取的能量转化成电场能，但它们又能在一定的条件下放出能量返送回电路，因此它们是储能元件。在第一章直流电路中，主要讨论了电阻电路，电感和电容没有提到。这是因为电阻电路在接通直流电源后，能量转换是始终稳定进行的；电感和电容在直流电路中仅在电路换接（如通、断）的一瞬间发生能量转换，而在稳态时，电感相当于短路，电容相当于断路，因此未加讨论。

在正弦交流电路中，由于电压、电流都是连续变化的，电感和电容元件的能量转换也将不断进行，所以在本章中对上述三种电路都要详细讨论。

我们先从具有理想元件的电路入手，即纯电阻电路、纯电感电路和纯电容电路。这些电路也称为单一参数电路。而后，在此基础上再进一步分析其他实用电路。

一般由白炽灯、电热器、电阻炉及各类电阻器组成的电路都可以看成纯电阻电路；忽略电容器的内部损耗可以将其看成纯电容电路；纯电感线圈很难见到，因为绕制线圈的导线总会有一定的电阻，只有当导线电阻很小、计算又不要求十分精确时，才可以把它看成是纯电感元件。

在讨论交流电路时应当注意：

1）电路中标注的电压、电流方向都是我们选定的参考方向，而它们的实际方向是在不断改变的。瞬时值为正的半个周期，实际方向与参考方向相同；瞬时值为负的半个周期，实际方向与参考方向相反。

2）电路中电压和电流的关系主要讨论有效值关系和相位关系，因为在同一交流电路中各正弦量的频率都相同。

3）交流电路中的功率一般也是随着时间在变化的。在这里，负载的功率也引伸为代数量，负载功率为正表示该元件从电路吸收能量；负载功率为负表示该元件向电路释放能量。

第五节　纯电阻电路

在交流电路中接入纯电阻元件，如图 2-11a 所示，讨论电阻上电压和电流之间的关系及电阻上的功率。

一、电流与电压的关系

设加在电阻两端的电压为

$$u_{\mathrm{R}} = U_{\mathrm{Rm}}\sin\omega t \tag{2-11}$$

在任意瞬间，电阻上的电压和电流之间应符合欧姆定律，即

$$i = \frac{u_{\mathrm{R}}}{R} = \frac{U_{\mathrm{Rm}}}{R}\sin\omega t \tag{2-12}$$

对比正弦交流电流的通式 $i = I_{\mathrm{m}}\sin\omega t$ 可知

$$I_{\mathrm{m}} = \frac{U_{\mathrm{Rm}}}{R} \quad 或 \quad I = \frac{U_{\mathrm{R}}}{R} \tag{2-13}$$

上述各式表明：电流与电压的频率相同，相位相同，数值之间仍符合欧姆定律。电阻上的电压、电流的相量图如图 2-11b 所示。

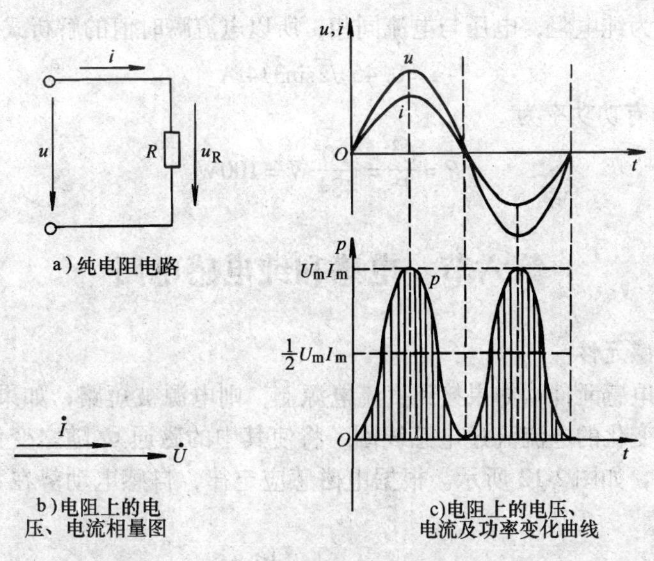

图 2-11　纯电阻电路的电压、电流和功率

二、电阻上的功率

由于电阻两端的电压和电阻上的电流都在不断变化，所以电阻消耗的功率也在不断变化。功率的瞬时值可用下式求出

$$p = u_R i$$

根据上式，将电压和电流同一时间的数值逐点相乘，即可画出瞬时功率的变化曲线。由于在前半周内电压和电流都是正值，则功率都是正值；在后半周内虽然电压和电流都是负值，但二者的乘积仍为正值，所以瞬时功率曲线都为正值（除电压和电流都为零外）。另外，从能量的观点来看，不论电流的方向如何，电阻总要消耗能量，所以电阻上的功率只能是正值。电阻上的电压、电流及功率变化曲线如图 2-11c 所示。

由于瞬时功率的测量和计算都不方便，交流电的功率规定为一个周期内瞬时功率的平均值，即平均功率。又因为电阻消耗的电能说明电流做了功，从做功的角度来讲又把平均功率叫做有功功率，简称功率，以 P 表示，单位仍是瓦（W）。经数学证明，有功功率等于最大瞬时功率的一半，即

$$P = \frac{1}{2}U_{Rm}I_m = U_R I = I^2 R = \frac{U_R^2}{R} \tag{2-14}$$

式中，P 为有功功率（W）；U_R 为电阻两端交流电压的有效值（V）；I 为电阻上交流电流的有效值（A）。

例 2-5 已知某白炽灯工作时的电阻为 484Ω，其两端加有的电压为 $u = 311\sin 314t$V，试求：（1）电流有效值，并写出电流瞬时值的解析式；（2）白炽灯的有功功率。

解：（1）由 $u = 311\sin 314t$V 可知，交流电压的有效值为

$$U = \frac{U_m}{\sqrt{2}} = \frac{311}{\sqrt{2}}\text{V} = 220\text{V}$$

则电流的有效值为

$$I = \frac{U}{R} = \frac{220}{484}\text{A} \approx 0.45\text{A}$$

又因为白炽灯可视为纯电阻，电压与电流同相，所以电流瞬时值的解析式为

$$i = 0.45\sqrt{2}\sin 314t\text{A}$$

（2）白炽灯的有功功率为

$$P = \frac{U^2}{R} = \frac{220^2}{484}\text{W} = 100\text{W}$$

第六节　电感和纯电感电路

一、电感与电感元件

电阻为零的纯电感元件，如果接到直流电源上，则电源被短路；如果接到交流电源上，情况就完全不同，变化的电流流过电感线圈，将使其中的磁通 Φ 随之变化，从而在线圈中产生自感电动势 e_L，如图 2-12 所示。根据电磁感应定律，自感电动势在数值上应与磁通的变化率成正比，即

$$|e_L| = \left|N\frac{d\Phi}{dt}\right| \tag{2-15}$$

式中，N 是线圈的匝数。我们把匝数与磁通的乘积称为磁通链，用 ψ 表示，上式可写成

$$|e_L| = \left|\frac{d\psi}{dt}\right| \tag{2-16}$$

又因在线圈中产生的磁通与流入线圈的电流 i 成正比，即

$$\psi = Li \tag{2-17}$$

式中，比例常数 L 称为线圈的电感（或称自感系数），单位为亨利（H）。它的含义是：单位电流在线圈中产生的磁通链。因此它的大小反映了电感元件储存磁场能量的能力。由此得

$$|e_L| = \left|L\frac{di}{dt}\right| \tag{2-18}$$

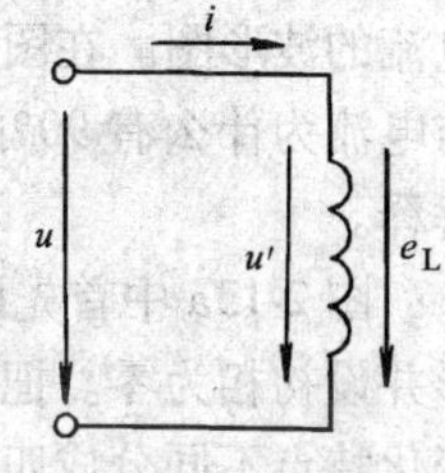

图 2-12　纯电感电路

如果我们假定电流的参考方向与自感电动势 e_L 的参考方向一致，如图 2-12 所示，根据楞次定律不难判定：当电流增加时，也就是 di/dt 为正值时，自感电动势应为负方向；当电流减小时，也就是 di/dt 为负值时，自感电动势应为正方向。由此可见，自感电动势 e_L 与电流变化率 di/dt 的符号总是相反，即

$$e_L = -L\frac{di}{dt} \tag{2-19}$$

根据基尔霍夫第二定律，在图 2-12 所示的纯电感电路中，外加电压 u 和自感电动势 e_L 的瞬时值应有以下关系

$$u = -e_L \tag{2-20}$$

则

$$u = L\frac{di}{dt} \tag{2-21}$$

二、纯电感电路

1. 电压与电流的关系

式（2-21）是纯电感电路中电压和电流瞬时值的基本关系。一般情况下，应先假定外加电压为已知，而后根据式（2-21）求出电流，从而推导出电压与电流关系，但这样比较麻烦。为了简便，先假定电流已知，反过来推导电压，得出电压与电流之间关系。

假定电路中的电流为

$$i = I_m\sin\omega t$$

则

$$\begin{aligned} u &= L\frac{di}{dt} = LI_m\omega\cos\omega t \\ &= I_m\omega L\sin\left(\omega t + \frac{\pi}{2}\right) \\ &= U_m\sin\left(\omega t + \frac{\pi}{2}\right) \end{aligned}$$

由此可得以下结论：

1）纯电感元件上的电压与电流同频率。

2）纯电感元件上电压与电流的数值关系为

$$U_m = I_m\omega L$$

$$I_m = \frac{U_m}{\omega L} = \frac{U_m}{X_L} \quad 或 \quad I = \frac{U}{X_L} \tag{2-22}$$

式中，$X_L = \omega L = 2\pi fL$ 称为感抗，它表示了电感对电流的阻碍作用。对比纯电阻电路的欧姆定律可知，X_L 相当于电阻 R。

值得注意的是，虽然感抗与电阻相当，但感抗只有在交流电路才有意义，而且不能代表电压与电流瞬时值的比值。

3）电压超前电流 π/2（或 90°），即电压超前，电流滞后。

图 2-13a 画出了纯电感电路中电压、电流的波形图。在图中，我们可以对电压与电流为什么有 90°的相位差作进一步的解释。

图 2-13a 中首先画出了正弦电流的波形并设初相为零。把电流的一个周期按其变化特点不同分成四段，然后确定各段自感电动势的方向。第一个 1/4 周期，电流在正方向递增，此时自感电动势为负；第二个 1/4 周期，电流在正方向递减，第三个 1/4 周期，电流在负方向递减，自感电动势均为正；最后的 1/4 周期，电流在负方向递增，自感电动势为负。因自感电动势的数值正比于电流的瞬时变化率，我们可以从电流波形各点切线的斜率来确定电流的变化率。应当注意到：电流瞬时值为零的点，电流的变化率最大，自感电动势的数值也最大；电流为最大值的点，电流的变化率为零，自感电动势的数值也为零。由此推导得出：自感电动势与电流的波形应有 90°的相位差，自感电动势滞后。又由于外加电压与自感电动势的瞬时值应大小相等、方向相反，因此电压超前电流 90°。在图 2-13b 所示的相量图中可以很清楚地看出电流、自感电动势和外加电压之间的相位关系。

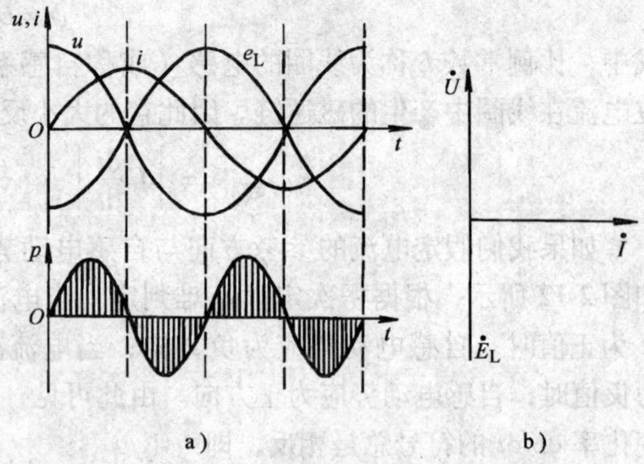

图 2-13　纯电感电路的电压、电流和功率

2. 电路的功率

在纯电感电路中，电压瞬时值和电流瞬时值的乘积，称为瞬时功率，即

$$
\begin{aligned}
p_L &= ui = U_m \sin\left(\omega t + \frac{\pi}{2}\right) I_m \sin\omega t \\
&= U_m I_m \sin\omega t \cos\omega t = \frac{1}{2} U_m I_m \sin 2\omega t \\
&= UI \sin 2\omega t
\end{aligned}
$$

由于纯电感瞬时功率的频率是电压和电流频率的两倍，则在交流电的第一及第三个 1/4 周期内，p_L 为正值，这表示电感吸收电源的能量并以磁能的形式储存在线圈中；在第二及第四个 1/4 周期内，p_L 为负值，这表示电感把储存的能量送回电源，如图 2-13a 所示，不同的电感与电源交换能量的规模是不同的，但经数学计算或从图中波形分析均可得到瞬时功率在一个周期内的平均值为零，则纯电感电路中的平均功率为零。即

$$P = 0 \tag{2-23}$$

在供电系统中，只要接有电感负载，就要出现电能与磁能的相互转换，能量在电源与负载之间往返传输，虽占用了发电设备和线路，却没有向负载传输能量，这对供电部门来讲，没有产生实际的效益，是不希望有的，但对电感性负载来说又是不可少的。为了计量这一部

分往返传输的功率，我们取交换功率的最大值为计量数据，并把它叫做电路的无功功率。为了区分，无功功率用 Q_L 表示，以乏（var）为单位，数学式为

$$Q_L = UI = I^2 X_L = \frac{U^2}{X_L} \tag{2-24}$$

必须指出，“无功”的含义是“交换”而不是“消耗”，它是相对于“有功”而言的，决不能理解为“无用”。事实上无功功率在生产实践中占有很重要的地位。具有电感性质的变压器、电动机等设备都是靠电磁转换工作的。

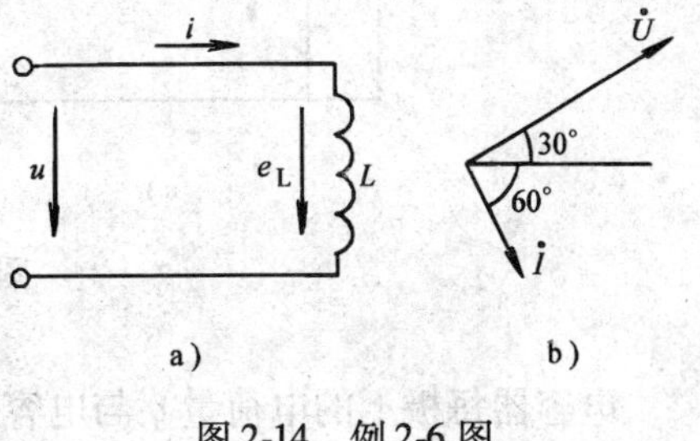

图 2-14　例 2-6 图

例 2-6　如图 2-14a 所示，设有一电阻可以忽略的线圈接在电压 $u = 220\sqrt{2}\sin(314t + 30°)$ V 的交流电源上，线圈的电感量 $L = 0.7$H。求：（1）流过线圈电流的瞬时值表达式；（2）电路的无功功率；（3）作电压和电流的相量图。

解：（1）因线圈感抗为 $X_L = \omega L = 314 \times 0.7\Omega \approx 220\Omega$

则电压的有效值为 $$U = \frac{U_m}{\sqrt{2}} = \frac{220\sqrt{2}}{\sqrt{2}}\text{V} = 220\text{V}$$

电流的有效值为

$$I = \frac{U}{X_L} = \frac{220}{220}\text{A} = 1\text{A}$$

又因为电流滞后电压 90°，而电压的初相为 30°，则电流的初相为

$$\varphi_i = \varphi_u - 90° = 30° - 90° = -60°$$

所以流过线圈电流的瞬时值表达式为

$$i = \sqrt{2}\sin(314t - 60°)\text{A}$$

（2）电路的无功功率为

$$Q_L = UI = 220 \times 1\text{var} = 220\text{var}$$

（3）电压和电流的相量图如图 2-14b 所示。

第七节　电容和纯电容电路

一、电容与电容元件

两个导体之间用绝缘物隔开就构成了电容器。若在电容器两极间加一直流电压，如图 2-15a 所示，开关 S 向左接通，电源将向电容器充电，使电容器的两极积聚了数量相等、符号相反的电荷 q，两极间建立了电场并具有一定的电压 u_C。在充电过程中，随着电荷量的不断增加，u_C 不断增大，直到 u_C 等于电源电压时为止。充电的整个过程中电容器上电压的变化如图 2-15b 中的曲线 1 所示，此过程时间很短也称暂态。充电过程结束后电路才达到稳态。充电过程实质上是电容器从电源取得能量的储能过程。在充电过程中，电容器上的电流由大减小，当充电过程结束时，电容器上的电流为零，这时电容器的电路相当于断路（开路），电容器两端的电压等于电源电压。

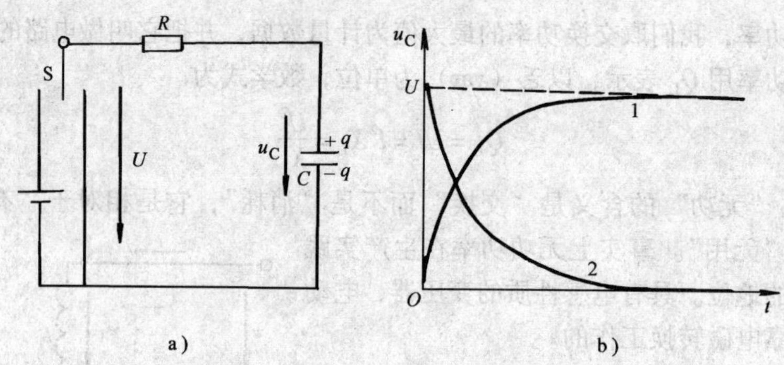

图 2-15　电容器的充放电

电容器每极上的电荷量 q 与电容器两极间的电压成正比，即

$$q = Cu_C \tag{2-25}$$

式中，C 称为电容器的电容量，简称电容。常用的两个电极平行的平板电容器，其电容量与两极板的重叠面积成正比，与两极板间的距离成反比，并与极间介质有关。电容的单位为法拉（F），实用中的单位还有微法（μF）和皮法（pF），它们之间的换算关系为

$$1\mu F = 10^{-6} F$$

$$1pF = 10^{-12} F$$

如果将图 2-15a 中的开关 S 向右接通，电源电压为零。已充电的电容器向电路放电，随着放电过程的进行，电容器两极间的电压 u_C 减小，直至为零达到稳态，如图 2-15b 中的曲线 2 所示。这一过程实质上是电容器把储存的能量返送回电路的过程。

电容器充、放电过程的时间长短，与电容器的电容 C 以及电路的电阻 R 成正比，我们把这两个参数的乘积称为电容器的充、放电时间常数，用 τ 表示，单位为秒（s），即

$$\tau = RC \tag{2-26}$$

一般来说，无论充电还是放电，完成整个暂态过程所需的时间约为（3～5）τ。电容器的这种性能，在很多场合尤其是电子电路中得到了广泛应用。

若有一个理想的电容器，其电阻为零，则时间常数 τ 也等于零，这种电路中电容器的充、放电将随电路变换立即完成，不存在上述暂态过程，本节要讨论的就是这种电路。

几个电容器在使用时可以串联和并联，如图 2-16 所示。

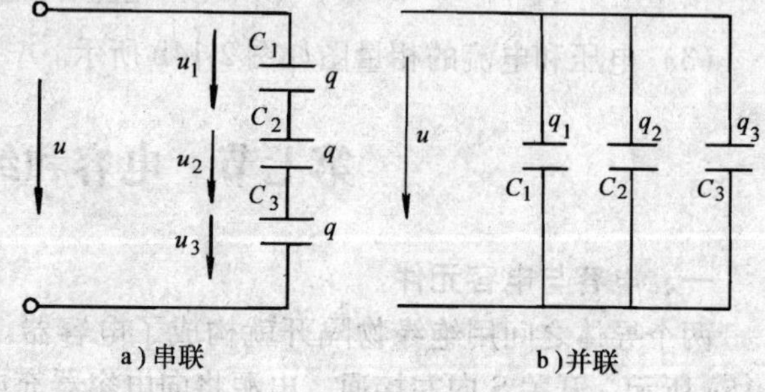

图 2-16　电容器的串、并联

串联时，如图 2-16a 所示，各个电容器上的电荷量必然相等。各个电容器两端的电压为

$$u_1 = \frac{q}{C_1},\ u_2 = \frac{q}{C_2},\ u_3 = \frac{q}{C_3} \tag{2-27}$$

总电压为

$$u = u_1 + u_2 + u_3 \tag{2-28}$$

若电路的等效电容为 C，则

$$\frac{q}{C}=\frac{q}{C_1}+\frac{q}{C_2}+\frac{q}{C_3}$$

$$\frac{1}{C}=\frac{1}{C_1}+\frac{1}{C_2}+\frac{1}{C_3} \tag{2-29}$$

并联时，各个电容器两端具有相同的电压 u，如图 2-16b 所示。各个电容器上的电荷量为

$$\begin{cases} q_1=C_1u \\ q_2=C_2u \\ q_3=C_3u \end{cases} \tag{2-30}$$

总电荷量为

$$q=q_1+q_2+q_3 \tag{2-31}$$

若电路的等效电容为 C，则

$$Cu=C_1u+C_2u+C_3u$$

$$C=C_1+C_2+C_3 \tag{2-32}$$

在选用电容时，除选择适当的电容量外，还应注意它的耐压是否合乎要求。电容器上都标有它的耐压数值，也就是它在工作时允许加在两极间的最高电压限额。如果加交流电压，应当注意电压的最大值不能超过这个限额，以免电容器被击穿。

几个电容器串联，等效电容将减小，但可提高耐压；并联则主要用于增大等效电容。

二、纯电容电路

下面我们讨论纯电容电路接到交流电源上的情况，如图 2-17a 所示。

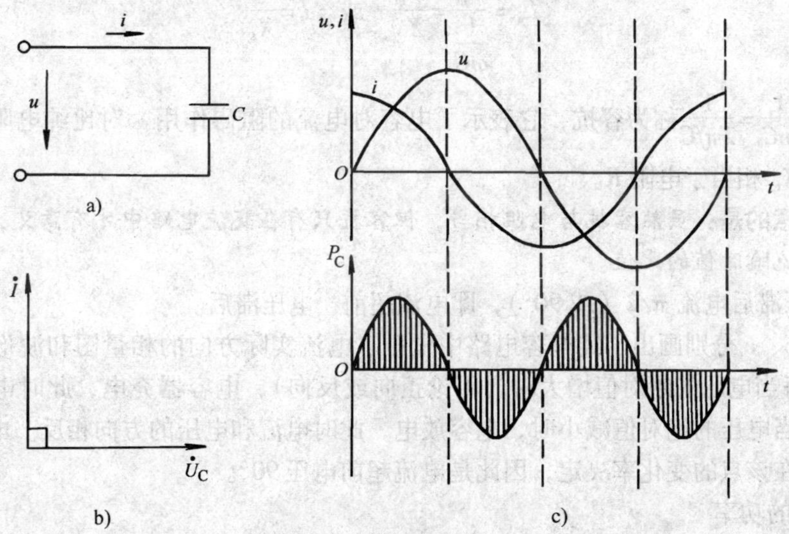

图 2-17　纯电容电路的电压、电流和功率

当交流电压的瞬时值在正方向并且数值增大时，电容器极板上的电荷量与之成正比增加，电荷量的增量 Δq 将从电源移向极板，电路中出现充电电流；当电压减小时电容器极板上的电荷量与之成正比相应减小，减小的电荷量 Δq 将从极板移回电源，电路中出现放电电流。电压反向的半个周期情况与此相似，只是充、放电的方向都与前半个周期相反。交流电

压连续变化使得电路中的电流也连续存在，说明交流电容电路不再像直流电容电路那样相当于断路，而是相当于通路。为此我们应进一步导出它的电压和电流关系及电容上的功率。

1. 电压与电流的关系

纯电容电路中的电流是由于电压的瞬时值不断变化引起电容器极板上电荷量变化而产生的，所以电流的瞬时值等于电荷量的变化率，即

$$i = \frac{\mathrm{d}q}{\mathrm{d}t} = \frac{\mathrm{d}(Cu)}{\mathrm{d}t} = C\frac{\mathrm{d}u}{\mathrm{d}t} \tag{2-33}$$

这就是纯电容交流电路中电压、电流瞬时值的基本关系式。

设电源电压为正弦交流电压且初相为零,即

$$u = U_{\mathrm{m}}\sin\omega t \tag{2-34}$$

则

$$\begin{aligned} i &= C\frac{\mathrm{d}u}{\mathrm{d}t} = CU_{\mathrm{m}}\omega\cos\omega t \\ &= U_{\mathrm{m}}\omega C\sin\left(\omega t + \frac{\pi}{2}\right) \\ &= I_{\mathrm{m}}\sin\left(\omega t + \frac{\pi}{2}\right) \end{aligned} \tag{2-35}$$

从上式可以得到以下结论：

1）纯电容元件上的电压与电流同频率。

2）纯电容元件上电压与电流的数值关系为

$$I_{\mathrm{m}} = U_{\mathrm{m}}\omega C$$

$$I_{\mathrm{m}} = \frac{U_{\mathrm{m}}}{\frac{1}{\omega C}} = \frac{U_{\mathrm{m}}}{X_{\mathrm{C}}} \quad 或 \quad I = \frac{U}{X_{\mathrm{C}}} \tag{2-36}$$

式中，$X_{\mathrm{C}} = \frac{1}{\omega C} = \frac{1}{2\pi fC}$称为容抗，它表示了电容对电流的阻碍作用。对比纯电阻电路的欧姆定律可知，X_{C} 相当于电阻 R。

值得注意的是：虽然容抗与电阻相当，但容抗只有在交流电路中才有意义，而且不能代表电压与电流瞬时值的比值。

3）电压滞后电流 π/2（或 90°），即电流超前，电压滞后。

图 2-17b、c 分别画出了纯电容电路中电压、电流实际方向的相量图和波形图。由图 2-17c 可见，每当电压的绝对值增大时（不论正向或反向），电容器充电，此时电压和电流的方向相同；当电压的绝对值减小时，电容放电，此时电流和电压的方向相反。电流的瞬时值大小由电压在该点的变化率决定，因此是电流超前电压 90°。

2. 电路的功率

在纯电容电路中，电压瞬时值和电流瞬时值的乘积，称为电容器的瞬时功率，即

$$\begin{aligned} p_{\mathrm{C}} &= ui \\ &= U_{\mathrm{m}}\sin\omega t I_{\mathrm{m}}\sin\left(\omega t + \frac{\pi}{2}\right) \\ &= U_{\mathrm{m}}I_{\mathrm{m}}\sin\omega t\cos\omega t \\ &= \frac{1}{2}U_{\mathrm{m}}I_{\mathrm{m}}\sin 2\omega t \end{aligned}$$

$$= UI\sin 2\omega t \tag{2-37}$$

根据式（2-37）及图 2-17c 中的功率变化波形图可知，纯电容电路的平均功率为零，即

$$P_C = 0 \tag{2-38}$$

但是电容器与电源之间进行着能量的交换，在第一及第三个 1/4 周期内，电容吸收电源的能量并以电场能储存在电容中；在第二及第四个 1/4 周期内，电容又向电源回送能量。为了计量这一部分往返传输的功率，与纯电感电路一样，我们取交换功率的最大值为计量数据，叫做电路的无功功率，用 Q_C 表示，以乏（var）为单位，数学式为

$$Q_C = UI = I^2 X_C = \frac{U^2}{X_C} \tag{2-39}$$

例 2-7 已知某纯电容电路两端的电压为 $u = 220\sqrt{2}\sin(314t + 30°)\text{V}$，电容器的电容量 $C = 31.9\mu\text{F}$。求：（1）电容上电流的瞬时值表达式；（2）电路的无功功率；（3）作电压和电流的相量图。

解：（1）因容抗 $X_C = \frac{1}{\omega C} = \frac{1}{314 \times 31.9 \times 10^{-6}}\Omega \approx 100\Omega$

电压的有效值为 $U = U_m/\sqrt{2} = 220\sqrt{2}/\sqrt{2}\text{V} = 220\text{V}$

则电流的有效值为

$$I = \frac{U}{X_C} = \frac{220}{100}\text{A} = 2.2\text{A}$$

又因为电流超前电压 90°，而电压的初相为 30°，则电流的初相为

$$\varphi_i = \varphi_u + 90° = 30° + 90° = 120°$$

所以流过电容电流的瞬时值表达式为

$$i = 2.2\sqrt{2}\sin(314t + 120°)\text{A}$$

（2）电路的无功功率为

$$Q_C = UI = 220 \times 2.2\text{var} = 484\text{var}$$

（3）电压和电流的相量图如图 2-18 所示。

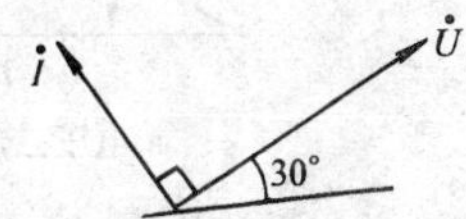

图 2-18 例 2-7 图

第八节 电阻与电感的串联电路

当线圈的电阻不能被忽略时，就可视为由电阻 R 和电感 L 串联的元件，若将线圈接于正弦交流电源上，就构成了电阻与电感的串联电路，简称 R-L 串联电路，如图 2-19a 所示。工厂里常见的电动机、变压器所组成的交流电路都可以看成是 R-L 串联电路。显然，研究 R-L 串联电路更具有实际意义。

一、电压与电流的关系

为了求得电路各量间的数量关系，较为简便的办法是先画出电路中各电压和电流间的相量图。由于纯电阻的电流与电压同相，纯电感的电压超前电流 90°。又因为串联电路中电流相等，所以，以电路中电流为参考

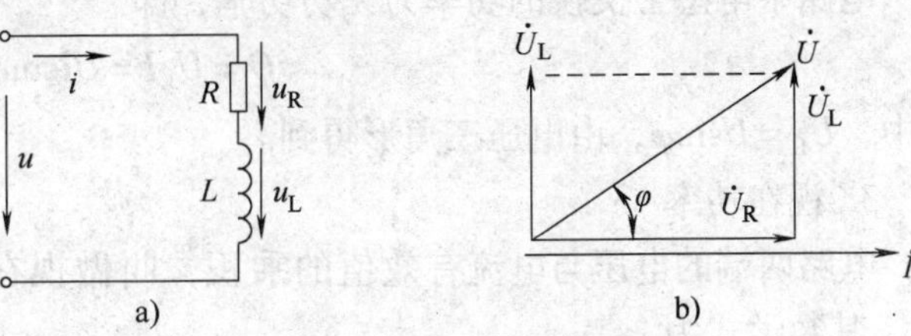

图 2-19 电阻与电感的串联电路及电压、电流相量图

相量（初相为零，其与横轴重合），分别作电路电流$\dot{I}$、电阻电压$\dot{U}_R$和电感电压$\dot{U}_L$的有效值相量图，如图 2-19b 所示。

从相量图看出，按平行四边形法则，$\dot{U}$、$\dot{U}_R$和$\dot{U}_L$三个电压相量组成一个直角三角形，如图 2-20a 所示，称之为电压三角形，由直角三角形的勾股定理得三电压有效值关系为

$$U=\sqrt{U_R^2+U_L^2} \tag{2-40}$$

又因

$$U_R=IR \qquad U_L=IX_L$$

则

$$U=\sqrt{U_R^2+U_L^2}=\sqrt{(IR)^2+(IX_L)^2}=I\sqrt{R^2+X_L^2}$$

令

$$Z=\sqrt{R^2+X_L^2} \tag{2-41}$$

式中，Z 在交流电路中起着阻碍电流通过的作用，称为电路的阻抗，单位为欧姆（Ω）。

可见，Z、R 和 X_L 三个阻抗之间也满足直角三角形勾股定理的关系，即也组成一个直角三角形，称之为阻抗三角形，如图 2-20b 所示。

由上得到 *R-L* 串联电路总电压与总电流有效值之间所满足的欧姆定律形式：

$$I=\frac{U}{Z} \tag{2-42}$$

由图 2-19b 可知，总电压$\dot{U}$与电流$\dot{I}$之间的相位差 φ 既不是零，也不是 90°。是总电压超前电流一个角度 φ，且 $90°>\varphi>0°$。通常把总电压超前电流的电路叫做感性电路，或者说负载是感性负载。

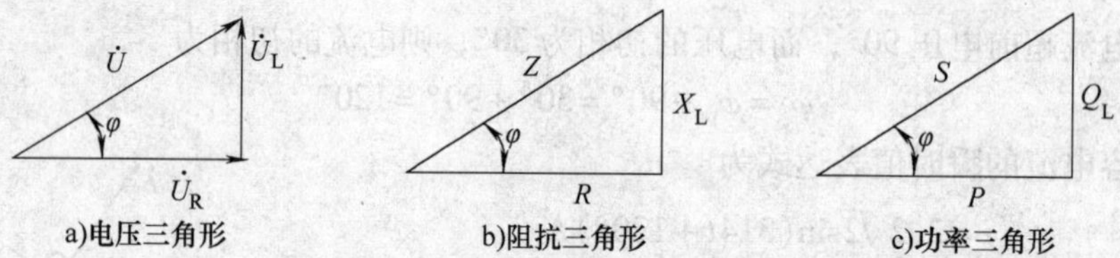

图 2-20　*R-L* 串联电路的电压、阻抗和功率的关系

二、电路中的功率

1. 电路的有功功率

电路中电阻上消耗的功率为有功功率，即

$$P=U_RI=UI\cos\varphi \tag{2-43}$$

式中，$U_R=U\cos\varphi$，由电压三角形得到。

2. 电路的无功功率

电路中电感上交换的功率为无功功率，即

$$Q=U_LI=UI\sin\varphi \tag{2-44}$$

式中，$U_L=U\sin\varphi$，由电压三角形得到。

3. 视在功率

电路两端的电压与电流有效值的乘积，叫做视在功率，以 S 表示，单位为伏安（V·A），其数学式为

$$S=UI \tag{2-45}$$

它表示了电源提供的总容量（或总功率），反映了交流电源容量的大小。

综上所述，可得到有功功率、无功功率和视在功率三者的关系为

$$P = S\cos\varphi$$

$$Q = S\sin\varphi$$

$$S = \sqrt{P^2 + Q^2} \tag{2-46}$$

可见，有功功率 P、无功功率 Q 和视在功率 S 三者的大小关系满足直角三角形的勾股定理，即也组成一个直角三角形，称之为功率三角形，如图 2-20c 所示。

4. 功率因数

电源提供给负载的总功率为视在功率 S，而真正被负载吸收的功率为有功功率 P，无功功率是负载和电源进行交换的功率。这样就存在一个功率利用率的问题。为了反映这种利用率，我们引入功率因数 λ 的概念：

$$\lambda = \cos\varphi = \frac{P}{S} \tag{2-47}$$

上式表明，当电源提供的视在功率一定时，功率因数越大，说明用电器的有功功率越大，电源的功率利用率就越高，这也是供电部门所期望的。

根据电压、阻抗和功率三角形，不难得到求解功率因数的公式为

$$\cos\varphi = \frac{U_R}{U} = \frac{R}{Z} = \frac{P}{S} \tag{2-48}$$

式中，φ 角有三个方面的含义，即电压和电流之间的相位差角、阻抗角和功率因数角。

例 2-8 将电感为 25.5mH、电阻为 6Ω 的线圈接到电压有效值 $U = 220\text{V}$、角频率 $\omega = 314\text{rad/s}$ 的电源上。求：（1）线圈的阻抗 Z；（2）电路中的电流 I；（3）电路中的功率 P、Q 和 S；（4）电路的功率因数 $\cos\varphi$；（5）以电流为参考量作电压三角形。

解：（1）线圈的感抗为

$$X_L = \omega L = 314 \times 25.5 \times 10^{-3}\Omega \approx 8\Omega$$

则阻抗为

$$Z = \sqrt{R^2 + X_L^2} = \sqrt{6^2 + 8^2}\Omega = 10\Omega$$

（2）电路中的电流为

$$I = \frac{U}{Z} = \frac{220\text{V}}{10\Omega} = 22\text{A}$$

（3）电路中的功率为

$$P = I^2 R = 22^2 \times 6\text{W} = 2904\text{W}$$

$$Q = I^2 X_L = 22^2 \times 8\text{var} = 3872\text{var}$$

$$S = UI = 220 \times 22\text{V} \cdot \text{A} = 4840\text{V} \cdot \text{A}$$

（4）电路的功率因数为

$$\cos\varphi = \frac{P}{S} = \frac{R}{Z} = \frac{6}{10} = 0.6$$

（5）电压三角形各边的边长

$$U_R = IR = 22 \times 6\text{V} = 132\text{V}$$

$$U_L = IX_L = 22 \times 8\text{V} = 176\text{V}$$

$$\varphi = \cos^{-1}0.6 \approx 53.1°$$

由于是感性负载，因此电压超前电流，电压三角形如图 2-21 所示。

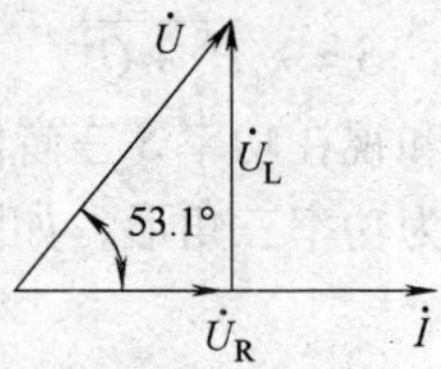

图 2-21　例 2-8 图

第九节　电路功率因数的提高

负载的功率因数是供电系统中的一个重要参数。它的大小取决于负载的性质，或者是取决于负载中电阻和电感所占的成分。如果负载是纯电阻，电压和电流同相，$\varphi = 0$，$\cos\varphi = 1$。由于负载中增加了电感成分，使得电压和电流之间有一个相位差 φ，于是 $\cos\varphi$ 将变低。功率因数变低意味着电源向电路提供的电能量由负载转换成其他能量的有功成分减少，而不断储存、不断放出在电路中往返传递的无功成分增大。电感所占的比重越大，φ 值就越大，$\cos\varphi$ 值越低，这将给电路带来一些不好的影响，因而成为供电系统中需要经常注意并采取措施加以解决的问题。

一、提高功率因数的意义

1. 节约电能

在供电系统的输出电压 U 和输出功率 P 一定时，线路中的电流与功率因数有关，其关系如下：

$$I = \frac{P}{U\cos\varphi}$$

从上式可以看出，负载的功率因数越高，电路中的电流就越小，反之电路中的电流就越大。在输出电压一定的电路中，当输送一定的电能时，电路中的功率因数越高，电路中的电流就越小，则线路中的能量损耗就越小，相应地输电线的截面积也可以减小。显然，提高功率因数有利于节约能源和输电导线材料。

2. 充分发挥电源设备的利用率

电源设备（发电机或变压器）的大小一般是用额定的视在功率来衡量的，也称电源设备的额定容量。额定容量等于额定电压 U_N 与额定电流 I_N 的乘积，即

$$S_N = U_N I_N$$

当电源设备工作达到了额定视在功率时，意味着在额定电压的条件下，输出额定电流。但是此时还不能说明电源的供电能力得到了充分的利用，因为电源输出的电能由公式 $P = IU\cos\varphi$ 所决定。如果 $\cos\varphi$ 很小，即使电源的输出电流达到了额定值，P 值也仍然小。在额定状态下，提高电路的功率因数，输出的有功功率就会大大增加，电源的供电能力可以得到充分利用。

例如有一台变压器的额定容量 $S_N=100\text{kV}\cdot\text{A}$，向功率为 10kW、功率因数为 0.6 的电动机供电，可以供电动机的数量为

$$n=\frac{S_N}{P/\cos\varphi}=\frac{100}{10/0.6}=6$$

即当有 6 台这样的电动机在同时工作，变压器将处于额定状态运行，若将供电线路的功率因数提高到 $\cos\varphi'=0.9$，同样是这台变压器，可以供电动机的数量为

$$n=\frac{S_N}{P/\cos\varphi'}=\frac{100}{10/0.9}=9$$

变压器同样是处于额定运行状态运行，这时就可以供 9 台电动机工作。由此可见，在供电系统中提高供电系统的功率因数有着重要的经济上的意义。

例 2-9 已知某发电机的额定电压为 220V，额定容量为 440kV · A。求：（1）用该发电机向额定电压为 220V、有功功率为 4.4kW、功率因数为 0.5 的负载供电，能供多少个负载？（2）若把功率因数提高到 1 时，又能供多少个负载？（不计线路损耗）

解：（1）当负载的功率因数 $\cos\varphi=0.5$ 时，发电机能供电的负载数为

$$n=\frac{S_N}{P/\cos\varphi}=\frac{440}{4.4/0.5}=50$$

（2）当负载的功率因数 $\cos\varphi=1$ 时，则发电机能供电的负载数为

$$n=\frac{S_N}{P/\cos\varphi}=\frac{440}{4.4/1}=100$$

例 2-10 已知某水电站以 220kV 的高压向有功功率为 44 万 kW 的负载供电，若输电线路的总电阻为 10Ω，试计算负载的功率因数从 0.5 提高到 0.9 时，输电线一年 365 天要少损失多少电能？每 kW · h 电按 0.2 元计，可节约多少电费？

解：当 $\cos\varphi_1=0.5$ 时，线路的电流为

$$I_1=\frac{P}{U\cos\varphi_1}=\frac{44\times10^7}{220\times10^3\times0.5}\text{A}=4000\text{A}$$

当 $\cos\varphi=0.9$ 时，线路的电流为

$$I_2=\frac{P}{U\cos\varphi_2}=\frac{44\times10^7}{220\times10^3\times0.9}\text{A}\approx2222\text{A}$$

所以一年内线路上少损失的电能为

$$\begin{aligned}\Delta W&=(I_1^2-I_2^2)Rt=(4000^2-2222^2)\times10\times10^{-3}\times365\times24\text{kW}\cdot\text{h}\\&=9.69\times10^8\text{kW}\cdot\text{h}\end{aligned}$$

节约的电费为

$$\Delta W\times0.2=9.69\times10^8\times0.2\text{ 元}=1.938\times10^8\text{ 元}=1.938\text{ 亿元}$$

从以上讨论可明显看出，提高功率因数是必要的。其意义在于：①提高供电设备的利用率；②减小输电线路上的损耗，提高输电效率。

二、提高功率因数的一般方法

通常交流电路多为电阻和电感串联组成的感性负载，如荧光灯、电动机等。为了提高功率因数一般采用下列两种方法：

1. 并联补偿电容器

在感性电路两端并联一个适当的电容器，若已知电路的有功功率 P、电源电压为 U、电源频率 f 及感性负载两端并联电容前后的功率因数 $\cos\varphi_1$ 和 $\cos\varphi$，则并联电容的大小可用下式求出

$$C = \frac{P}{2\pi f U^2}(\tan\varphi_1 - \tan\varphi) \quad (2\text{-}49)$$

电容也不宜过大，过大会造成过补偿，对电路造成危害。

2. 提高自然功率因数

在机械工业中，其动力主要是由电动机提供的，电动机的功率要选择合适。若电动机的功率太小，则不能满足生产机械的需要；若太大，则又会引起功率因数降低。为了提高功率因数，不要用大功率的电动机来带动小功率的负载。另外，应尽量避免电动机空转。

习 题

一、填空题

2-1 我国工农业生产及生活中使用的工频交流电的频率和周期为________、________。

2-2 两个同频率正弦量的相位差为180°时，称它们为________。

2-3 正弦交流电的有效值为最大值的________倍。

2-4 在纯电阻电路中，电流与电压的频率关系为________，电流与电压的相位________，电流与电压的有效值符合欧姆定律。

2-5 某白炽灯工作时电阻值为484Ω，当其两端加有220V的电压时，此白炽灯的有功功率应为________W。

2-6 在纯电感电路中，电流与电压的频率________，电压相位________电流相位90°。

2-7 电感对交流电的阻碍作用称为________，用符号 X_L 表示，单位是________。

2-8 感抗与电源频率成________比。

2-9 在纯电容电路中，电流与电压的频率关系为________，电压相位________电流90°。

2-10 电容对交流电的阻碍作用称为________，其符号是________，单位为________。

2-11 容抗与电源频率成________比，与电容器的电容量成________比。

2-12 交流电路端电压与电流有效值的乘积称为________功率，它表示了交流电源________的大小。

2-13 要提高感性电路的功率因数，可采用在电路两端________的方法。

2-14 在电源视在功率（容量）一定的条件下，提高功率因数的意义在于提高________的利用率。

二、简答题

2-15 正弦交流电的三要素是什么？

2-16 什么是正弦交流电的周期和频率？它们之间有何关系？

2-17 什么叫功率因数？为什么要提高功率因数？通常提高功率因数的方法是什么？

三、计算题

2-18 已知一正弦交流电动势 $e = 311\sin(314t + 30°)$ V，试求：（1）最大值 E_M；（2）角频率 ω；（3）频率 f；（4）周期 T；（5）初相角 Ψ；（6）有效值 E。

2-19 已知某正弦交流电的角频率为628rad/s，试求相应的周期和频率。

2-20 设有一个在1/10s内完成5周变化的交流电，试求：（1）周期T；（2）频率f；（3）角频率ω。

2-21 让10A的直流电和最大值$I_m = 12A$的正弦交流电分别通过阻值相同的电阻，在一个周期内，问哪个电流的发热量大？

2-22 已知交流电动势为$e = 155\sin\left(314t - \frac{2\pi}{3}\right)V$，试求$E_m$、$E$、$\omega$、$f$、$T$和$\psi$各是多少？

2-23 已知两个正弦电压$u_1 = 10\sin\left(100\pi t + \frac{\pi}{4}\right)V$，$u_2 = 15\sin\left(100\pi t - \frac{\pi}{4}\right)V$，作出它们的相量图。

2-24 已知某正弦交流电路两端的电压为$u = 220\sqrt{2}\sin\left(100\pi t + \frac{\pi}{6}\right)V$，正弦交流电流为$i = 0.41\sqrt{2}\sin\left(100\pi t - \frac{\pi}{6}\right)A$。（1）分别求出电压和电流的有效值；（2）求电压和电流的相位关系，并作出电压和电流有效值的相量图。

2-25 在电压为$u = 220\sqrt{2}\sin\left(314t + \frac{\pi}{3}\right)V$，频率为50Hz的交流电路中，接入一组白炽灯，其等效电阻为$R = 11\Omega$。（1）求出电灯组取用电流的有效值；（2）写出电灯组电流的瞬时值表达式；（3）绘出电路中的电压与电流相量图。

2-26 把$L = 51mH$的线圈（忽略其电阻）接在电压为$u = 220\sqrt{2}\sin\left(100\pi t - \frac{\pi}{6}\right)V$的交流电路中。（1）求出线圈中电流的有效值；（2）写出线圈中电流的瞬时值表达式；（3）作出线圈中的电压与电流相量图。

2-27 把$C = 318.5\mu F$的电容器接在电压为$u = 220\sqrt{2}\sin\left(100\pi t - \frac{\pi}{3}\right)V$的交流电路中。（1）求出电容器中电流的有效值；（2）写出电容器中电流的瞬时值表达式；（3）作出电容器中的电压与电流相量图。

2-28 把容量为$C = 20\mu F$的电容器接在$u = 100\sqrt{2}\sin\left(100\pi t - \frac{\pi}{3}\right)V$的交流电路中。（1）求容抗；（2）求出电容器中电流的有效值；（3）求电容上的无功功率。

2-29 把容量为$C = \frac{1}{314} \times 10^5\mu F$的电容器（忽略其电阻）接在$u = 100\sqrt{2}\sin\left(100\pi t - \frac{\pi}{3}\right)V$的交流电路中。（1）求出电容器中电流的有效值；（2）写出电容器中电流的瞬时值表达式；（3）绘出电容器中的电压与电流相量图；（4）求电容上的无功功率。

2-30 将电感为51mH、电阻为12Ω的线圈接到一交流电源上，其电源的电压有效值$U = 220V$，角频率$\omega = 314rad/s$。求：（1）线圈的阻抗；（2）电路中的电流；（3）电路中的P、Q和S；（4）电路的功率因数；（5）以电流为参考相量，画出线圈上电压、电流及电阻电压和电感电压的相量图。

2-31　把一个电阻为 20Ω、电感为 48mH 的线圈接到电压有效值 $U=100\text{V}$、角频率 $\omega=314\text{rad/s}$ 的交流电源上。求：(1) 线圈的阻抗；(2) 电路中的电流；(3) 电路中的 P、Q 和 S；(4) 电路的功率因数；(5) 以电流为参考量作电压三角形。

2-32　把一个电阻为 3Ω、感抗为 4Ω 的线圈接到电压有效值 $U=50\text{V}$ 的交流电源上。求：(1) 线圈的阻抗；(2) 电路中的电流；(3) 电路中的 P、Q 和 S；(4) 电路的功率因数；(5) 以电流为参考量作电压三角形。

2-33　某线圈接在电压为 20V 的直流电源上，测得流过线圈的电流为 1A；当把它接到频率为 50Hz、电压有效值为 120V 的正弦交流电路中，测得流过线圈的电流为 0.3A。求线圈的电阻和电感量。

2-34　已知某发电机的额定电压为 10000V，视在功率为 300000kV·A。问：(1) 用该发电机向额定电压为 380V、有功功率为 190kW、功率因数为 0.5 的工厂供电，能供多少个工厂？(2) 若把各工厂的功率因数提高到 1，又能供多少个工厂用电？

2-35　当把一台功率为 $P=1.11\text{kW}$ 单相交流电动机接在 $f=50\text{Hz}$、$U=220\text{V}$ 的交流电路时，其所取用的电流为 $I=10\text{A}$，求：(1) 电动机的视在功率和无功功率；(2) 电动机的功率因数；(3) 若将电路的功率因数提高到 0.9，需并联多大电容的电容器？

第三章　三相交流电路

所谓三相交流电路，是指由三个单相交流电路所组成的电路系统。在这三个交流电路中，各有一正弦交流电动势作用着。前面所讨论的单相交流电路只是三相交流电路中的一相。三相交流电路在工农业生产中应用极为广泛。目前电能的产生、输送和分配几乎全部采用三相交流电的方式。

用三相制传输电能，可以节省材料和减少线路中的损耗。工厂企业得到三相电之后，既可以各相分别接入各种单相用电设备单独工作（如照明设备），也可以同时在一台设备上使用三相电源（如三相电动机）。三相异步电动机结构简单，性能能够满足生产中大部分机械设备的拖动要求，是当前生产动力设备的主要品种。此外，三相发电机、三相变压器与同容量的单相设备相比，结构都要简单得多，这使得三相制成为当前供电的主要形式。

第一节　三相交流电源

一、三相交流电的产生

三相电源是由三个电动势组成的，而三相电动势是由三相交流发电机产生的。如图 3-1 所示为三相交流发电机结构示意图，它主要是由转子和定子组成。转子是个电磁铁，其磁极表面的磁场按正弦规律分布。定子中嵌有三个线圈，彼此相隔 120°，每个线圈的匝数、几何尺寸相同。各线圈的起始端分别用 U_1、V_1、W_1 表示，末端分别用 U_2、V_2、W_2 表示。把三个线圈分别叫做第一相绕组、第二相绕组和第三相绕组。

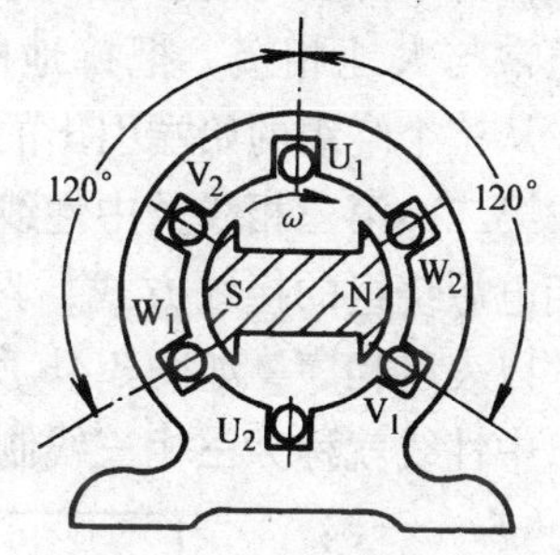

图 3-1　三相交流发电机结构示意图

当原动机（如汽轮机、水轮机等）带动三相发电机的转子作顺时针转动时，从相对运动的原理来讲，就相当于定子各绕组作逆时针转动，则每个绕组产生的感应电动势分别为 e_1、e_2、e_3。由于各绕组的结构相同而位置依次互差 120°，因此三个电动势的最大值相等、频率相同，而初相依次互差 120°。若以第一相为参考正弦量，可得三相电动势的解析式如下：

$$\begin{cases} e_1 = E_m \sin\omega t \\ e_2 = E_m \sin(\omega t - 120°) \\ e_3 = E_m \sin(\omega t + 120°) \end{cases} \tag{3-1}$$

三相电动势的波形图和相量图如图 3-2 所示。这样的三个电动势称为三相对称电动势，而且规定每相电动势的参考方向是从绕组的末端指向始端，即当电流从始端流出时为正，反之为负。

三相电动势最大值出现的次序称为相序。上述发电机产生的三相电动势的相序为第一相—第二相—第三相—第一相……

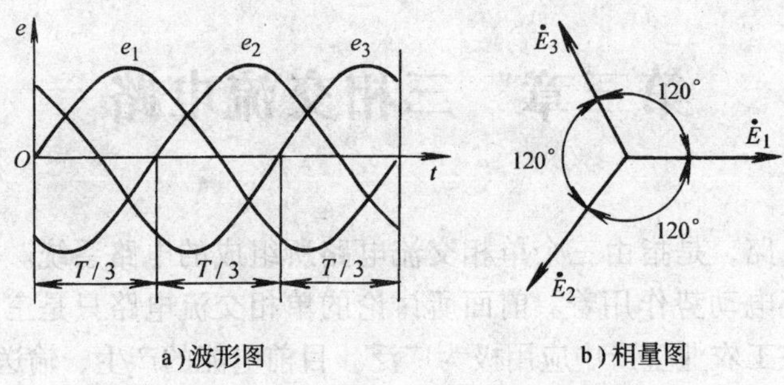

图 3-2　三相对称电动势的波形图和相量图

二、三相电源绕组的联结

三相电源的绕组，也即三相发电机每个绕组两端接上负载，就可以得到三个互不相关的单相交流电路。用这种方法输送电能就需要六根导线，构成三相六线制，如图 3-3 所示。可以看出，用三相六线制输电很不经济。

1. 三相电源绕组的星形联结

如图 3-4a 所示为三相电源绕组的星形联结。这种连接方法是把三相电源三个绕组的末端连接在一起，成为一个公共点（称中性点），用符号“N”表示。从中性点引出的输电线称为中性线，简称中线，俗称零线。中性线通常与大地相接，把接地的中性线称为地线。从三个绕组的始端引出的输电线叫做相线，俗称火线。根据国标 GB4728. 11—2008，第一、第二、第三相线及中性线的文字符号分别为 L_1、L_2、L_3 和 N。有时为了简便，常不画三相电源绕组的接线方式，只画四根输出线，并分别用黄、绿、红代表第一、第二、第三相，以表示相序，如图 3-4b 所示。这种有中性线的三相供电系统称为三相四线制，如果不引出中性线就称为三相三线制。

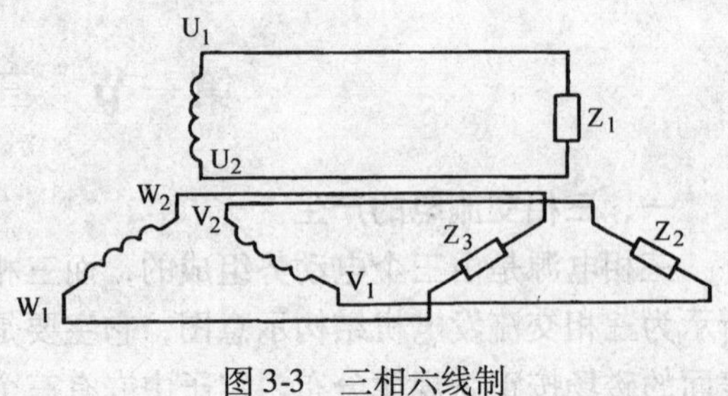

图 3-3　三相六线制

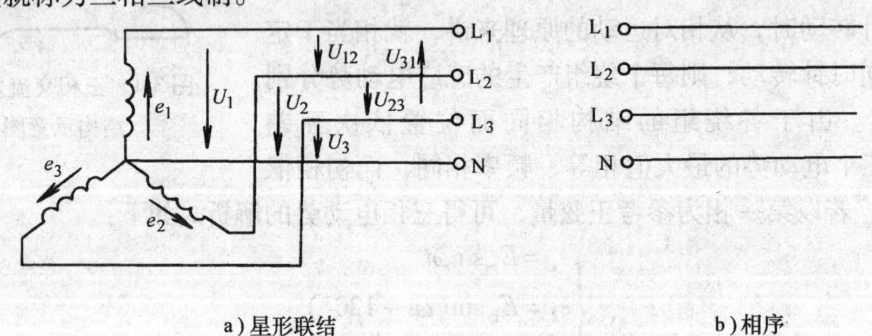

图 3-4　发电机绕组的星形联结

三相四线制与三相六线制相比不但节省两根输电线，同时还可输出两种电压：一种是相线与相线间的电压，叫做线电压，如图 3-4a 中所示 U_{12}、U_{23}、U_{31}，当三相发电机绕组对称即三相电源对称时，对应线电压相等，即 $U_{线} = U_{12} = U_{23} = U_{31}$；另一种是相线与中性线间的电压，叫做相电压，如图3-4a中所示 U_1、U_2、U_3，同理，当三相电源对称时，有 $U_{相}=U_1=U_2=U_3$。

一般情况下，我们只讨论三相电源是对称的情况，在三相电源对称时，可采用相量图法找出相电压与线电压的关系，其步骤如下：

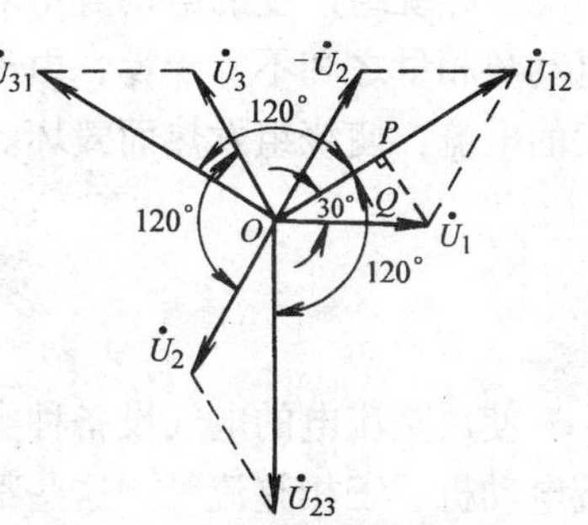

图3-5　三相四线制线电压和相电压相量图

1）根据参考方向的规定，先作出三个相电压 $\dot{U}_1$、$\dot{U}_2$、$\dot{U}_3$ 的相量图，它们大小相等，相位依次相差120°，如图3-5所示。

2）在三相四线制中，其线电压与相邻两个相电压之间应符合基尔霍夫第二定律，可以得到 $\dot{U}_{12}=\dot{U}_1-\dot{U}_2=\dot{U}_1+(-\dot{U}_2)$。为求 $\dot{U}_{12}$，得先作出 $(-\dot{U}_2)$。

3）用平行四边形法则，由 $\dot{U}_1$ 和 $(-\dot{U}_2)$ 作出 $\dot{U}_{12}$。

4）由相量图可以看出，在直角三角形 OPQ 中

$$\frac{1}{2}U_{12}=U_1\cos30°=\frac{\sqrt{3}}{2}U_1$$

则

$$U_{12}=\sqrt{3}U_1$$

同理可得

$$U_{23}=\sqrt{3}U_2$$

$$U_{31}=\sqrt{3}U_3$$

即

$$U_{线}=\sqrt{3}U_{相} \tag{3-2}$$

另外，由图3-5可得，线电压和相电压的相位不同，线电压总是超前与之相对应的相电压30°。

在我们常用的三相四线制低压供电系统中，相电压是220V，线电压 $U_{线}=\sqrt{3}U_{相}=\sqrt{3}\times 220\text{V}=380\text{V}$。这种供电系统最大的优点是可以同时提供两种不同的电压，因而被广泛应用。

2. 三相电源的三角形联结

三相电源绕组除可以作星形联结（Y），还可以作三角形联结（△），如图3-6所示。所谓三角形联结，就是把第一相末端与第二相绕组的首端相连，把第二相末端与第三相绕组的首端相连，第三相末端与第一相绕组的首端相连，并从以上三个连接点上引出三根线，向外供电。

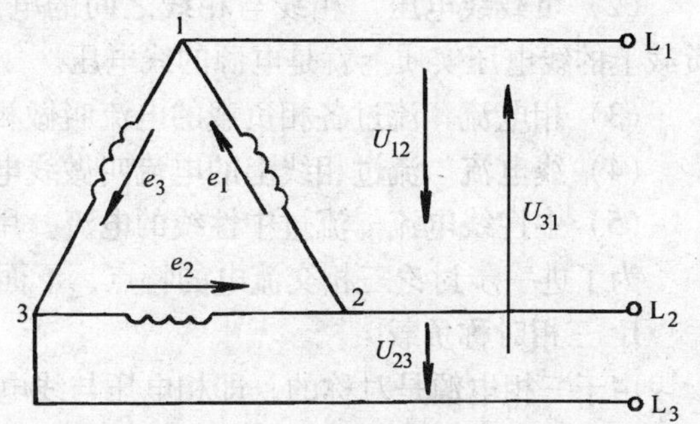

图3-6　三相电源绕组的三角形联结

从图3-6可以看出，三角形联结时，三相电源的线电压也就等于电源绕组每一相的相电压即

$$U_{线}=U_{相} \tag{3-3}$$

在电源的三角形联结方法中，没有中性线引出，因此采用的是三相三线制。这种连

接方法不同于星形联结，在没有接上负载时，绕组本身就形成一个闭合回路。假如在此回路内的三相绕组产生的电动势不对称，或者把某一相绕组的两个端钮接错，使其回路内的三个电动势相量之和不等于零，由于绕组回路的内阻是很小的，在此情况下，回路内会产生相当大的电流，使绕组发热而毁坏。所以绕组为三角形联结时切记不可将绕组接反。

第二节　负载的星形联结

使用交流电的电气设备种类很多，其中有些设备是需要三相电源才能工作的，如三相交流电动机、三相整流等，这些都是三相负载。还有一些电气设备只需要单相电源，如照明用的白炽灯、电烙铁等，称之为单相负载。单相负载可按照一定的方式组合起来而组成三相负载接在三相电源上。因此三相负载可以是单个的需要三相电源才能工作的电气设备，也可以是单相负载的组合。

三相电路中的负载，可能相同也可能不同。通常把各相负载相同（即各相负载的阻抗值相等、性质相同）的三相负载叫做对称三相负载，如三相电动机、三相电炉等；否则就叫做三相不对称负载，如三相照明电路中的负载。

在三相供电系统中，三相负载也有星形联结和三角形联结两种，根据负载的额定电压和电源电压来决定以哪种方式接入电源。

所谓星形联结，是把三相负载分别接到三相电源的一根相线和中性线之间的接法，这时每相负载承受的是电源相电压，如图 3-7 所示。

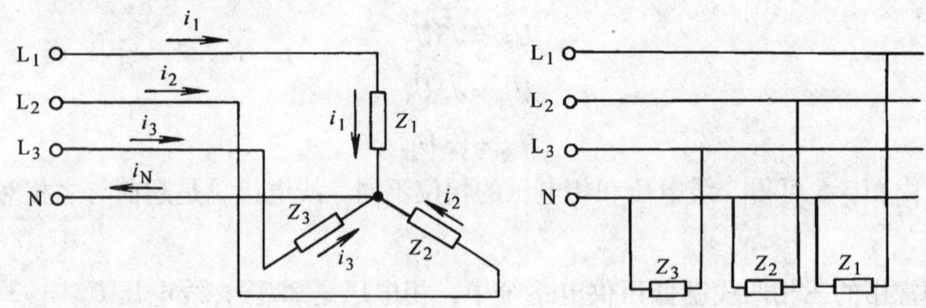

图 3-7　三相负载的星形联结

下面介绍有关的几个概念：

（1）负载相电压　每相负载两端的电压。

（2）负载线电压　相线与相线之间的电压叫做线电压。在忽略输电线上的电压降时，负载上的线电压实质上就是电源的线电压。

（3）相电流　流过各相负载的电流叫做相电流。

（4）线电流　流过相线上的电流叫做线电流。

（5）中性线电流　流过中性线的电流，用 I_N 表示。

为了进一步讨论三相交流电的特点，下面根据负载不同分两种情况进行讨论：

1. 三相对称负载

由于三相电源是对称的，即相电压与线电压的关系为

$$U_{\curlyvee相} = \frac{U_{\curlyvee线}}{\sqrt{3}} \tag{3-4}$$

由于 $$Z_1 = Z_2 = Z_3 = Z_{相}$$
$$R_1 = R_2 = R_3 = R_{相}$$

三相负载的相电流相等且等于线电流，由欧姆定律，得其数值为

$$I_{\curlyvee线} = I_{\curlyvee相} = I_1 = I_2 = I_3 = \frac{U_{\curlyvee相}}{Z_{相}} \tag{3-5}$$

相电压与相电流的相位差为

$$\varphi = \arccos \frac{R_{相}}{Z_{相}} \tag{3-6}$$

规定中性线上的电流参考方向为从负载指向电源，则中性线上的电流为

$$\dot{I}_N = \dot{I}_1 + \dot{I}_2 + \dot{I}_3 = 0 \tag{3-7}$$

而每相电流间的相位差仍为 120°。图 3-8a 所示是以 $\dot{I}_1$ 为参考相量作出的电流相量图。从图中可以看出，三相对称负载作星形联结时，其中线电流为零，此时取消中性线也不影响三相电路的工作，三相四线制就变成了三相三线制。如三相交流电动机的三相负载对称，一般都省去中性线，采用三相三线制。

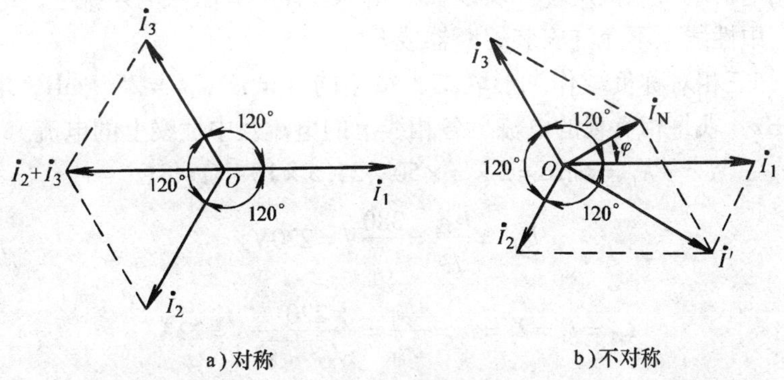

图 3-8　三相负载作星形联结时的电流相量图

2. 三相不对称负载

当三相负载不对称时，由于 $Z_1 \neq Z_2 \neq Z_3$，$R_1 \neq R_2 \neq R_3$ 各相电流的大小不一定相等，每相电流间的相位差也不一定为 120°。

三相不对称负载的星形联结电路的计算，可按单相电路的计算方法。

每相负载的电流大小为

$$I_1 = \frac{U_{\curlyvee相}}{Z_1}$$

$$I_2 = \frac{U_{\curlyvee相}}{Z_2}$$

$$I_3 = \frac{U_{\curlyvee相}}{Z_3}$$

每相负载的电流与电压之间的相位差为

$$\varphi_1 = \arccos \frac{R_1}{Z_1}$$

$$\varphi_2 = \arccos\frac{R_2}{Z_2}$$

$$\varphi_3 = \arccos\frac{R_3}{Z_3}$$

中性线电流的有效值相量为三个相电流有效值相量之和，即

$$\dot{I}_N = \dot{I}_1 + \dot{I}_2 + \dot{I}_3$$

如图 3-8b 所示为各相负载的性质相同、大小不同的相电流相量图，图中 $\dot{I}_1$与 $\dot{I}_2$的和为 $\dot{I}'$ ，$\dot{I}'$ 与 $\dot{I}_3$ 的和为 $\dot{I}_N$ 。由图看出，三相负载不对称时，中性线电流不为零。实际工作中，在设计三相电路时，应尽量使其对称，因此中性线电流通常比相电流小得多，所以中性线的截面可小些。同时，在不对称的三相电路（如三相照明电路）中，当中性线存在时，它能平衡各相电压保证三相负载成为三个互不影响的独立回路，此时每相负载上的电压等于电源的相电压，而不会因负载的变动而变动；但是当中性线断开后，各相电压就不再相等了，理论和实践都可证明，阻抗小的负载相电压低，阻抗大的相电压高，这样接在相电压高的那一相上的用电器就可能被烧坏。所以在三相不对称的低压供电系统中，绝对不允许省去中性线，而且，中性线上不允许安装熔断器或开关。

例 3-1　已知三相对称负载作$\curlyvee$形联结，每相的 $R=6\Omega$，$L=25.5\text{mH}$，电源线电压 $U_{线}=380\text{V}$，$f=50\text{Hz}$，求每相负载的电流、各相线上的电流及中性线上的电流。

解：

$$X_L = 2\pi fL = 2\times\pi\times50\times25.5\times10^{-3}\Omega\approx8\Omega$$

$$U_{相} = \frac{U_{线}}{\sqrt{3}} = \frac{380}{\sqrt{3}}\text{V} = 220\text{V}$$

$$I_{相} = I_1 = I_2 = I_3 = \frac{U_{相}}{Z_{相}} = \frac{220}{\sqrt{6^2+8^2}}\text{A} = 22\text{A}$$

$$I_{线} = I_{相} = 22\text{A}$$

由于三相负载对称，因此中性线上的电流 I_N 为零。

例 3-2　某电阻性三相负载作星形联结，并接有中性线，其各相电阻 $R_1=10\Omega$，$R_2=R_3=20\Omega$，已知电源的线电压为 380V，求相电流、线电流和中性线电流。

解：每相负载承受的电压为

$$U_{相} = \frac{U_{线}}{\sqrt{3}} = \frac{380}{\sqrt{3}}\text{V} = 220\text{V}$$

各相电流为$I_1 = \frac{U_{相}}{R_1} = \frac{220}{10}\text{A} = 22\text{A}$

$$I_2 = I_3 = \frac{U_{相}}{R_2} = \frac{220}{20}\text{A} = 11\text{A}$$

在星形联结的三相负载中，线电流与相电流相等，因此以上三个相电流即为线电流。由于各相均为纯电阻负载，每相上的电流与电压同相，三个电流的相位差仍保持 120°。如图 3-9 所示为电流的相量图。由相量图不难得到，中性线电流为

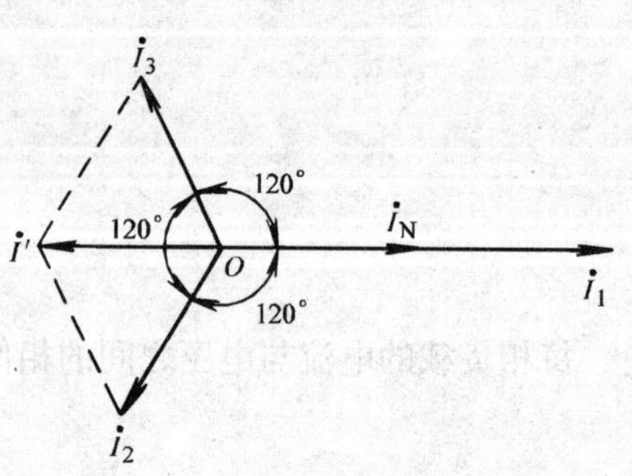

图 3-9　例 3-2 电流相量图

$$\dot{I}_N = \dot{I}_1 + \dot{I}_2 + \dot{I}_3$$

$\dot{I}_2$ 与 $\dot{I}_3$ 之和为 $\dot{I}'$，$\dot{I}'$ 大小为11A，与 $\dot{I}_1$ 的相位差为180°，得

$$I_N = (22-11)\text{A} = 11\text{A}$$

第三节　负载的三角形联结

如果把三相负载分别接到三相电源的两根相线之间，就构成了三相负载的三角形联结，如图3-10a所示。

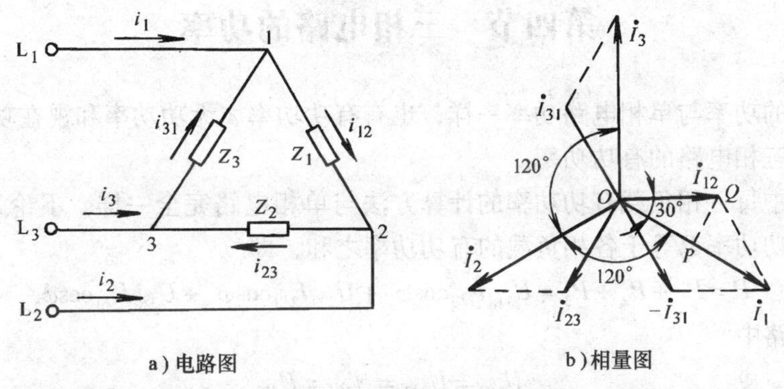

图3-10　三相负载的三角形联结及电流相量图

对于三角形联结的每相负载来说，也是单相交流电路，所以各相电流、电压和阻抗三者的关系仍与单相电路相同。由于三角形联结的各相负载是接在两根相线之间，因此负载的相电压就是线电压，即

$$U_{\triangle相} = U_{\triangle线} \tag{3-8}$$

三角形联结的负载一般都为对称负载，在对称的三相电压作用下，流过对称三相负载中每相负载的电流应相等，即

$$I_{12} = I_{23} = I_{31} = \frac{U_{\triangle相}}{Z_{相}} = \frac{U_{\triangle线}}{Z_{相}} \tag{3-9}$$

而各相电流之间的相位差仍为120°。图3-10b所示是以 $\dot{I}_{12}$ 为参考相量作出的电流相量图。在图3-10a中，对于1点，由基尔霍夫电流定律得

$$\dot{I}_1 = \dot{I}_{12} - \dot{I}_{31} = \dot{I}_{12} + (-\dot{I}_{31})$$

为求相电流与线电流之间的关系，仍然采用相量求和的方法，具体步骤如下：

1）先作出 $\dot{I}_{12}$、$\dot{I}_{23}$ 和 $\dot{I}_{31}$，三者相位相差120°。

2）作出 $-\dot{I}_{31}$，$-\dot{I}_{31}$ 和 $\dot{I}_{31}$ 数值相等，相位相反。

3）用平行四边形法则作出 $\dot{I}_{12}$ 和 $-\dot{I}_{31}$ 的和相量 $\dot{I}_1$，并过 $\dot{I}_{12}$ 的端点作 $\dot{I}_1$ 的垂线得直角三角形 OPQ，于是有

$$\frac{1}{2}I_1 = I_{12}\cos 30° = \frac{\sqrt{3}}{2}I_{12}$$

$$I_1 = \sqrt{3} I_{12} \tag{3-10}$$

同理可求得

$$I_2 = \sqrt{3} I_{23} \tag{3-11}$$

$$I_3 = \sqrt{3} I_{31} \tag{3-12}$$

对于三角形联结的对称负载来说，线电流与相电流的数量关系为

$$I_{\triangle线} = \sqrt{3} I_{\triangle相} \tag{3-13}$$

从图 3-10b 可以看出，线电流总是滞后与之对应的相电流 30°。

第四节　三相电路的功率

三相电路的功率与单相电路功率一样，也有有功功率、无功功率和视在功率之分。下面我们重点讨论三相电路的有功功率。

三相电路中每一相负载有功功率的计算方法与单相电路完全一样。不论采用哪种接法，三相电路的有功功率都等于各相负载的有功功率之和，即

$$P = P_1 + P_2 + P_3 = U_{1相} I_{1相} \cos\varphi_1 + U_{2相} I_{2相} \cos\varphi_2 + U_{3相} I_{3相} \cos\varphi_3 \tag{3-14}$$

在对称电路中

$$U_{1相} = U_{2相} = U_{3相} = U_{相}$$

$$I_{1相} = I_{2相} = I_{3相} = I_{相}$$

$$\varphi_1 = \varphi_2 = \varphi_3 = \varphi$$

于是，对称三相负载的总功率为

$$P = 3P_{相} = 3U_{相} I_{相} \cos\varphi \tag{3-15}$$

在实际工作中，线电压和线电流比相电压和相电流容易测到，因此将式（3-15）中的相电压和相电流采用线电压和线电流表示。

当对称负载作星形联结时，$U_{线} = \sqrt{3} U_{\curlyvee相}$，$I_{线} = I_{\curlyvee相}$。

当对称负载作三角形联结时，$U_{线} = U_{\triangle相}$，$I_{线} = \sqrt{3} I_{\triangle相}$。

因此，经整理得：对称负载不论是星形联结还是三角形联结，其总功率均为

$$P = \sqrt{3} U_{线} I_{线} \cos\varphi \tag{3-16}$$

式中，φ 仍是相电压与相电流的相位差，实际应用时电压和电流的下标“线”可不标，这样公式为

$$P = \sqrt{3} UI \cos\varphi \tag{3-17}$$

同理，可得到对称三相负载的无功功率和视在功率的实用计算公式为

$$Q = \sqrt{3} UI \sin\varphi \tag{3-18}$$

$$S = \sqrt{3} UI \tag{3-19}$$

注意实用公式中的电压和电流均指线电压和线电流。

例 3-3　已知某三相对称负载接在电源电压为 380V 的三相交流电源中，其中每相负载的 $R_{相} = 6\Omega$、$X_{相} = 8\Omega$。试分析计算该负载作星形联结和三角形联结时的相电流、线电流以及有功功率，并作比较。

解:（1）负载作星形联结时

$$Z_{\curlyvee相} = \sqrt{R_{相}^2 + X_{相}^2} = \sqrt{6^2 + 8^2}\Omega = 10\Omega$$

$$U_{\curlyvee相} = \frac{U_{线}}{\sqrt{3}} = 220\text{V}$$

则
$$I_{\curlyvee线} = I_{\curlyvee相} = \frac{U_{\curlyvee相}}{Z_{相}} = \frac{220}{10}\text{A} = 22\text{A}$$

又
$$\cos\varphi = \frac{R_{相}}{Z_{相}} = \frac{6}{10} = 0.6$$

$$P_{\curlyvee} = 3U_{\curlyvee相}I_{\curlyvee相}\cos\varphi = 3 \times 220 \times 22 \times 0.6 \times 10^{-3}\text{W} \approx 8.7\text{kW}$$

或
$$P_{\curlyvee} = \sqrt{3}U_{线}\ I_{线}\ \cos\varphi = \sqrt{3} \times 380 \times 22 \times 0.6 \times 10^{-3}\text{W} \approx 8.7\text{kW}$$

（2）负载作三角形联结时

$$U_{\triangle相} = U_{线} = 380\text{V}$$

则
$$I_{\triangle相} = \frac{U_{\triangle相}}{Z_{相}} = \frac{380}{10}\text{A} = 38\text{A}$$

$$I_{\triangle线} = \sqrt{3}I_{\triangle相} = \sqrt{3} \times 38\text{A} \approx 66\text{A}$$

$$P_{\triangle} = 3U_{\triangle相}I_{\triangle相}\cos\varphi = 3 \times 380 \times 38 \times 0.6 \times 10^{-3}\text{W} \approx 26\text{kW}$$

或
$$P_{\triangle} = \sqrt{3}U_{线}\ I_{线}\ \cos\varphi = \sqrt{3} \times 380 \times 66 \times 0.6 \times 10^{-3}\text{W} \approx 26\text{kW}$$

（3）两种方法比较

$$\frac{I_{\triangle相}}{I_{\curlyvee相}} = \frac{38}{22} \approx \sqrt{3}$$

$$\frac{I_{\triangle线}}{I_{\curlyvee线}} = \frac{66}{22} = 3$$

$$\frac{P_{\triangle}}{P_{\curlyvee}} = \frac{26}{8.7} = 3$$

由上题可知，同一负载作三角形联结的相电流是星形联结时的$\sqrt{3}$倍，而三角形联结时的线电流和功率均是星形联结时的 3 倍。

习　题

一、填空题

3-1　大小相等、________相同、________互差 120°的电动势称三相对称电动势。

3-2　从三相交流发电机的三个线圈始端 U_1、V_1、W_1 引出的输电线称为________。三个线圈末端 U_2、V_2、W_2 连接在一起的点称为________点，从此点引出的输电线称为中性线。若此点接大地则称为零点，此线称为________。这种供电方式称为________制。

3-3　三相对称负载作星形联结时，线电压为相电压的________。

3-4　因为三相对称负载作星形联结时________电流为零，所以可将中线去掉，将三相四线制供电方式改为________制供电方式。

3-5　三相对称负载作三角形联结时，线电流是相电流的________。

3-6　三相四线制星形联结允许负载不对称，必须保证中线的可靠连接，中线的作用是至关重要的，一旦中线发生________事故，将导致严重后果。为了防止意外，中线上绝对不允许安装________或者________。

3-7　三相四线制供电方式可以提供两种电压，即________和________。

二、简答题

3-8　试述负载星形联结的三相四线制电路和三相三线制电路的异同。

3-9　什么情况下可将三相电路的计算转变为对一相电路的计算？

3-10　三相四线制不对称电路当中线断开时对负载工作情况会产生什么影响？中线的作用是什么？

三、计算题

3-11　有一三相对称负载，其各相电阻等于10Ω，负载的额定相电压为220V，现将它接成星形，接在线电压为380V的三相电源上，求相电流、线电流和总功率。

3-12　对称三相负载为R，接于三相对称星形连接电源，线电压为U_1，试比较负载作三角形和星形联结时，下列各量的关系：

相电流$I_{P\triangle}$ =________，I_{PY} =________，$I_{P\triangle}/I_{PY}$ =________；

线电流$I_{1\triangle}$ =________，I_{1Y} =________，$I_{1\triangle}/I_{1Y}$ =________；

功率$P_{\triangle}$ =________，P_{Y} =________，$P_{\triangle}/P_{Y}$ =________。

3-13　某三相对称感性负载连接成星形联结，接到线电压为380V的三相对称电源上，从电源上取用的有功功率为$P=5.28\text{kW}$，功率因数$\cos\varphi=0.8$，试求负载的相电流和电源的线电流。

3-14　若把上题中的负载改接成三角形联结，电源的线电压仍为380V，试求此时的相电流、线电流和有功功率。

3-15　把一批额定电压为220V、功率为100W的白炽灯接在线电压为380V的三相四线制的电源上，设每相所接的电灯数为$n_1=20$盏，$n_2=20$盏，$n_3=30$盏。分别求各相电流、线电流、中线电流和总功率，并作出三相电流的相量图。

3-16　在线电压为380V的三相三线对称电网中，接有作星形联结的电阻负载，已知三相电阻的数值相等，且$R_1=R_2=R_3=50\Omega$。试计算相电流和线电流。若因故第一相断开，则其余两相的相电流和线电流又为多少？

3-17　若上题中的三相电网是三相四线制，负载仍为星形联结的电阻负载且阻值不变，试计算相电流和线电流以及三相总功率。当第一相因故断开时，各相电流、线电流又为多少？

第二篇　工业企业常用电气设备

第四章　磁路与变压器

第一节　铁磁材料与磁路

含有铁、钴、镍及其合金的材料称为铁磁材料。铁磁材料具有很强的磁化特性，它们在外加磁场的作用下，能产生远大于外加磁场的附加磁场；而非铁磁材料不具备这种特性。

在电工技术中，广泛使用铁磁材料做铁心，可以用较小的电流来产生较强的磁场，并使线圈的体积、重量都大为减少。

铁磁材料的磁化特性可以用磁畴的概念加以说明。铁磁材料内部是由许多体积很小的自然磁体即磁畴所组成，如图 4-1 所示。

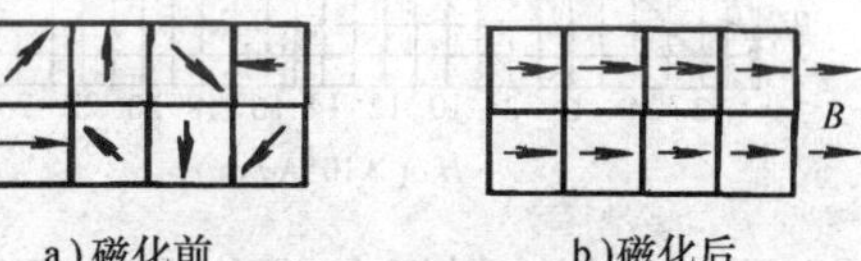

a）磁化前　　b）磁化后

图 4-1　磁畴

在无外加磁场作用时，这些磁畴的排列杂乱无章，它们的磁性互相抵消，对外不显磁性。在外加磁场的作用下，磁畴趋向外磁场方向，产生一个很强的附加磁场和外磁场相加，从而使磁场显著增强。

一、铁磁材料的磁化特性

1. 铁磁材料的磁化曲线

图 4-2 为研究铁磁材料磁化曲线的磁化实验线路。

在此实验线路中，以 $B=0$ 的铁磁材料作为线圈铁心，线圈匝数为 N，磁路平均长度 L。调节线圈中的电流（称励磁电流）的大小，就可使铁磁材料的外加磁场强度 $H=IN/L$ 的大小发生变化。此时铁磁材料内部的磁感应强度 B 也随着外加磁场 H 的变化而变化，其变化规律如图 4-3 所示，此关系曲线称为磁化曲线。从磁化曲线中可看出铁磁材料的磁化曲线是非线性的，即磁导率 $\mu=B/H$ 不为常数。在 Oa 段 μ 值较大，ab 段 μ 值渐小，b 点以后 μ 值最小。

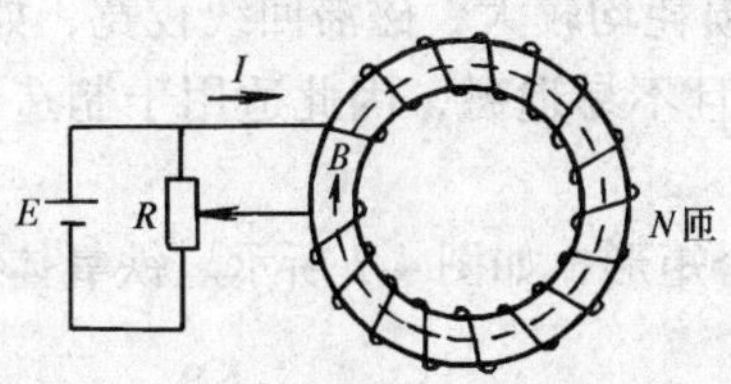

图 4-2　磁化实验线路

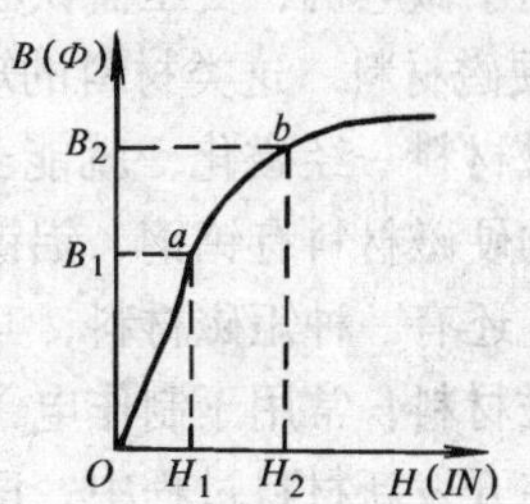

图 4-3　磁化曲线

常用铁磁材料（铸铁、铸钢、硅钢片）的磁化曲线如图4-4所示。

2. 铁磁材料的磁化特性

铁磁材料的磁化特性可在交变磁化的过程中显示出来。所谓交变磁化，就是指铁磁材料在大小和方向不断变化的外加磁场作用下进行磁化。交变磁化中铁磁材料内部磁感应强度 B 与外加磁场 H 之间的关系如图4-5所示，该曲线称为磁滞回线。

铁磁材料在交变磁化过程中，由于磁畴不断地改变方向，使铁磁材料内的分子振动加剧、温度升高，造成能量损耗。这种由于磁滞而引起的能量损耗，称为磁滞损耗，其大小和材料的性质有关。

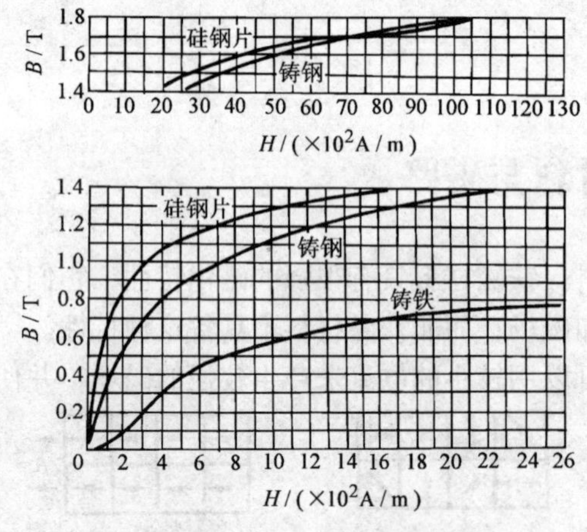

图4-4　铸铁、铸钢、硅钢片的磁化曲线

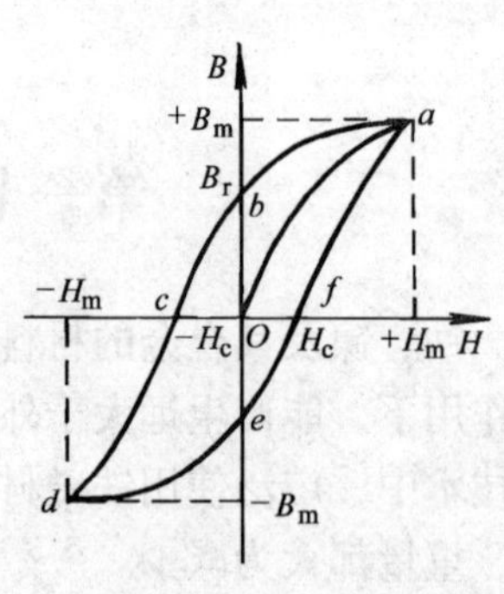

图4-5　磁滞回线

由磁滞回线我们可以归纳出铁磁材料具有如下磁性能：

（1）高导磁性　即铁磁材料的磁导率 μ 在一般情况下远比非铁磁材料大，而且 μ 不是常数，它随 H 值的变化而改变。

（2）剩磁性　即铁磁材料经磁化后，若外加磁场撤消（$H=0$）铁磁材料中仍能保留一定的剩磁 B_r。

（3）磁饱和性　即铁磁材料的磁感应强度有一饱和值 B_m。

（4）磁滞性　即在交变磁化过程中 B 的变化滞后于 H 的变化。

3. 铁磁材料的分类

不同的铁磁材料有不同的剩磁 B_r 和矫顽力 H_c，因此它们的磁滞回线也各不相同。根据磁滞回线的形状，常把铁磁材料分为两类：

（1）软磁材料　这类材料的矫顽力、剩磁、磁滞损耗均较小，磁滞回线狭长，如图4-6所示，适用于做电机、变压器铁心。常用的软磁材料有硅钢片、铸钢和铸铁等。

（2）硬磁材料　这类材料的矫顽力、剩磁、磁滞损耗均较大，磁滞回线较宽，如图4-6所示。硬磁材料一经磁化，就能获得很强的剩磁，而且不易退磁，因此适用于制造永久磁铁，常用的硬磁材料有钨钢、铝镍钴合金等。

此外，还有一种矩磁材料，其磁滞回线近似于一个矩形，如图4-7所示。铁氧体材料就是一种矩磁材料，常用于制作电子元件的磁心。

当前在开发新材料过程中，已经研制出一种稀土硬磁材料——钕铁硼。几克重的钕铁硼磁体就能吸引1kg重的钢铁工件。这为开发新型的机电产品提供了新的选择。

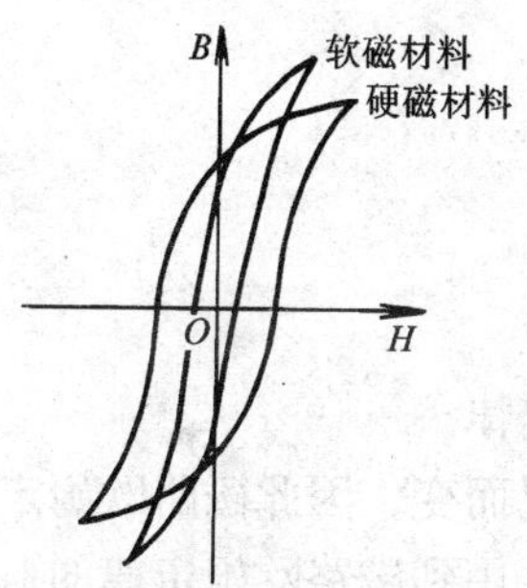

图 4-6　软磁和硬磁材料的磁滞回线

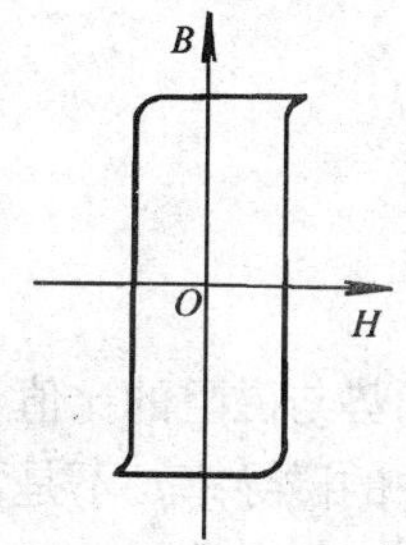

图 4-7　矩磁材料的磁滞回线

二、磁路及磁路欧姆定律

1. 磁路

运用铁磁材料的高磁导率特性将磁力线约束在铁心所定范围内而形成的磁通路径，称为磁路。电气设备的基本构造就是由电路和磁路组成的。

图 4-8 为几种电气设备的磁路。单相变压器的磁路是由同一种铁磁材料组成，各段铁心的横截面积相等，这样的磁路称为均匀磁路，如图 4-8a 所示。直流电动机的磁路和电磁型继电器的磁路常由几种不同的物质构成，而且磁路中都有很短的空气隙，各段磁路的横截面积也不尽相等，故称为不均匀磁路，如图 4-8b、c 所示。

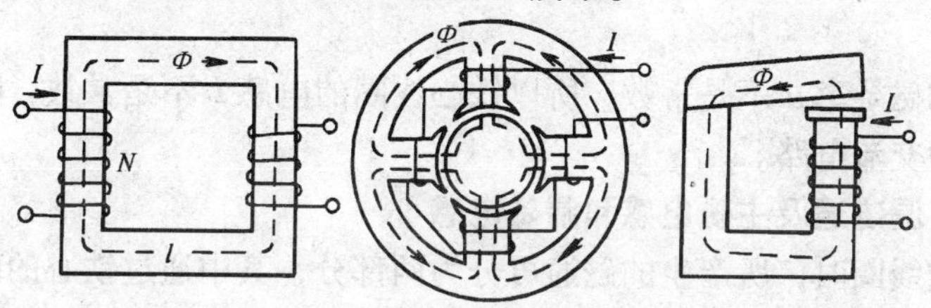

a）单相变压器的磁路　b）直流电动机的磁路　c）电磁型继电器的磁路

图 4-8　几种电气设备的磁路

根据磁通的连续性原理，当磁力线全部都从铁心中通过时，在一个无分支的磁路中，无论各段磁路横截面积的大小如何，磁通都应处处相等。

2. 均匀磁路的磁通及磁路的欧姆定律

在均匀磁路中，磁路平均长度上各点的 B 和 H 相等，由全电流定律

$$HL = IN$$

可得

$$H = \frac{IN}{L}$$

磁路平均长度 L 上各点的磁感应强度为

$$B = \mu H$$

磁路的平均磁通为

$$\Phi = BS = \frac{IN\mu S}{L} = \frac{IN}{L/(\mu S)} \tag{4-1}$$

式中，电流 I 和线圈匝数 N 的乘积称为磁动势。而 $L/(\mu S)$ 称为磁阻，用 R_m 表示，即

$$R_m = \frac{L}{\mu S}$$

于是

$$\Phi = \frac{IN}{R_m} \tag{4-2}$$

即磁通等于磁动势与磁阻的比值，这个规律称为磁路欧姆定律。

由于铁心中的磁导率 μ 不是常数，它随铁心的磁化状况而变，因此磁路欧姆定律不能用来进行磁路计算。但在分析电机、电器的工作情况时，常要用到磁路欧姆定律的概念。

第二节　交流铁心线圈电路

生产上常用的变压器、电动机、接触器、继电器等电气设备与器件，都含有铁心线圈，以便用较小的励磁电流来产生较强的磁场。而载有交流电的铁心线圈内部的电磁关系，是分析交流电机、电器工作原理的基础。本节内容是对交流铁心线圈电路作简要分析。

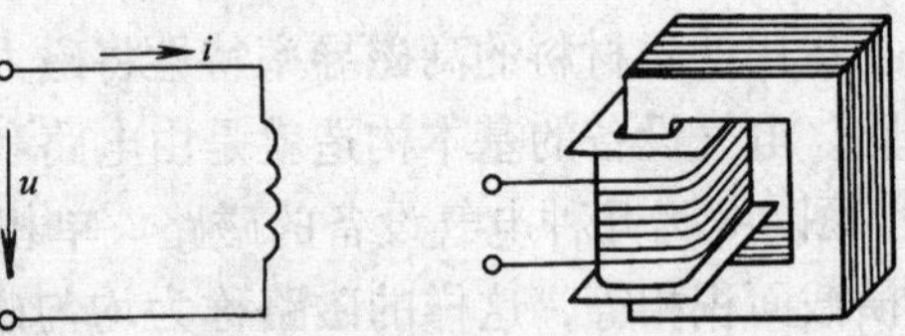

图 4-9　交流铁心线圈电路

把一个含铁心的线圈与交流电源接通，便组成交流铁心线圈电路，简称交流铁心线圈，如图 4-9 所示。

由于铁心中的磁导率 μ 不是常数，所以铁心线圈的电感 L 不是常数，因此，交流铁心线圈电路属于非线性交流电路。

一、主磁通、漏磁通及主磁电感和漏磁电感

当交流电通过线圈时，所产生的磁通可分为两部分，其中通过铁心的磁通远大于通过空气隙的磁通。我们把经过铁心而闭合的磁通称为主磁通，用 Φ 表示；经过空气隙而闭合的磁通称为漏磁通，用 Φ_s 表示，如图 4-10 所示。主磁通和漏磁通在线圈中所产生的感应电动势分别用 E 和 E_s 表示。感应电动势的参考方向如图 4-11 所示。

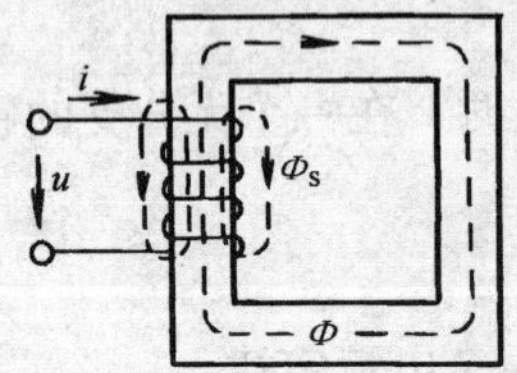

图 4-10　主磁通和漏磁通

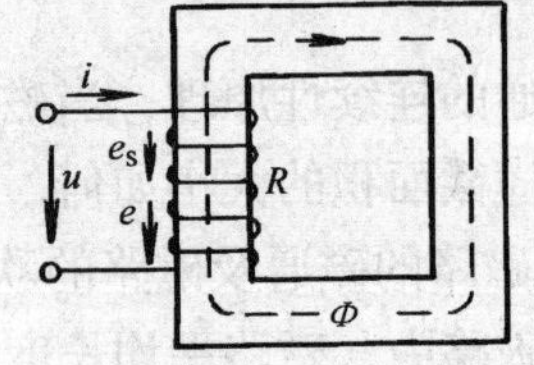

图 4-11　感应电动势的参考方向

由主磁通产生的感抗称为主磁感抗，用 X_L 表示。

$$X_L = 2\pi fL \tag{4-3}$$

式中，L 为主磁电感。

由漏磁通产生的感抗称为漏磁感抗，用 X_s 表示。

$$X_s = 2\pi fL_s \tag{4-4}$$

式中，L_s 为漏磁电感。

二、铁心线圈的电压和电流关系

1. 铁心线圈的电压方程

按图 4-11 中的电压、电流、感应电动势的参考方向，根据基尔霍夫电压定律可列出铁心线圈电路的电压方程式为

$$u + e + e_s = Ri$$

或

$$u = Ri + (-e) + (-e_s)$$

上式说明，在交流线圈电路中，外加电压 u 可分为三个部分，一是降落在线圈电阻上的电压降 Ri；二是用来平衡主磁感应电动势的电压降（$-e$）；三是用来平衡漏磁感应电动势的电压降（$-e_s$）。

2. 铁心线圈的伏安特性

铁心线圈的电流有效值和加在铁心线圈两端的电压有效值之间的关系，即 $I = f(U)$，称为铁心线圈的伏安特性。

设铁心中的磁通为

$$\Phi = \Phi_m \sin\omega t$$

若不考虑线圈电阻和漏磁通，则有

$$u = (-e) = N\frac{d}{dt}(\Phi_m \sin\omega t) = N\Phi_m \omega\cos\omega t$$

$$= 2\pi fN\Phi_m \sin(\omega t + \pi/2)$$

$$= U_m \sin(\omega t + \pi/2)$$

式中

$$U_m = 2\pi fN\Phi_m$$

电压的有效值为

$$U = \frac{U_m}{\sqrt{2}} = 4.44fN\Phi_m \tag{4-5}$$

在线圈匝数 N 和电源频率 f 为定值的情况下，铁心中的磁通最大值 Φ_m 和外加电压有效值成正比关系。此外，当外加电压按正弦规律变化时，铁心中的磁通 Φ 也按正弦规律变化，且滞后于外加电压 $\pi/2$。

由于铁心线圈的电流 I 和磁通 Φ 之间必须满足铁心的磁化曲线所确定的关系，而铁心线圈的外加电压的有效值 U 和磁通 Φ 成正比，所以 U 和 I 之间也必须满足铁心的磁化曲线所确定的关系。若以 U 来代替磁化曲线中的 Φ，则可得到如图 4-12 所示的铁心线圈的伏安特性曲线。

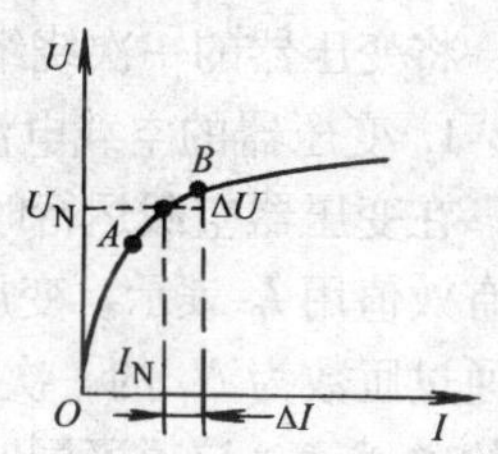

图 4-12 铁心线圈的伏安特性曲线

三、铁心中的涡流现象

交流电通过铁心线圈时，将在铁心中产生作周期性变化的磁场。铁心可视为无数个电阻很小的闭合导线的组合。根据电磁感应原理，变化的磁场将在这闭合回路中引起许多漩涡形的电流，称之为涡流。涡流在铁心中流动，使铁心发热引起能量损耗。这种损耗称为涡流损耗，它与前述的磁滞损耗合称为铁损耗。

涡流能使铁心发热，这是不利的一面，但在近代工业上常用涡流的发热作用来熔化金属等。

第三节　变压器的构造和工作原理

一、变压器的构造

变压器是一种常见的电气设备，在电工技术中，常用来把某一数值的交变电压变换成同频率的另一数值的交变电压，以便于电能的输送和分配，供不同用户的电压需求。

变压器的类型很多，用途各自不同，但其基本组成部分却是相同的。它们都是由铁心和套装在铁心上的绕组构成。

为了减少涡流及磁滞损耗，变压器的铁心是用表面涂有绝缘层的、厚度为0.35～0.5mm的硅钢片叠制而成。按照铁心的构造，变压器可分为心式和壳式两种，如图4-13所示。

变压器工作时，因为有铁损耗和铜损耗，致使变压器铁心和绕组发热。因此，必须考虑其冷却问题。变压器的冷却方式可采用自冷或油冷方式进行。

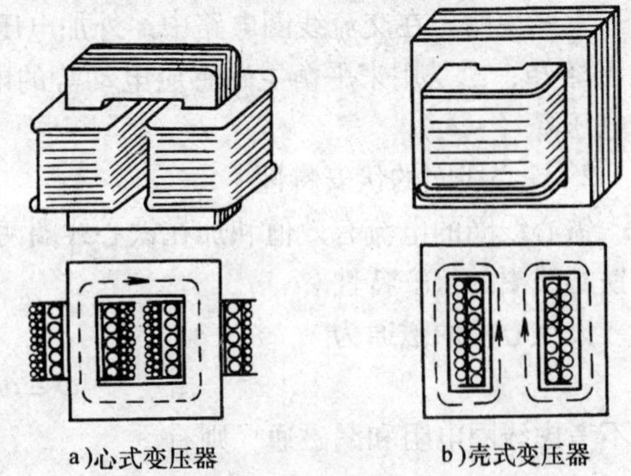

图4-13　变压器的构造

二、单相变压器的工作原理

单相变压器一般是由一个闭合的铁心和绕在铁心上的两个匝数不同的绕组组成，如图4-13所示，其中与电源相连接的绕组称为一次绕组，而与负载相连接的绕组称为二次绕组。一次和二次绕组都用漆包线来绕制，二者在电路上是分开的，但都与同一磁路相交链，故也称为双绕组变压器。

（一）变压器的空载运行

将变压器的一次绕组接上额定的交变电压，而二次绕组开路，变压器便在空载下运行。

1. 变压器的空载电流 I_0

在变压器空载运行时，在电源电压 U_1 的作用下一次侧所通过的电流 i_0 称为空载电流，其有效值用 I_0 表示。变压器的空载电流一般都很小，仅为额定电流的3%～8%，空载电流 I_0 通过匝数为 N_1 的一次绕组所产生的磁动势为 I_0N_1，该磁动势在铁心中产生按正弦规律变化的磁通 Φ。该磁通同时又与二次绕组交链，于是在交变磁通 Φ 的作用下，便在二次绕组中产生感应电动势 e_2。

2. 变压器的电压比

设铁心中的主磁通为

$$\Phi = \Phi_m \sin\omega t$$

则一次绕组中的感应电动势为

$$\begin{aligned} e_1 &= -N_1 \frac{d\phi}{dt} = N_1 \omega \Phi_m \sin\left(\omega t - \frac{\pi}{2}\right) \\ &= 2\pi f N_1 \Phi_m \sin\left(\omega t - \frac{\pi}{2}\right) \\ &= E_{1m} \sin\left(\omega t - \frac{\pi}{2}\right) \end{aligned}$$

式中
$$E_{1m}=2\pi f\Phi_m N_1$$
其有效值为
$$E_1=4.44fN_1\Phi_m \tag{4-6}$$
同理，二次侧绕组感应电动势的有效值为
$$E_2=4.44fN_2\Phi_m$$
于是可知变压器在空载时一、二次侧之间的电动势有效值之比为
$$\frac{E_1}{E_2}=\frac{N_1}{N_2} \tag{4-7}$$
在忽略变压器一、二次绕组的线圈电阻和漏磁通的情况下可以得到变压器一、二次侧的电压比为
$$\frac{U_1}{U_2}\approx\frac{E_1}{E_2}=\frac{N_1}{N_2}=k_u \tag{4-8}$$
式中，k_u 称为电压比。

式（4-8）表明变压器一次侧、二次侧之间的电压比就等于变压器一次侧、二次侧之间的匝数比。当 $N_1>N_2$ 时，$k_u>1$，变压器为降压变压器；当 $N_1<N_2$ 时，$k_u<1$，变压器为升压变压器。

在实际应用中，只要改变变压器的匝数比，就可以将某一电压值变换为同频率的另一电压值。对已经制成的变压器而言，其 k_u 为定值，故二次侧所得的电压大小是由加在一次绕组上电压的大小来决定的。但要注意一次绕组上所加的电压值必须限制在其额定电压值所允许的范围之内。

（二）变压器的负载运行

把变压器的二次侧与负载接通后，二次侧电路中就有了电流 i_2 通过（其有效值为 I_2）。这时，变压器便在负载状态下运行，如图 4-14 所示。

1. 磁动势平衡方程

当变压器有负载时，由电流 i_2 所产生的磁动势 i_2N_2 将产生一个磁通 Φ_{s2}，并企图影响铁心中的主磁通 Φ。但在外加电压有效值 U_1 和电源频率 f 不变的条件下，从等式
$$U_1=4.44fN_1\Phi_m$$
可以看出主磁通的最大值 Φ_m 应基本保持不变，因此，i_2 的出现，将使一次绕组中通过的电流将从 i_0 增加到 i_1。即

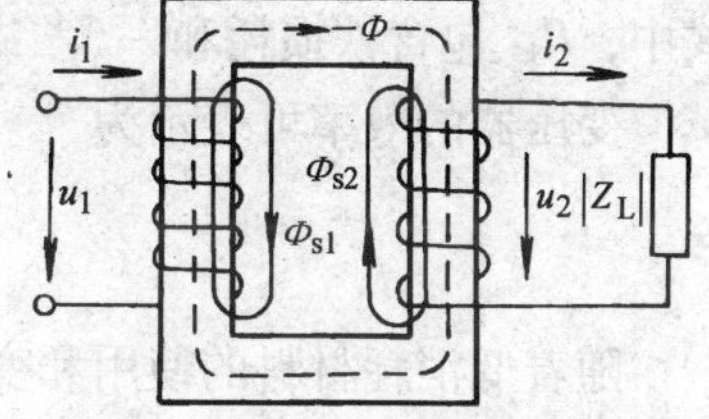

图 4-14　单相变压器（负载时）

$$i_1=i_0+i_1'$$
$$i_1N_1=i_0N_1+i_1'N_1$$
其中，i_0N_1 用以产生铁心中的主磁通，而 $i_1'N_1$ 则用以抵消二次绕组中电流产生的磁动势 i_2N_2 的影响，以保持 Φ_m 不变。由此可得出变压器负载运行时的磁动势平衡方程式为
$$i_1N_1=i_0N_1+i_1'N_1=i_0N_1-i_2N_2$$
或用相量表示为
$$\dot{I}_1N_1+\dot{I}_2N_2=\dot{I}_0N_1 \tag{4-9}$$
式（4-9）说明，变压器负载运行时一次绕组和二次绕组中产生的磁动势的相量和与空载时的磁动势相等。

2. 电流比

因为空载时变压器一次侧电流 I_0 很小，在变压器接近满载运行时，I_0N_1 相对于 I_1N_1 或 I_2N_2 而言基本上可忽略不计。于是，可得变压器一、二次绕组中磁动势的数量关系为

$$|\dot{I}_1N_1| \approx |\dot{I}_2N_2|$$

即

$$\frac{I_1}{I_2}=\frac{N_2}{N_1}=\frac{1}{k_u}=k_i$$

式中，k_i 称为电流比。

综上所述，变压器一、二次绕组中的电流是互相关联的，必须遵循磁动势平衡方程。而且变压器一次绕组中的电流 I_1 的大小是由二次电流 I_2 的大小来决定的。当二次侧开路时，$I_1=I_0$；在二次侧接通负载后，若改变负载阻抗 $|\dot{Z}_L|$ 的大小，则一次电流 I_1 的大小也将随之而改变。

3. 变压器的损耗和效率

变压器存在两种损耗，一种损耗是电流流过一、二次绕组上电阻时所产生的损耗，称为铜损耗 ΔP_{Cu}（$\Delta P_{Cu}=I_1^2R_1+I_2^2R_2$）；另一种是交变磁通在铁心中所产生的磁滞损耗和涡流损耗，合称为铁损耗 ΔP_{Fe}。变压器的损耗 $P_{耗}$ 应包括铜损耗 ΔP_{Cu}和铁损耗 ΔP_{Fe}，即

$$P_{耗}=\Delta P_{Cu}+\Delta P_{Fe}$$

在变压器电路中，从变压器二次侧输出的功率为

$$P_2=U_2I_2\cos\varphi_2$$

通过变压器的一次绕组输入的电功率为

$$P_1=U_1I_1\cos\varphi_1$$

它们的关系为

$$P_1=P_2+P_{耗} \tag{4-10}$$

式中，$P_{耗}$ 包含铁损耗和一、二次绕组的铜损耗。

变压器的效率可表示为

$$\eta=\frac{P_2}{P_2+P_{耗}}\times 100\% \tag{4-11}$$

随着低消耗材料的使用和变压器结构设计日趋合理，电力变压器的效率一般可达 95%以上。可见，变压器损耗相对于额定输出功率而言是很小的，因此可以忽略不计。于是有

$$P_1\approx P_2 \tag{4-12}$$

由此还可导出变压器一、二次侧的功率因数关系为

$$\cos\varphi_1\approx\cos\varphi_2 \tag{4-13}$$

上式说明，变压器工作在接近额定负载时，一次侧电路的阻抗性质也是由二次侧电路的性质来决定的。

4. 变压器的外特性

当电源电压和负载的功率因数为定值时，变压器二次侧的端电压 U_2 与二次电流 I_2 之间的关系 $U_2=f(I_2)$ 称为变压器的外特性。对电阻性和电感性负载而言，U_2 随 I_2 的增加而略有下降，如图 4-15 所示。

二次电压的变化程度，用电压变化率表示，即

$$电压变化率 = \frac{U_{20} - U_2}{U_{20}} \times 100\% \tag{4-14}$$

式中，U_{20}为二次侧的空载电压，U_2 为满载时的电压。对电力变压器，通常要求电压变化率小于 5%。

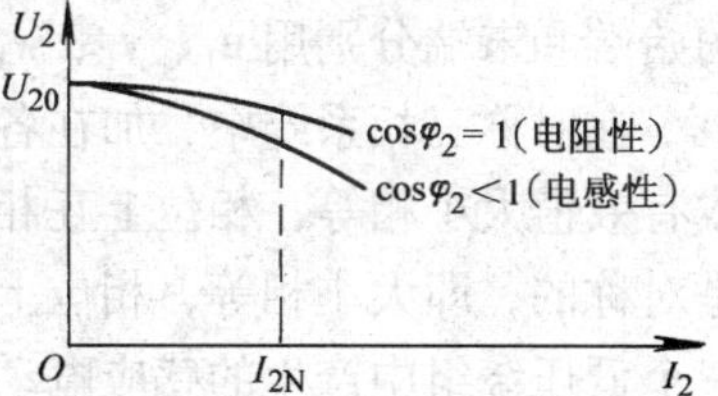

图 4-15　变压器的外特性曲线

5. 变压器的额定值

为了正确使用变压器，需要了解它的额定值。变压器的额定值主要有：

（1）一次绕组的额定电压 U_{1N}　指在设计时根据变压器的绝缘强度和容许发热而规定在一次绕组上应加的电压值，在三相变压器中是指线电压。

（2）二次绕组的额定电压 U_{2N}　指当变压器空载而一次绕组的电压为额定值时的二次绕组两端的电压值，在三相变压器中是指线电压。

（3）一次绕组的额定电流 I_{1N}　指在设计时根据变压器的容许发热而规定在一次绕组中长期容许通过的最大电流值，在三相变压器中是指线电流值。

（4）二次绕组的额定电流 I_{2N}　指在设计时根据变压器的容许发热而规定在二次绕组中长期容许通过的最大电流值，在三相变压器中是指线电流值。

（5）容量 S_N　变压器的容量用视在功率表示，单相变压器的容量为二次绕组的额定电压与额定电流的乘积，常以千伏安（kV · A）为单位，即

$$S_N = U_{2N} I_{2N} / 1000$$

三相变压器的容量为

$$S_N = \sqrt{3} U_{2N} I_{2N} / 1000$$

（6）额定频率 f　指加在变压器一次绕组上的电压容许频率。我国规定的标准频率是 50Hz。

第四节　其他变压器简介

一、三相变压器

现代交流电能的产生和输送几乎都采用三相制。要把某一数值的三相交流电压变换为同频率的三相电压，可用三台单相变压器连接成三相变压器组，如图 4-16 所示，或用一台三相变压器来实现，如图 4-17 所示。

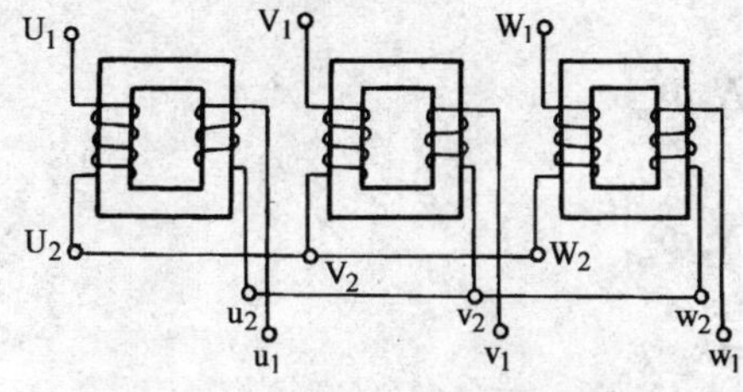

图 4-16　由三台单相变压器接成的 Yy 联结的三相变压器组

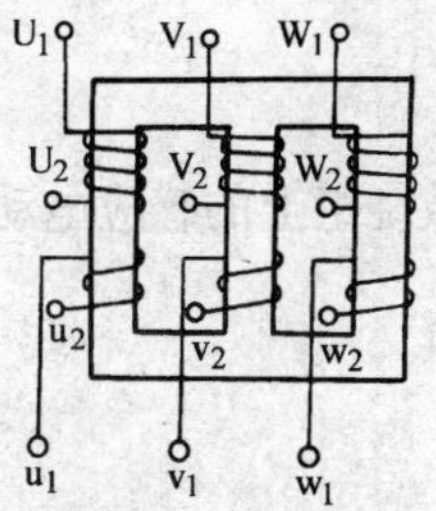

图 4-17　三相变压器

三相变压器的一次绕组（高压绕组）可根据电网线电压和变压器各绕组额定电压的大小，接成星形（Y 形）或三角形（D 形）。二次绕组（低压绕组）也可根据供电需要接成上述两种形式。各高压绕组的始端和末端分别用 U_1、V_1、W_1 和 U_2、V_2、W_2 表示。低压绕组的始端和末端分别用 u_1、v_1、w_1 和 u_2、v_2、w_2 表示。

在对称三相系统中，加在各相高压绕组上的电压（由始端指向末端的电压）的最大值或有效值大小相等，相位上互相相差 120°。在此电压作用下，变压器铁心中产生的磁通也是对称的，即大小相等，相位上互相相差 120°，如图 4-18 所示。因此，在主磁通的作用下三个低压绕组中产生的感应电动势也是对称的，可以认为，三相变压器的每一个铁心柱就相当于一个单相变压器。通过改变高、低压绕组的匝数比，便可达到升高或降低三相电压的目的。

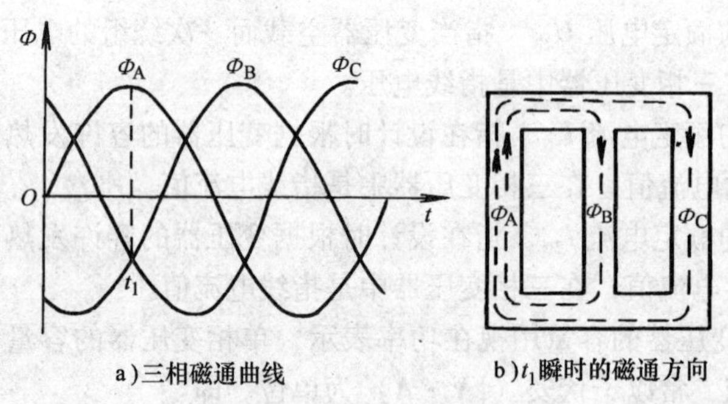

图 4-18　三相变压器的磁通

三相电力变压器绕组的常用接法亦称联结组别有 Yyn0 和 Yd11 等几种。其中大写字母表示高压绕组的接法，小写字母表示低压绕组的接法。N 或 n 表示有中性线。0 或 11 表示联结组别。多台三相变压器并联使用时，要求各台变压器的电压比相等，联结组别相同，变压器绕组的阻抗压降必须相同。

二、自耦变压器

普通变压器一般指双绕组变压器，其一、二次绕组在电路上是互相分开的。而自耦变压器是一种单绕组变压器，这种变压器只有一个绕组，其中一次绕组的一部分线圈兼作二次绕组。因此，自耦变压器的一、二次绕组在电路上是连通的，如图 4-19 所示。

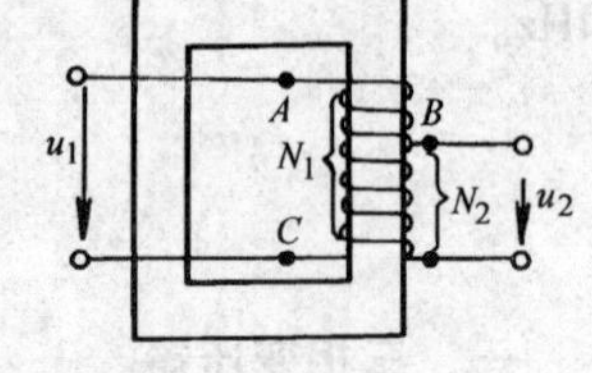

图 4-19　自耦变压器

当一次绕组接通交流电压 u_1 后在铁心中产生交变磁通，因而在 N_1 匝数绕组上的感应电动势为

$$E_1 = 4.44 f N_1 \Phi_m$$

在 N_2 匝数绕组上的感应电动势为

$$E_2 = 4.44 f N_2 \Phi_m$$

因此

$$\frac{E_1}{E_2} = \frac{N_1}{N_2} = k_u$$

由此可见，适当选择匝数 N_2 就可以在二次侧电路中获得所需要的电压 u_2。若将二次绕组接通电源 u_1（在二次绕组额定电压之内），则可作为升压变压器使用。

自耦变压器可分为单相和三相两种，图 4-20 为三相自耦变压器的电路图。使用时，它的三个绕组通常作星形联结，多用来作三相异步电动机的起动设备。

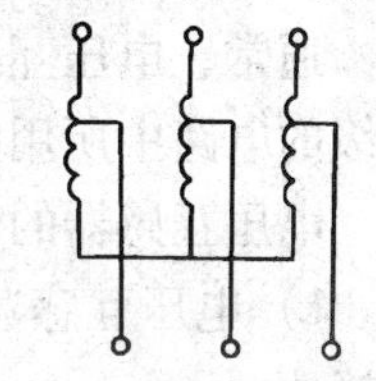

图 4-20 三相自耦变压器的电路图

自耦变压器的优点：结构简单，节省用铜量，效率比普通变压器高。其缺点：绝缘等级按高压侧电压来选择，不经济，由于高低压绕组在电路上是相通的，高压电容易侵入低压绕组，对使用者构成潜在的危险。因此，自耦变压器的电压比一般不超过 1.5 ~ 2。

对低电压小容量的自耦变压器，可将其二次绕组的分接头做成能沿着线圈自由滑动的触头，因而可以平滑地调节二次电压。这种自耦变压器称为调压器，如图 4-21 所示。这种变压器常在实验室中使用。

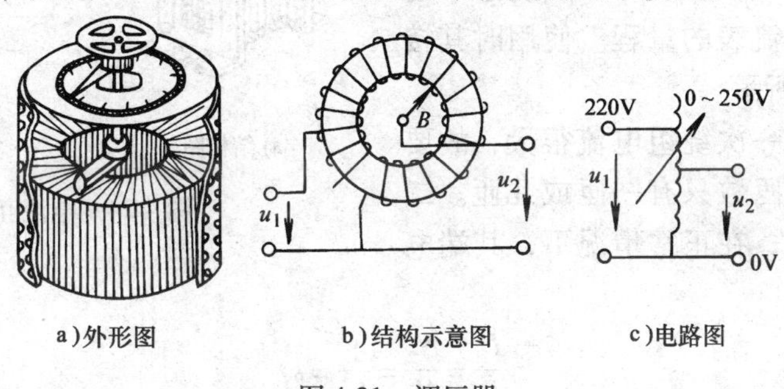

a）外形图　b）结构示意图　c）电路图

图 4-21 调压器

按照电气安全操作规程的规定，自耦变压器不作为安全变压器使用，因为线路万一接错，将会发生触电事故，如图 4-22 所示。这种错误的接法，当人触及二次侧电路中任意一端线时均有危险。因此，规定安全变压器一定要采用一、二次绕组互相绝缘的双绕组变压器。

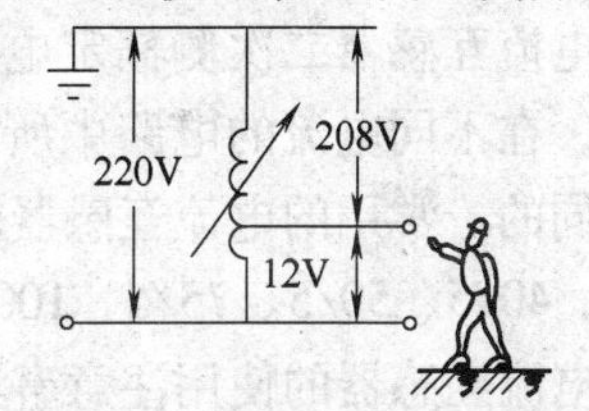

图 4-22 自耦变压器的错误接法

三、仪用互感器

专供测量仪表使用的变压器称为仪用互感器，简称互感器。采用互感器的目的是使测量仪表与高压电路隔离，以保证工作安全；扩大测量仪表的量程。

根据用途不同，互感器可分为电压互感器和电流互感器两种。

1. 电压互感器

电压互感器的结构如图 4-23a 所示，可用于扩大电压表的量程。它的工作原理与普通变压器的空载情况相似。使用时，应将匝数较多的高压绕组跨接在需要测量的高压供电线路上，而匝数较少的低压绕组则与电压表相连，如图 4-23b 所示。

因为 $$\frac{U_1}{U_2}=\frac{N_1}{N_2}=k_u$$

所以 $$U_1=k_uU_2$$

由此可见，高压线路的电压等于二次侧

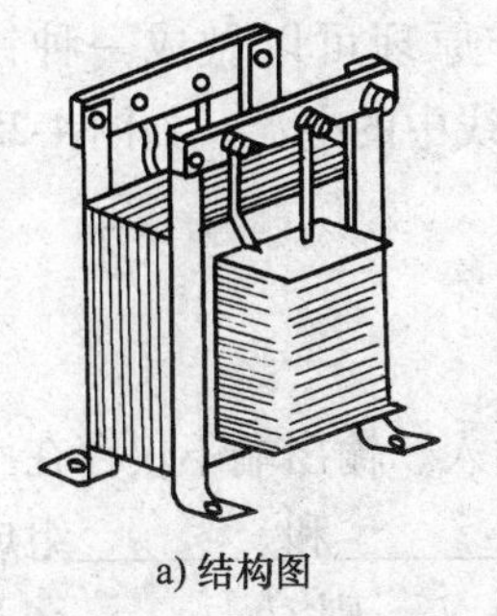

a) 结构图

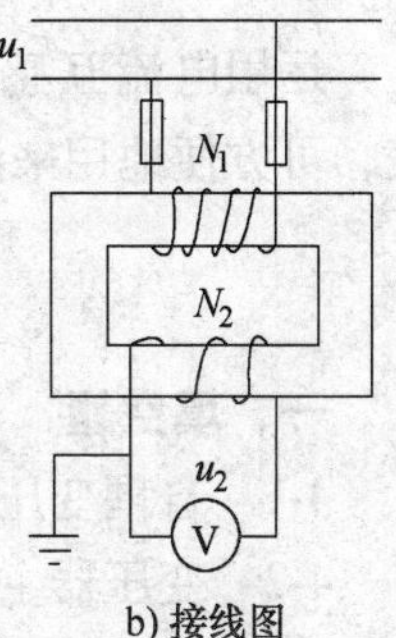

b) 接线图

图 4-23 电压互感器

所测得的电压与电压比的乘积。

通常，电压互感器二次绕组的额定电压均设计为同一标准值 100V。因此，在不同电压等级的电路中所用的电压互感器，其电压比是不同的，如 10000/100、3500/100 等。

电压互感器的使用注意事项：

1）电压互感器外壳及二次绕组必须良好地接地。

2）电压互感器二次绕组不允许短路。

2. 电流互感器

电流互感器的结构如图 4-24a 所示，可以用来扩大交流电流表的量程。使用时其接线方法如图 4-24b 所示。

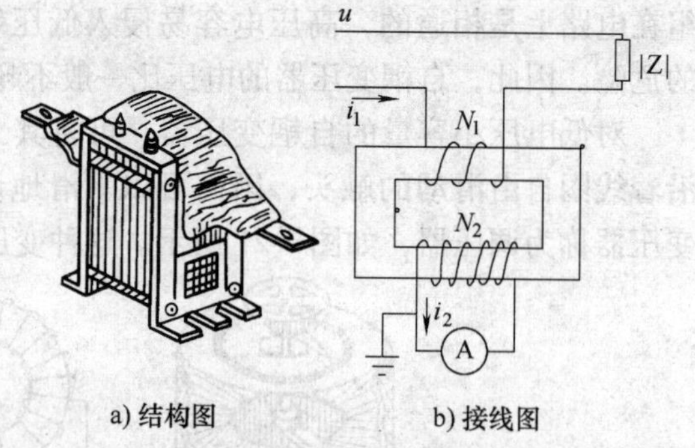

a) 结构图　　b) 接线图

图 4-24　电流互感器

电流互感器的一次绕组电流很大，故要用粗导线绕制，其匝数只有一匝或几匝。二次绕组的匝数较多，在正常情况下，其端电压仅为几伏。

由于

$$\frac{I_1}{I_2}=\frac{N_2}{N_1}=\frac{1}{k_u}=k_i$$

所以

$$I_1=k_iI_2$$

由此可见，通过负载的电流等于二次侧所测得的电流与电流比 k_i 的乘积。

电流互感器二次侧额定电流设计为同一标准值 5A。因此，在不同电流的电路中所用的电流互感器的电流比是不同的。常用的电流互感器的电流比有：10/5、20/5、30/5、40/5、50/5、75/5、100/5 等。

电流互感器的使用注意事项：

1）电流互感器的外壳和二次绕组的一端必须良好接地。

2）电流互感器的二次侧不允许断路，否则将使变压器磁动势不平衡，造成铁心严重发热而烧毁互感器，同时二次绕组将产生较高的感应电动势，危及工作安全。

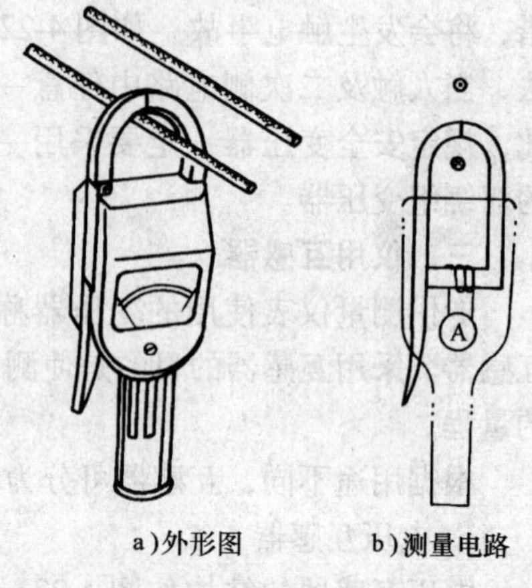

a）外形图　　b）测量电路

图 4-25　钳形电流表

运用电流互感器工作原理可以做成一种钳形电流表，可方便地用来测量导线中的电流，如图 4-25 所示。

习　题

一、填空题

4-1　自耦变压器的输入、输出端不仅存在________联系，也存在________联系。

4-2　变压器主要由________和________组成。

4-3　若变压器的 $N_1>N_2$，则 U_1 ________ U_2，I_1 ________ I_2。

4-4　变压器是既能改变________大小，又能维持其________不变的静止电气设备。

4-5　为了________，变压器铁心采用硅钢片叠成。

4-6　电压互感器二次绕组不允许__________，电流互感器二次绕组不允许__________。

二、简答题

4-7　铁磁性物质为什么能被磁化？

4-8　铁磁性物质的磁化曲线是怎样的？

4-9　铁磁性物质分为哪几类，各有何特点？

4-10　图4-26所示磁路，如果电压和线圈的匝数不变，但现在将磁路上开出一个空气隙，试问：（1）如果要保持磁路中的磁通不变，线圈内的电流将有何变化？（2）如果要保持线圈内的电流不变，磁路中的磁通将如何变化？

4-11　变压器也能改变直流电的电压，正确吗？为什么？

4-12　欲制作一个220/110V的小型变压器，能否一次绕组绕2匝，二次绕组绕一匝。为什么？

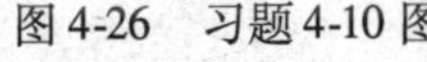

图4-26　习题4-10图

4-13　变压器的额定容量为什么标以视在功率，而不标以有功功率？

三、计算题

4-14　一台变压器，一次绕组匝数 $N_1=500$，二次绕组匝数 $N_2=25$，一次外加电压 $U_1=220\text{V}$，求二次电压 U_2。

4-15　一台变压器，一次绕组匝数 $N_1=500$，二次绕组匝数 $N_2=25$，若二次负载电流 $I_2=20\text{A}$，求一次电流 I_1。

4-16　单相变压器的一次电压为 $U_1=3300\text{V}$，其电压比 $K=15$，求二次电压 $U_2=$？当二次电流 $I_2=60\text{A}$ 时，求一次电流 $I_1=$？

4-17　已知一电流互感器的电流比 $I_1/I_2=45$，二次电流表量程为5A。

（1）当电流表的读数为 $I_2=4.2\text{A}$ 时，一次电流是多少安？

（2）如果将互感器的二次侧短路，互感器的一次电流有无变化？对互感器使用有无影响？

4-18　图4-27所示变压器，一次绕组额定电压为220V，频率为50Hz，一次绕组 $N_1=2500$ 匝，二次绕组 $N_2=1250$ 匝。

（1）求二次电压 U_2。

（2）如果使用者不小心将电源电压220V接入这台变压器的二次绕组上，这时变压器的磁通、励磁电流和 N_1 的电压将如何变化？这样接将有什么问题？试简要说明。

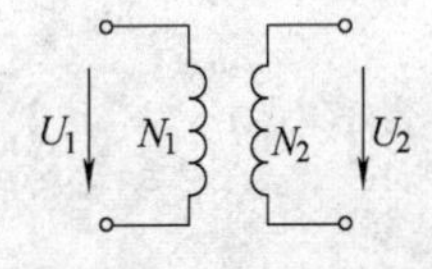

图4-27　习题4-18图

4-19　单相变压器的额定电压为220/36V，容量 $S_N=2\text{kV}\cdot\text{A}$，要求：

（1）分别求一、二次侧的额定电流。

（2）当一次侧加以额定电压后，问是否在任何负载下一、二次绕组中的电流都是额定值？为什么？

（3）如在二次侧连接36V、100W的电灯15盏，求此时的一次电流？若把电灯减少到2盏时，再求一次电流？问在上列两种情况下算得的电流，哪一个比较准确？为什么？

4-20　一台三相变压器，其容量为2500kV·A，高压侧的额定电压为35kV，低压侧的电压为10.5kV，高压绕组作星形联结，低压绕组作三角形联结，求变压器一、二次侧的额定电流和一、二次绕组的额定电流。

4-21　图4-28所示变压器，一次侧有两个额定电压为110V的绕组。

（1）若电源电压是220V，则一次绕组应当如何连接才能接入220V电源？

（2）若电源电压是110V，一次绕组要求并联使用，则这两个绕组应当如何连接？

（3）在上述两种情况下，一次绕组中的电流有无不同？二次电压是否有改变？

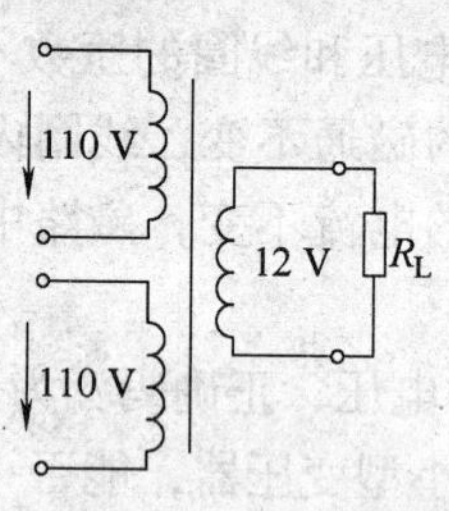

图4-28　习题4-21图

第五章　电　动　机

电动机是将电能转换成机械能的电气设备。根据电动机使用的电能种类，可分为直流电动机和交流电动机两大类。在交流电动机中又有异步电动机和同步电动机之分。由于异步电动机具有构造简单、价格便宜、工作可靠等优点，因此应用最广。大部分生产机械均用三相异步电动机来拖动。

第一节　三相异步电动机的结构

三相异步电动机由两个基本部分组成：固定部分——定子；转动部分——转子。

三相异步电动机的定子由机座、铁心和定子绕组等组成。机座通常用铸铁或铸钢制成，定子铁心由0.5mm厚的硅钢片叠制而成，如图5-1a所示。定子铁心固定在机座内，如图5-1b所示。三相定子绕组嵌放在定子铁心槽内，如图5-1c所示。定子绕组的三个首端为U_1、V_1、W_1，末端为U_2、V_2、W_2，都由机座上的接线盒中引出。

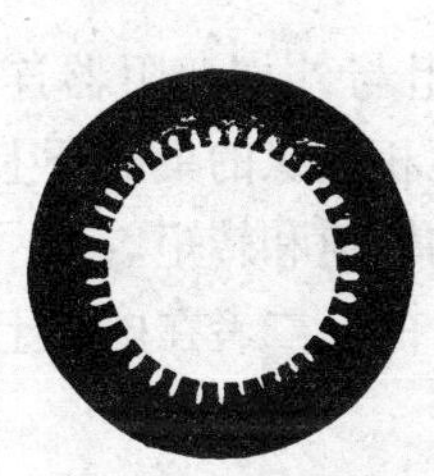

a)定子的硅钢片

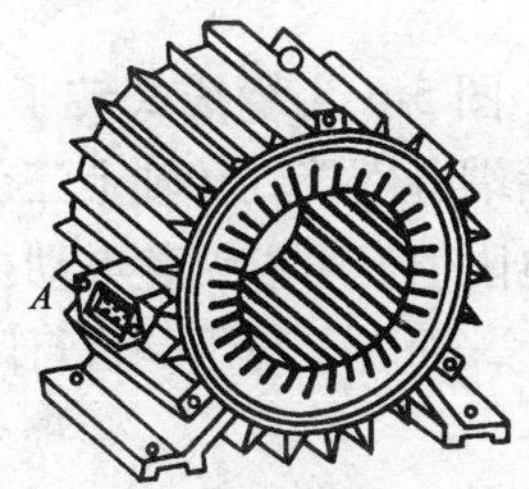

b)未装绕组的定子

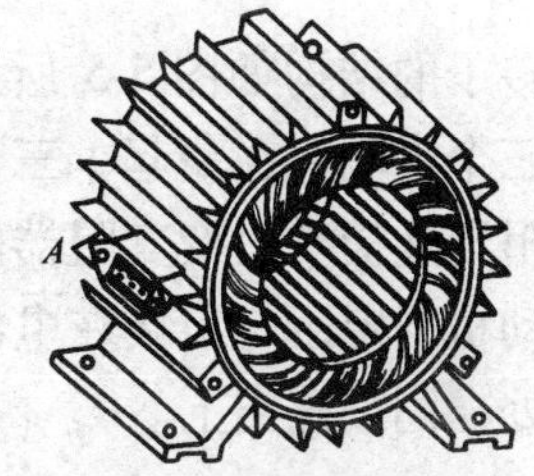

c)装有三相绕组的定子

图5-1　电动机的定子

根据三相定子绕组的额定电压及电源的线电压的关系，三相定子绕组可接成星形或三角形。当电源的线电压为380V，而电动机三相绕组的额定电压为220V时，定子绕组必须作星形联结，如图5-2a所示。若电动机定子绕组的额定电压也为380V，则应作三角形联结，如图5-2b所示。

三相异步电动机的接法，在它的铭牌上已经注明。实际使用时应根据规定联结。三相异步电动机的转子可分为笼型和绕线式两种。

笼型转子的结构如图5-3所示，其铁心由硅钢片叠成，并固定在转轴上。转子导体为鼠笼状，通常用铝在转子铁心的槽内浇铸而成。转子两端的风叶为冷却电动机用。笼型电动机的各个部件，如图5-4所示。

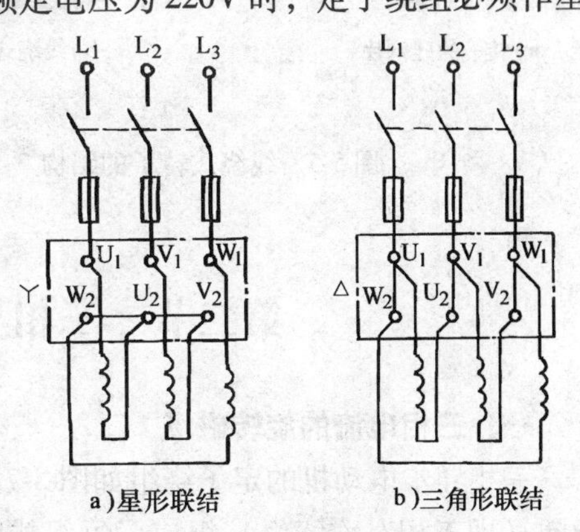

a)星形联结　　b)三角形联结

图5-2　定子绕组的联结

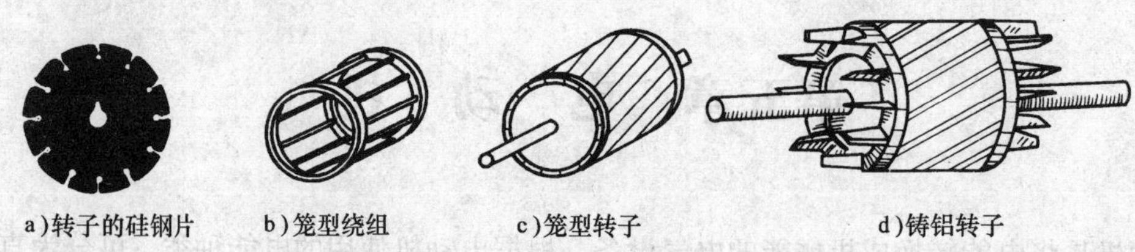

a)转子的硅钢片　b)笼型绕组　c)笼型转子　d)铸铝转子

图 5-3　笼型转子的结构

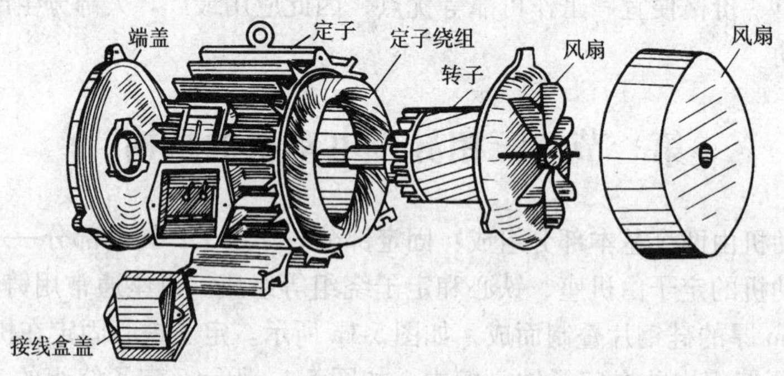

图 5-4　笼型电动机的各个部件

绕线式转子的结构如图 5-5 所示。图 5-6 为绕线式转子绕组与外加变阻器连接的示意图。绕组的三个末端接在一起，三个始端分别接到转轴上三个互相绝缘的集电环上，通过电刷与外部变阻器连接。改变变阻器的电阻值，可以调整电动机的转速和转矩。

异步电动机的定子绕组接在电源上，而转子绕组是自行闭合的。二者在电路上是彼此分开的，但却处在同一磁路上。

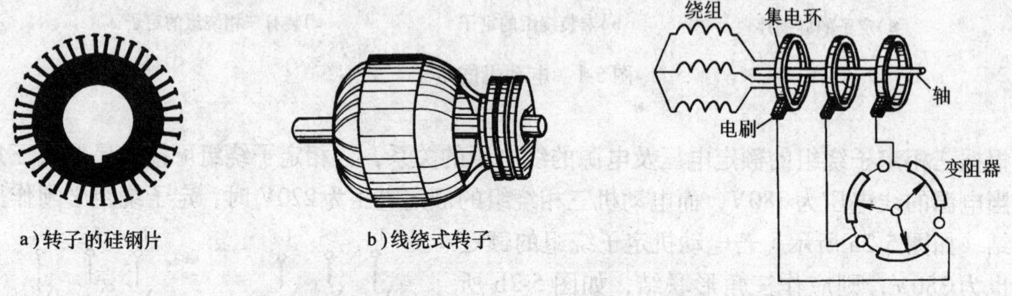

a)转子的硅钢片　b)线绕式转子

图 5-5　线绕式转子的结构

图 5-6　绕线式转子绕组与外加变阻器的连接

第二节　三相异步电动机的工作原理

一、三相电流的旋转磁场

三相异步电动机的定子绕组如图 5-7a 所示，它是由在空间彼此相隔 120°的三组相同的线圈（即三相对称绕组）组成，每组线圈为一相绕组。其各相绕组的始端分别由 U_1、V_1、

W_1 表示，末端分别以 U_2、V_2、W_2 表示。定子绕组可以联结成星形（Y），也可联结成三角形（△）。图 5-7b 为Y形联结。当把异步电动机三相定子绕组按规定联结方式同三相电源接通后，定子绕组中便有三相对称的电流通过，三相电流的波形如图 5-8 所示。

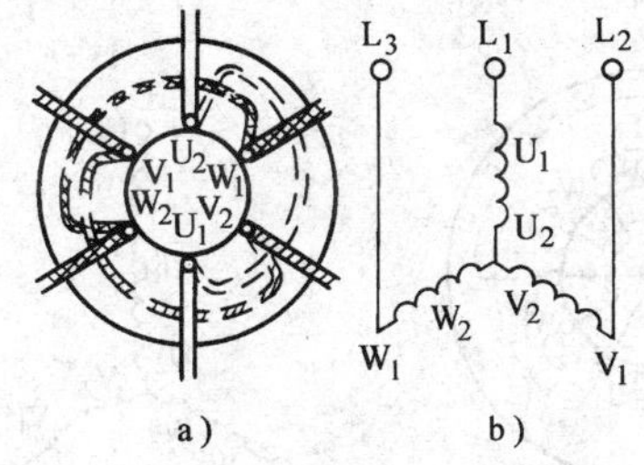

图 5-7　三相异步电动机的最简单的定子绕组

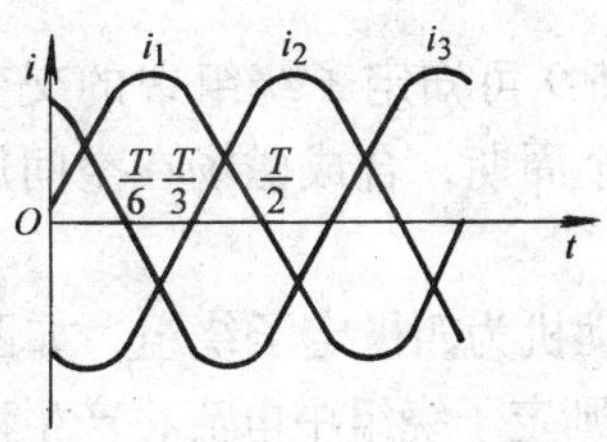

图 5-8　三相电流的波形

用瞬时法分析，三相交变电流在两极定子绕组中产生的合成磁场如图 5-9 所示。若规定电流的参考方向是从绕组的始端流入、末端流出。当电动机定子绕组通入三相电流后，电动机内产生的旋转磁场可逐一分析如下：

在 $t=0$ 时，定子各绕组中的电流方向如图 5-9a 所示。电流 $i_1=0$，i_2 为负值，即 i_2 的实际方向是从 V_2 流入（用符号⊗表示电流流入）而从 V_1 流出（用⊙符号表示电流流出）。电流 i_3 为正值，即自 W_1 流入，从 W_2 流出。按绕组中通过的电流方向，应用右手螺旋定则可以知道在三个线圈通过电流后该瞬间所产生的合成磁场形成一对磁极，磁极位置为上端 S 极下端 N 极。

在 $t=\dfrac{T}{6}$时，定子各绕组中的电流方向如图 5-9b 所示，电流 $i_1>0$，i_2 仍为负值，电流 $i_3=0$。这时三相绕组通过电流后该瞬间所产生的合成磁场仍为一对磁极，但磁极的位置相对于 $t=0$ 时转过了 60°角。

在 $t=\dfrac{T}{3}$时，定子各绕组中的电流方向如图 5-9c 所示，电流 $i_1>0$，$i_2=0$，电流 i_3 为负值。这时三相绕组通过电流后该瞬间所产生的合成磁场的磁极位置相对于 $t=0$ 时转过了 120°角。

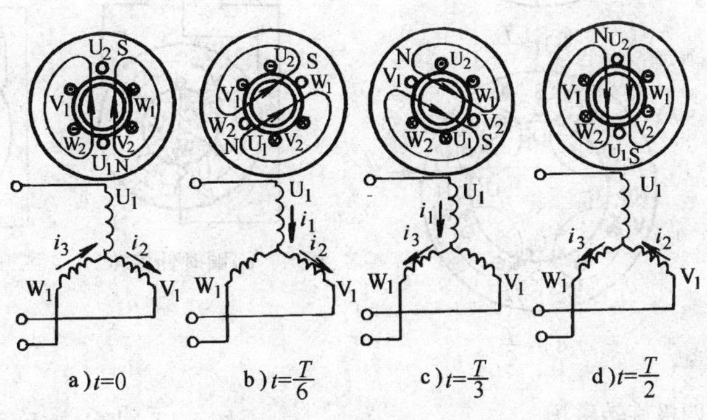

图 5-9　两极旋转磁场

在 $t=\dfrac{T}{2}$ 时，定子各绕组中的电流方向如图 5-9d 所示，电流 $i_1=0$，$i_2>0$，电流 $i_3<0$。这时三相绕组通过电流后该瞬间所产生的合成磁场的磁极位置又相对于 $t=0$ 时转过了 180°角。

由图 5-9 可知定子绕组中的交变电流变化一个周期，合成磁场在空间旋转了 360°。

若电动机为四极定子绕组，如图 5-10 所示，则定子绕组中电流将产生四极合成磁场。用瞬时法分析，其电流变化一个周期，合成磁场在空间旋转了 180°，如图 5-11 所示。

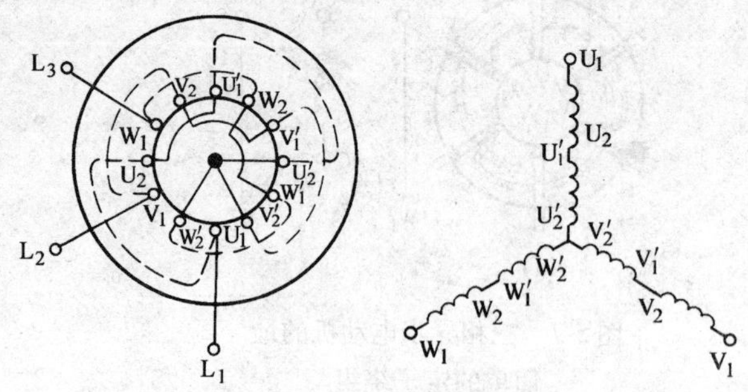

图 5-10　四极定子绕组

比较图 5-9 和图 5-11 可以看出旋转磁场的转速 n_1 与交流电源的频率 f_1 有关，同时也与电动机定子绕组的磁极对数 p 有关。它们之间的关系为

$$n_1=\frac{60f_1}{p} \tag{5-1}$$

旋转磁场的转速 n_1 又称为同步转速。

国产的异步电动机，其定子绕组的电流额定频率为 50Hz，因此，两极旋转磁场的同步转速是 3000r/min，四极旋转磁场的同步转速是 1500r/min 等。

通过瞬时法分析还可看出，旋转磁场的转向与通入各相绕组的电流相序有关。如欲使旋转磁场反转，只需改变通入各相绕组的电流相序即可，具体方法如图 5-12 所示。

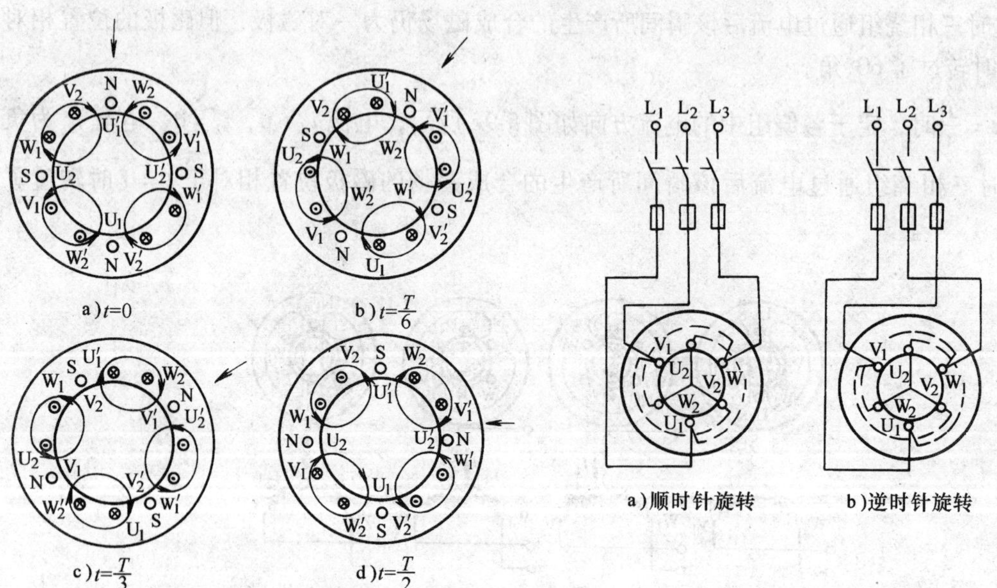

图 5-11　四极旋转磁场

图 5-12　把 L_2、L_3 两根电源线对调，使旋转磁场反转

二、三相异步电动机的工作原理

当三相异步电动机的定子绕组接通三相电源后，绕组中的三相交变电流便在空间产生一合成的旋转磁场。设旋转磁场按顺时针方向旋转，则静止的转子同旋转磁场之间就有了相对运动，转子导体因切割磁力线而产生感应电动势。因为转子导体是自行闭合的，所以在感应电动势的作用下，转子导体中就有电流通过。此载流导体又处在旋转磁场中，受电磁力的作用而对转轴产生电磁转矩，其作用方向与旋转磁场方向一致，因此转子就顺着旋转磁场的旋转方向转动起来，如图 5-13 所示。如使旋转磁场反转，则转子的旋转方向也随之改变。

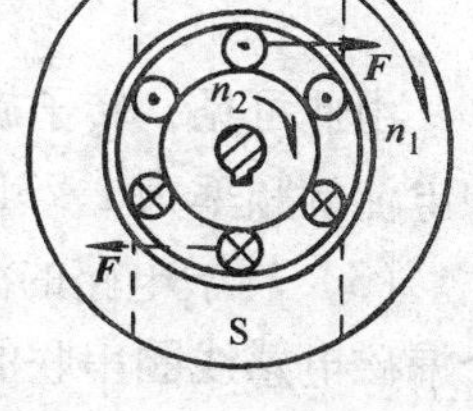

图 5-13　异步电动机的工作原理

由异步电动机的工作原理可知，转子的转速 n_2 总是小于旋转磁场的转速 n_1（即同步转速）。否则转子与旋转磁场之间将不存在相对运动，因而其感应电动势、电流、电磁转矩均为零。可见，转子总是紧跟着旋转磁场以 $n_2 < n_1$ 的转速而旋转。异步电动机也正是由此而得名。又因为这种电动机的转动是基于电磁感应原理的，所以又可称为感应电动机。

当电动机转子产生的电磁转矩 T 与负载作用在转子轴上的阻转矩 T_z 相等时，转子作匀速运动；当 $T < T_z$ 时，转子作减速运动；当 $T > T_z$ 时，转子作加速运动。

电动机在空载时，其转速较高，接近于同步转速。由于异步电动机的定子与转子之间有较大的空气隙，故其空载电流 I_0 也较大，为电动机额定工作电流 I_N 的 30% ~40%。

第三节　三相异步电动机的运行特性分析

一、转差率与转子电路参数的关系

由异步电动机的工作原理可知，三相异步电动机以 n_2 的转速运行时，转子与旋转磁场之间的相对转速为 $n_1 - n_2$。转子电路中的感应电动势、感应电流和电磁转矩的大小也将随相对转速的改变而改变。此相对转速与同步转速之比，称为异步电动机的转差率，用 s 表示，即

$$s = \frac{n_1 - n_2}{n_1} \tag{5-2}$$

或

$$n_1 - n_2 = sn_1$$

转差率是分析异步电动机运行特性的一个重要数据。当三相异步电动机刚接通电源而转子尚未转动时，$n_2 = 0$，$s = 1$；当电动机空载运行时，n_2 趋近于 n_1，s 趋近于零。可见，三相异步电动机转差率的变化范围在 0 ~1 之间。三相异步电动机在额定负载下运行时，其转差率很小，即 s_N 等于 0.02 ~0.06。

（1）转子电路中的感应电动势 E_2　由电磁感应定律可知，旋转磁场切割转子导体，在转子电路中产生感应电动势的大小与转子与旋转磁场之间的相对转速 $n_1 - n_2 = sn_1$ 直接相关。

设 $n_2 = 0$ 时，转子电路中的感应电动势为 E_{20}；当 $n_1 > n_2 > 0$ 时，转子电路中的感应电动势为 E_2，显然，此时 E_2 是 E_{20} 的 s 倍，即

$$E_2 = sE_{20} \tag{5-3}$$

转子转速越高，则 s 越小，E_2 也越小。

（2）转子电路的频率 f_2　当 $n_2=0$ 时，旋转磁场以 $n_1=60f_1/p$ 的相对转速切割转子导体。此时，转子电路中电流的频率为

$$f_{20}=\frac{pn_1}{60}=f_1 \tag{5-4}$$

若转子以 $n_1>n_2>0$ 的速度旋转时，旋转磁场以 sn_1 的相对转速切割转子导体。此时，转子电路中电流的频率为

$$f_2=\frac{pn_1}{60}s=sf_1 \tag{5-5}$$

由此可见，转子旋转得越快，则 f_2 越低。三相异步电动机在额定负载时，其转子电路中电流的频率为 1～3Hz。

（3）转子电路的漏感抗 X_{s2}　异步电动机在工作时，转子电路可以等效为一个电阻和一个漏磁电感线圈串联的电路。其中，电感线圈的感抗是由漏磁通引起的，故称为漏感抗，用 X_{s2}表示。漏感抗 X_{s2}的大小与转子电路的频率有关，即

$$X_{s2}=2\pi f_2L_{s2} \tag{5-6}$$

当转子不动时，$f_{20}=f_1$，此时漏感抗最大，即

$$X_{20}=2\pi f_{20}L_{s2}=2\pi f_1L_{s2}$$

转子转动后的漏感抗为

$$X_{s2}=2\pi f_2L_{s2}=2\pi sf_1L_{s2}=sX_{20} \tag{5-7}$$

可见，转子旋转得越快，则转子电路中的漏感抗越小。

（4）转子电路中的电流 I_2 和转子电路的功率因数 $\cos\varphi_2$　笼型异步电动机的转子绕组通常是铸铝导条，其电阻 R_2 很小。但转子绕组的漏感抗是随转速而变化的，所以转子电路的阻抗性质也是变化的。①当转子不动时，由于转子电路的频率最高，即 $f_{20}=f_1=50\text{Hz}$，此时转子电路的漏感抗最大，即 $X_{20}\gg R_2$，所以转子电路可等效为纯电感电路；②当转子达到额定转速时，转子电路的频率较低，即 $f_2=1\sim3\text{Hz}$，此时转子电路中 $X_{20}\ll R_2$，所以转子电路可等效为纯电阻电路。

转子电路的阻抗为

$$|Z_2|=\sqrt{R_2^2+(sX_{20})^2} \tag{5-8}$$

转子电路的电流为

$$I_2=\frac{E_2}{|Z_2|}=\frac{sE_{20}}{|Z_2|}=\frac{sE_{20}}{\sqrt{R_2^2+(sX_{20})^2}} \tag{5-9}$$

式（5-9）表明，转子电路的电流 I_2，随 s 的增大而上升。转子电路的功率因数为

$$\cos\varphi_2=\frac{R_2}{|Z_2|}=\frac{R_2}{\sqrt{R_2^2+(sX_{20})^2}} \tag{5-10}$$

式（5-10）表明，转子电路的功率因数 $\cos\varphi_2$ 随 s 的增大而下降。

转子电路中的电流 I_2 和转子电路的功率因数 $\cos\varphi_2$ 与 s 之间的变化关系，如图 5-14 所示。

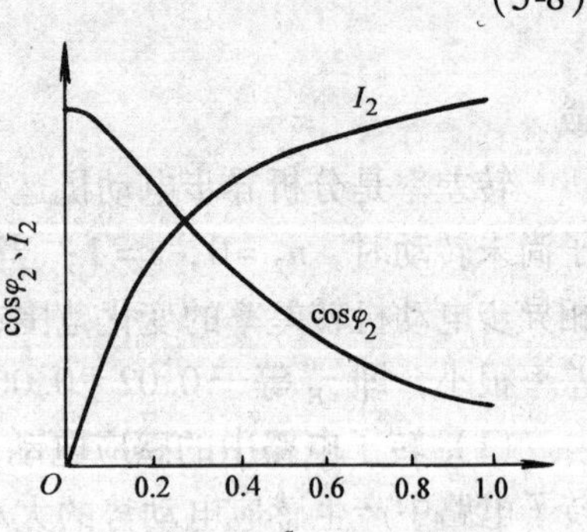

图 5-14　转子电流、转子电路的功率因数与转差率的关系

二、三相异步电动机的电磁转矩

三相异步电动机的电磁转矩 T 与电动机的结构所决定的转矩常数 C_T、磁极的平均磁通 Φ、转子电流 I_2 及转子电路的功率因数 $\cos\varphi_2$ 有关，可以证明它们之间的关系为

$$T = C_T \Phi I_2 \cos\varphi_2 \tag{5-11}$$

在电源电压为定值的情况下，式（5-11）中的 Φ 值基本保持不变，因此可以认为异步电动机的电磁转矩仅与 $I_2\cos\varphi_2$ 有关。但随着 s 的增大，I_2 要上升，而 $\cos\varphi_2$ 要下降，两者对电磁转矩的影响是相反的。为了表明电磁转矩与转差率的关系，可将式（5-9）和式（5-10）代入式（5-11）中，得

$$T = \frac{C_T \Phi s E_{20} R_2}{R_2^2 + (sX_{20})^2} \tag{5-12}$$

当加在电动机定子电路的外加电压 U_1 及其频率 f_1 为定值，则 Φ、E_{20} 及 X_{20} 均为常数。因此，电磁转矩仅随转差率 s 而变。把 $s = 0 \sim 1$ 的不同值代入式（5-12）中，便可绘出转矩曲线，如图 5-15 所示。

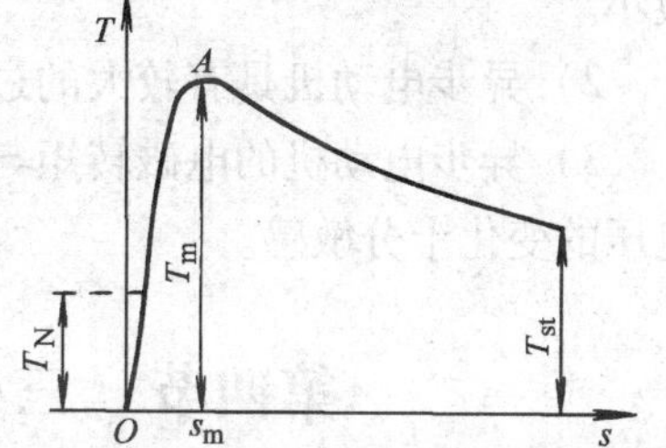

图 5-15　异步电动机的转矩曲线

由转矩曲线可看出，当 $s = 1$ 时，转子和旋转磁场之间的相对运动最大，但异步电动机的电磁转矩并不是最大。这是因为起动时 I_2 虽然较大，但 $\cos\varphi_2$ 很小，它们的乘积 $I_2\cos\varphi_2$ 不是最大。

可以证明，当转子电路中的电阻 R_2 与漏感抗 sX_{20} 相等时，异步电动机所产生的电磁转矩达到最大值。即

$$s_m = \frac{R_2}{X_{20}} \tag{5-13}$$

将式（5-13）代入式（5-12）可得最大转矩为

$$T_m = \frac{C_T \Phi E_{20}}{2X_{20}} \tag{5-14}$$

由上式可知，异步电动机产生的最大转矩 T_m 与转子电阻 R_2 的大小无关。但改变 R_2 的大小，s_m 随之改变，转矩曲线将发生偏移，如图 5-16 所示。这一原理可用来改变线绕型转子电动机的起动转矩或调节转速。由式（5-12）还可看出，当 s 一定时，$T \propto \Phi$，$E_2 \propto \Phi$，$\Phi \propto U_1$，故 $T \propto U_1^2$，说明异步电动机的电磁转矩对外加电压的变化十分敏感。

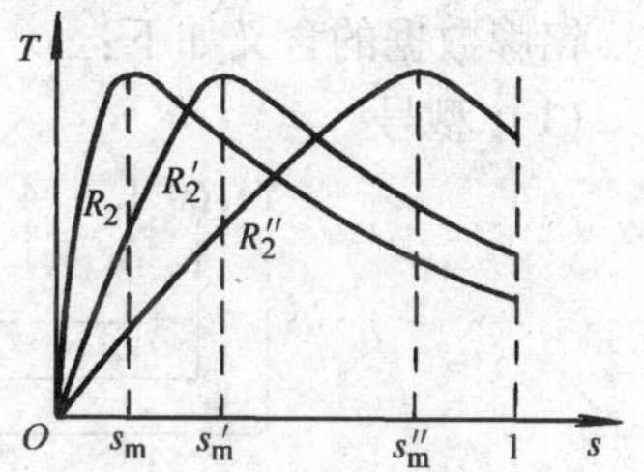

图 5-16　不同转子电阻时的转矩曲线

三、三相异步电动机的机械特性

电动机的机械特性是指电动机的转速和电磁转矩之间的关系，即 $n_2 = f(T)$ 曲线。若把图 5-15 中的 s 坐标改为转子的转速 n_2，并按顺时针方向转过 90°，便可得异步电动机的机械特性曲线，如图 5-17 所示。

机械特性曲线可分为两个区段：AB 段为稳定工作区，在此区段内 n_2 随着 T 的增大而略有下降。电动机额定转矩应在此区段内，在距离 T_m 较远的地方，并具有较大的过载能力；BC 段为非稳定区，在此区段内，电磁转矩随转子转速的下降而减小。电动机在接通电源刚被起动的一瞬间，$n_2 = 0$，$s = 1$，此时的转矩称为起动转矩 T_{st}。当起动转矩大于电动机轴上

的负载转矩 T_z 时，转子逐渐加速，电动机的电磁转矩沿着 $n_2=f(T)$ 曲线 CB 部分上升，经过最大转矩 T_m 后又沿 BA 部分下降。最后当 T 等于电动机的额定转矩 T_N 时，电动机就以额定转速 n_N 稳定运行。

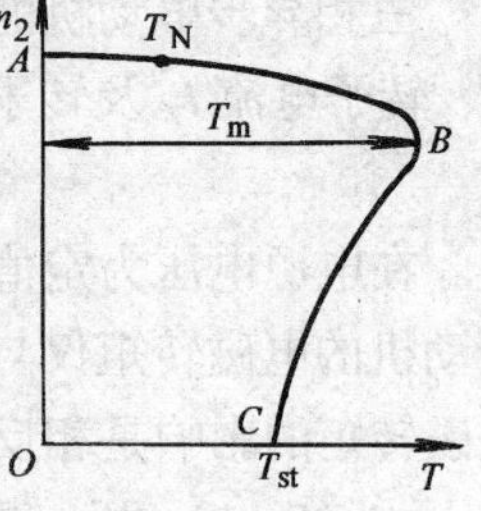

图 5-17　三相异步电动机的机械特性曲线

电动机机械特性曲线中几个特殊点 T_m、T_{st}和 T_N 之间的关系所代表的意义：

电动机的过载能力 $=\dfrac{T_m}{T_N}$；Y 系列异步电动机一般为 2.0 ~2.2。

电动机的起动能力 $=\dfrac{T_{st}}{T_N}$；Y 系列异步电动机一般 1.7 ~2.2。

综上所述，异步电动机的机械特性可归纳为以下几点：

1）异步电动机工作在稳定区内时，具有硬的机械特性，即随着负载的变化转速的变化很小。

2）异步电动机具有较大的过载能力和起动能力。

3）异步电动机的电磁转矩与外加电源电压的平方成正比，即电动机的电磁转矩对电源电压的变化十分敏感。

第四节　三相异步电动机的铭牌和技术数据

电动机在出厂时，生产厂家要把该电动机的型号、性能、技术数据和使用条件等在电动机机座上的铭牌中加以说明，以作为用户选用的依据。使用者首先要看懂铭牌，了解电动机的技术数据，然后才能接线通电使用。电动机的铭牌如图 5-18 所示。

铭牌数据的含义如下：

（1）型号

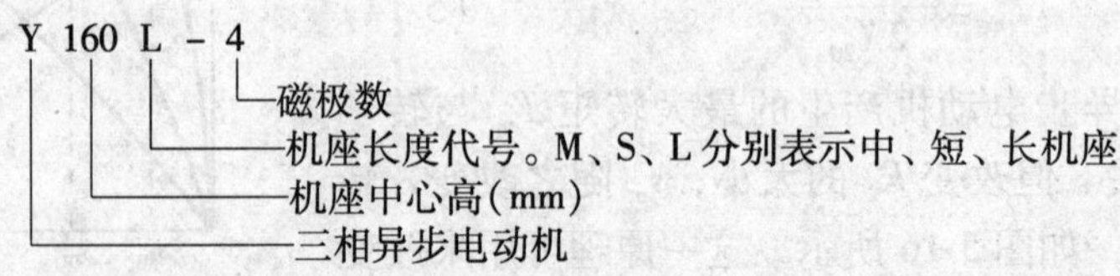

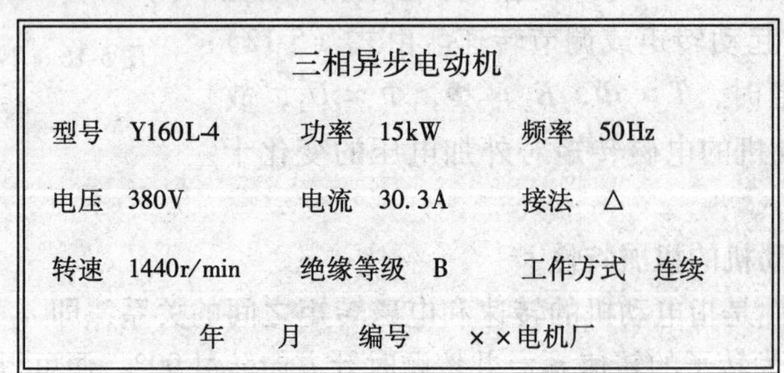
三相异步电动机

型号　Y160L-4　　功率　15kW　　频率　50Hz

电压　380V　　电流　30.3A　　接法　△

转速　1440r/min　　绝缘等级　B　　工作方式　连续

年　　月　　编号　　××电机厂

图 5-18　三相异步电动机的铭牌

（2）额定电压和接法　铭牌中的电压指电动机定子绕组按铭牌上规定的接法连接时应加的线电压值。现在生产的额定电压为 380V、4kW 以上的 Y 系列三相异步电动机均为△联结。

(3) 额定转速　指电动机满载时的转子转速。

(4) 额定功率　指电动机在额定转速下长期连续工作时，电动机不过热，轴上所能输出的机械功率。电动机额定功率与额定转矩之间的换算关系为

$$T_N = 9550\frac{P_N}{n_N} \tag{5-15}$$

式中，P_N 为电动机额定功率（kW）；n_N 为电动机额定转速（r/min）；T_N 为额定转矩（N·m）。

(5) 额定电流　指电动机轴上输出额定功率时，定子电路取用的线电流。

(6) 额定频率　指电动机应接入的交流电源的频率。我国动力用电的频率为50Hz。有些国家规定为60Hz。

(7) 绝缘等级　指电动机定子绕组所用的绝缘材料的等级。电动机允许的最高工作温度与所用绝缘材料的等级有关。绝缘材料的等级与极限工作温度之间的关系见表5-1。

表5-1　绝缘材料耐热性能的等级

绝缘等级	A	E	B	F	H	C
极限工作温度/°C	105	120	130	155	180	>180

电动机产品目录上载有各种型号的异步电动机的技术数据，可供使用者查阅。表5-2为Y系列部分电动机的技术数据。

电动机的效率，是指当电动机满载时，电动机轴上输出的机械功率与电动机输入的电功率之比，用 η 表示。

电动机的功率因数 $\cos\varphi$，是指电动机输出额定功率时，定子绕组的相电压 U_1 与相电流 I_1 之间相位差的余弦。三相异步电动机空载时的功率因数很低，其值为0.2～0.3；在接近满载时的功率因数最高，其值为0.7～0.9。所以，应尽量避免电动机在轻载或空载下运行。

表5-2　Y系列部分电动机的技术数据

型号	额定功率/kW	额定值				堵转电流/额定电流	堵转转矩/额定转矩	最大转矩/额定转矩
		转速/(r/min)	电流/A	效率(%)	功率因数(cosφ)			
Y801-2	0.75	2825	1.9	73	0.84	7.0	2.2	2.2
Y802-2	1.1	2825	2.6	76	0.86	7.0	2.2	2.2
Y90S-2	1.5	2840	3.4	79	0.85	7.0	2.2	2.2
Y160M1-2	11	2930	21.8	87.2	0.88	7.0	2.0	2.2
Y200L1-2	30	2950	56.9	90	0.89	7.0	2.0	2.2
Y250M-4	55	1480	102.5	92.6	0.88	7.0	2.0	2.2

第五节　三相异步电动机的起动、调速和制动

一、三相异步电动机的起动

电动机从开始起动到等速运转的过程称为起动过程。电动机在起动过程中定子绕组出现

很大的起动电流 I_{st}，其值等于额定电流 I_N 的 4～7 倍。由于电动机的起动过程一般很短暂，小型电动机仅为几秒，大型电动机约为十几秒到几十秒，因此起动电流 I_{st} 的持续时间不长，只要不是频繁地起动，就不会使电动机过热而损坏。但是过大的起动电流却会使电源内部及供电网络的电压下降，因而影响同一线路上的其他用电设备正常工作。为此，功率较大的电动机（10kW 以上）在起动时，需要采取必要的措施把起动电流限制在一定数值范围内，同时要使电动机有足够大的起动转矩，以缩短起动过程。三相异步电动机常用的起动方法有以下几种：

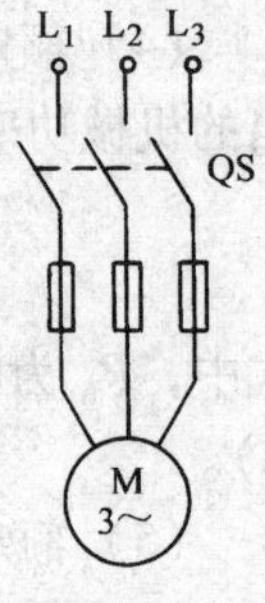

图 5-19 笼型电动机直接起动的电路图

1. 直接起动

这种方法是在定子绕组上直接加上额定电压来起动的。一般情况下，对于使用公用动力电网供电的电动机，只要其容量不超过 10kW，便可允许采用直接起动。直接起动的电路图如图 5-19 所示。

直接起动的优点是：起动设备简单，操作方便，起动过程短。因此，只要电网的容量足够大，应尽量采用直接起动。

2. 减压起动

电动机在起动时利用起动设备，使加在定子绕组上的电压降低，以达到限制起动电流 I_{st} 不超过允许值的目的。电力拖动系统常用的减压起动方法有：

（1）在定子电路中串接电阻减压起动　这种起动方法的电路图如图 5-20 所示。起动时先打开电源开关 QS_1，定子绕组中串入电阻，起动电流在电阻 R 上产生电压降，使加在电动机定子绕组上的电压降低，以减少起动电流。待电动机的转速升高后，再合上开关 QS_2，把电阻 R 短接，使电动机在全电压下运行。此种起动方法所用的起动设备简单，操作方便，但在起动时电阻要消耗大量的电能，不够经济。为此，常采用电抗器来取代电阻 R，这样既达到减压起动的目的，又减少了电能消耗。

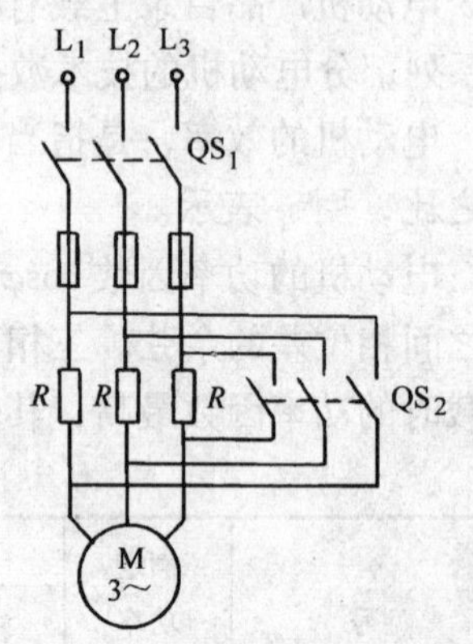

图 5-20　笼型异步电动机采用串联电阻起动的电路图

（2）Y—△起动　对正常运行时规定作三角形联结的三相异步电动机，可采用一个倒顺开关，在起动时先将电动机连接成星形联结，使加在定子绕组上的相电压降低到额定电压的 $1/\sqrt{3}$，以减小起动电流。待电动机的转速升高到接近额定转速时，再通过开关将电路改接成三角形联结，使电动机在额定电压下运行。这种起动方法的优点是：起动设备简单、成本低、起动过程中无额外的能量消耗。但是，由于异步电动机的电磁转矩与外加电压的平方成正比，因在起动时电动机的相电压降低到额定电压的 $1/\sqrt{3}$，所以其起动转矩也仅达到全压起动转矩的 1/3。因此这种起动方法仅适合于电动机在空载或轻载下起动。Y—△起动的控制电路如图 5-21 所示。

（3）用自耦变压器起动　对容量较大而且正常运行时规定用Y形联结的笼型异步电动机，在不允许直接起动的情况下，可采用自耦变压器起动。其电路图如图 5-22 所示。

起动时把开关 QS 扳向起动位置，使电动机的定子绕组接到自耦变压器的二次侧，此时加在电动机上的电压小于电网电压，从而减小了起动电流。待电动机转速升高后，再将开关

QS 扳向运行位置，使电动机直接与电网连接，同时把自耦变压器与电网断开。

自耦变压器起动，起动设备费用较高，但用自耦变压器起动电动机，除了能降低起动电压以外，还具有电流补偿作用（即在相同电压下，电动机从自耦变压器二次侧取用的电流要比直接从电网上取用的电流小 $1/k$ 倍），因此常用于要求有较大起动转矩的场合。

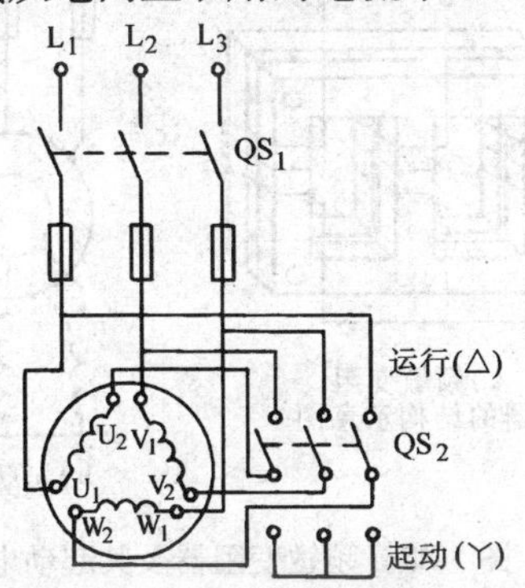

图 5-21　笼型异步电动机用Y-Δ起动的电路图

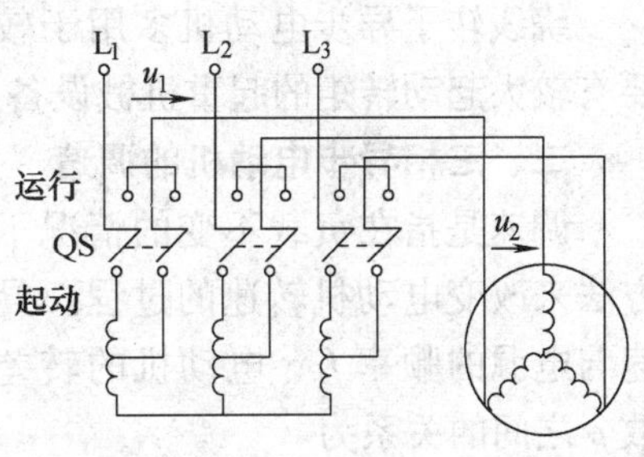

图 5-22　用自耦变压器起动的电路

3. 绕线转子异步电动机的起动

绕线转子异步电动机可采用在转子电路中接入起动变阻器来起动。在转子电路中接入起动变阻器的起动电路如图 5-23 所示。

起动时，先把变阻器调节到电阻值为最大的位置再接通电源，待电动机转速上升到额定转速后，把变阻器调节到电阻值为最小的位置。便完成了起动过程。

在绕线转子异步电动机转子电路中接入变阻器来起动有两个作用：

1）使转子电路的电阻值增加，转子绕组中的电流减小，从而达到了减小定子绕组起动电流的作用。

2）适当增大起动变阻器的电阻值，可使绕线转子异步电动机起动转矩增大，从而提高了电动机的起动能力。其机械特性曲线如图 5-24 所示。

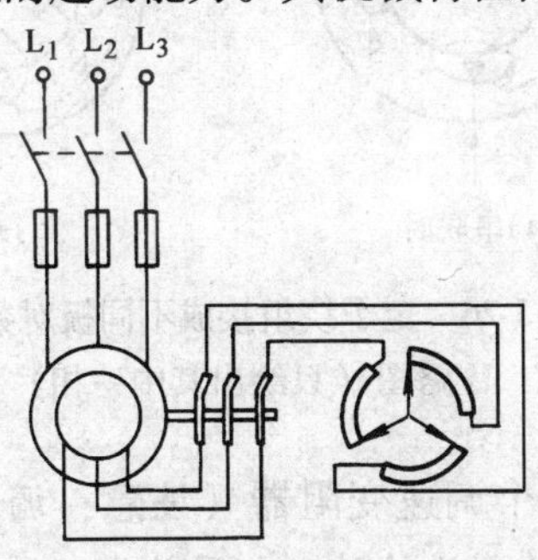

图 5-23　绕线转子异步电动机的起动电路图

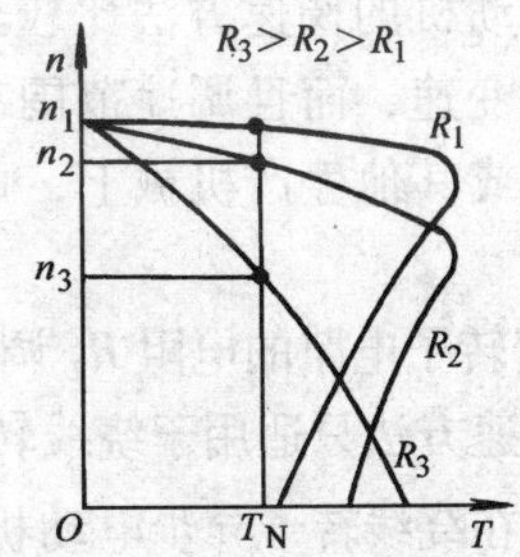

图 5-24　绕线转子异步电动机的机械特性曲线

有时绕线转子异步电动机也可采用频敏变阻器来起动。频敏变阻器就是一个三相铁心线圈，铁心用几块 30～50mm 厚的钢板叠成，如图 5-25a 所示。图 5-25b 为起动电路图。刚起动时，转子电路的频率最高，频敏变阻器的电阻和感抗也最大，转子电路的电流最小，电动机定子绕组中的起动电流也最小。待电动机转速升高后，转子电路的频率逐渐降低，频敏变阻器的感抗也随之而减小，相当于外接变阻器被短接，完成起动过程。

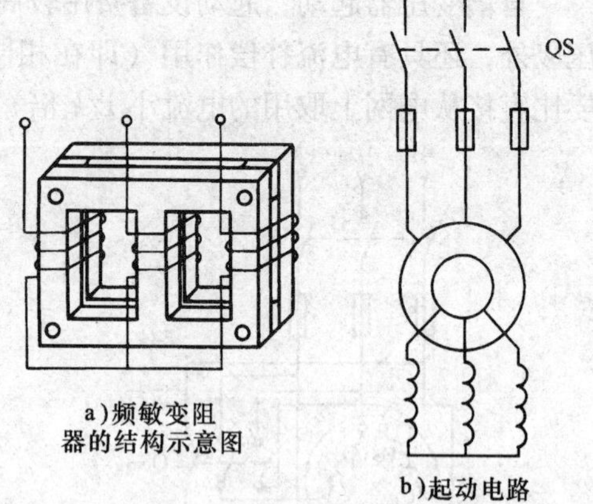

图 5-25　频敏变阻器及其起动电路

绕线转子异步电动机多用于较频繁起动而又要有较大起动转矩的起重机械设备上。

二、三相异步电动机的调速

调速是指在负载不变的情况下，通过人为的方法来改变电动机转速的过程。异步电动机的转速与电源的频率 f_1、电动机的转差率 s 和磁极对数 p 之间的关系为

$$n=(1-s)60f_1/p \tag{5-16}$$

因此，可以通过改变电源的频率 f_1、转差率 s 和磁极对数 p 等方法来调节异步电动机的转速。

1. 变频调速

随着变频技术的迅速发展，交流变频调速装置已经成功地应用于异步电动机的调速系统。常用的变频调速系统有，“交—直—交间接变频调速系统”和“交—交直接变频调速系统”两种。变频调速的优点是调速范围宽，且能平滑调速，但其设备复杂，成本较高。因此，常用于对转速要求比较高的生产机械上作为交流电动机的驱动系统。

2. 改变定子绕组的磁极对数 p 来调速

这种调速方法仅适用于多速电动机（国产的 YD 系列多速电动机有双速、三速、四速等几种）。这种电动机定子的每相必须是由多个独立的定子绕组组成。在调速时，可通过改变各相绕组的连接方法（串联或并联）来改变磁场的极对数，以达到改变电动机转速的目的。定子绕组的改接情况如图 5-26 所示。

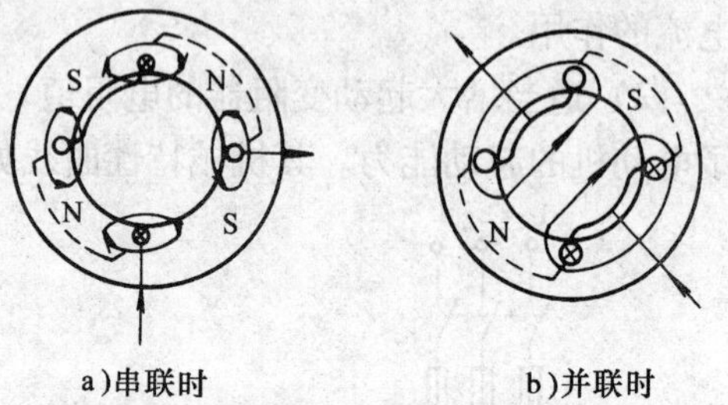

图 5-26　定子绕组接成不同极对数的电路图（只绘出其中一相）

多速电动机的调速方法比较经济、简便，但只能作有级变速，而且调速范围有限。常用在金属切削机床或其他生产机械上，以简化机械变速装置。

3. 改变转子电路的电阻 R_2 调速

这种调速方法只适用于绕线转子异步电动机。调速时，需在绕线转子异步电动机的转子电路中接入一个调速变阻器（**注意：** 调速变阻器不能用起动变阻器来代替，因为起动变阻器是按短时工作制设计的，如果长期工作将会因过热而损坏），改变调速变阻器的电阻值就可以改变电动机的转速。

这种调速方法能平滑地调节绕线转子异步电动机的转速，但调速变阻器在工作中要消耗大量的电能，不太经济。常用于起重设备上。

三、异步电动机的制动

当电动机被切断电源后，由于转子的转动惯量比较大，所以转子仍继续转动一段时间才

能自己停下来。但从安全生产和提高工作效率的需要出发，许多生产机械要求电动机在切断电源后应能及时和准确地停下来，为此，需要对电动机进行制动。制动的方法很多，这里仅简单介绍两种利用异步电动机本身所具有的制动特性来进行制动的方法。

1. 反接制动

当要求电动机从运行状态迅速停下来时，先将定子绕组的接线端由正转连接改为反转连接（即调换三相异步电动机定子绕组三个首端中任意两端的位置或改变三相电源中任意两相之间的位置），此时，电动机的旋转磁场将由原来的正转变为反转，转子也将随之由正转向反转过渡，当转子的转速下降到接近于零时，再迅速切断电源，电动机便能迅速地停止。异步电动机的反接制动控制电路如图 5-27 所示。反接制动过程中产生制动力矩的原理和方向如图 5-28 所示。

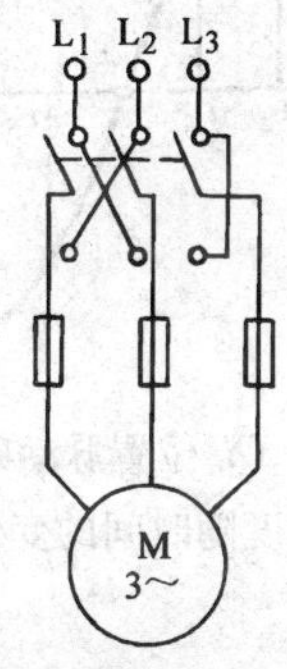

图 5-27　异步电动机的反接制动控制电路图

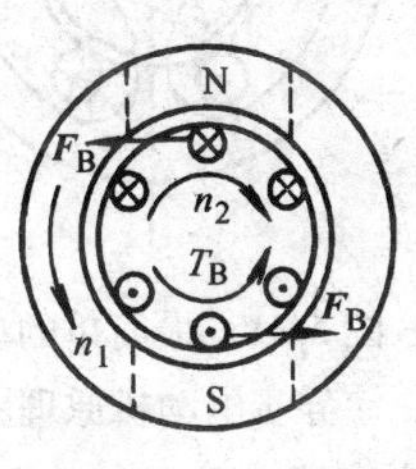

图 5-28　反接制动

2. 能耗制动

能耗制动电气控制电路如图 5-29 所示。制动时，在切断电动机的交流电源的同时，将一直流电源引入任意两相定子绕组中，直流电流在定子绕组中产生一个固定不动的磁场，当转子靠本身的惯性继续旋转时，转子导体切割磁场产生感应电动势和电流，使转子电路成为载流导体，并在磁场的作用下产生一个与转子原来旋转方向相反的制动力矩，使转子迅速停止。这种制动方法利用电动机转子储存的动能转换成电能，消耗在制动电阻上，故称为能耗制动。能耗制动过程中产生制动力矩的原理和方向如图 5-30 所示。

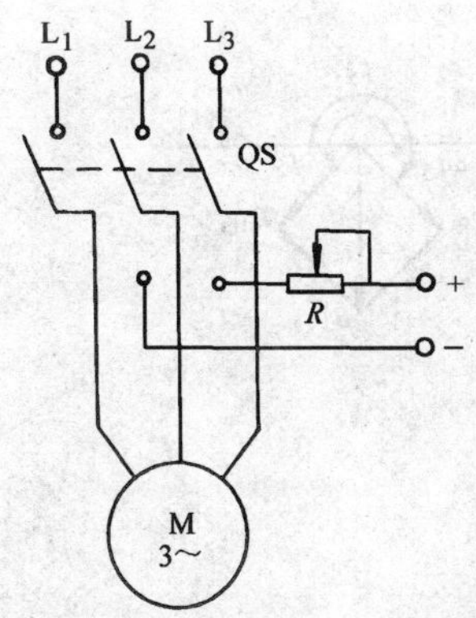

图 5-29　能耗制动电气控制电路图

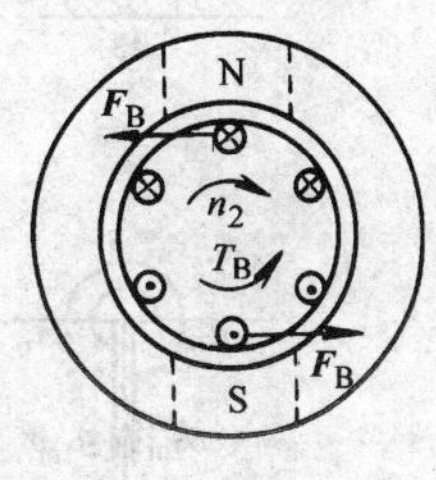

图 5-30　能耗制动

第六节　单相异步电动机

单相笼型异步电动机使用单相交流电源，其定子绕组是单相绕组，转子为笼型。图5-31为最简单的单相异步电动机的原理图。定子绕组在单相交变电流的作用下，产生一交变磁通如图5-32所示。该磁通在空间只是沿着电动机Y轴的正、负方向发生变化而不旋转，因此，称之为脉动磁场。

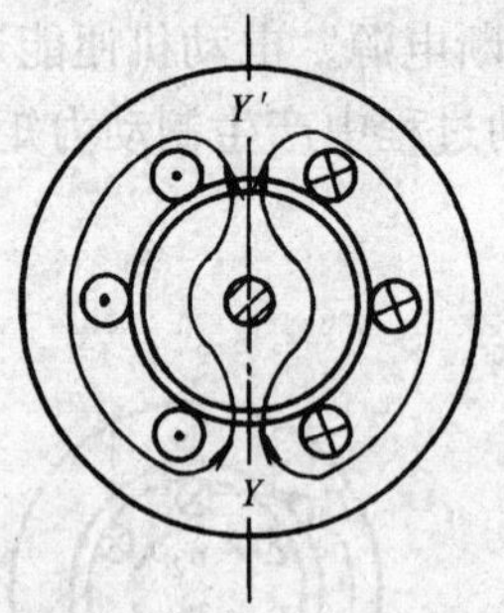

图5-31　最简单的单相异步电动机原理图

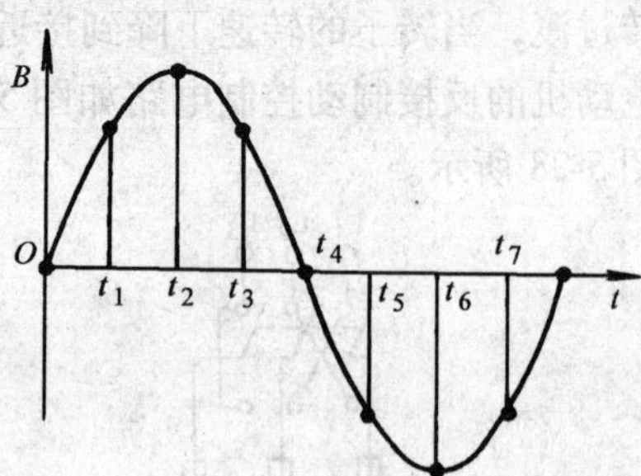

图5-32　YY′位置脉动磁场的磁感应强度随时间的变化曲线

脉动磁场又可以分解为两个角频率 ω 相同，各向相反方向转动的旋转磁场 B_1 和 B_2，也可以说成脉动磁场 B 是由两个旋转磁场 Φ_1 和 Φ_2 合成的结果。其中

$$B_1 = B_{1m}\sin\omega t,\ B_2 = B_{2m}\sin\omega t,\ B_{1m} = B_{2m} = \frac{1}{2}B_m$$

脉动磁场的分解过程如图5-33所示。

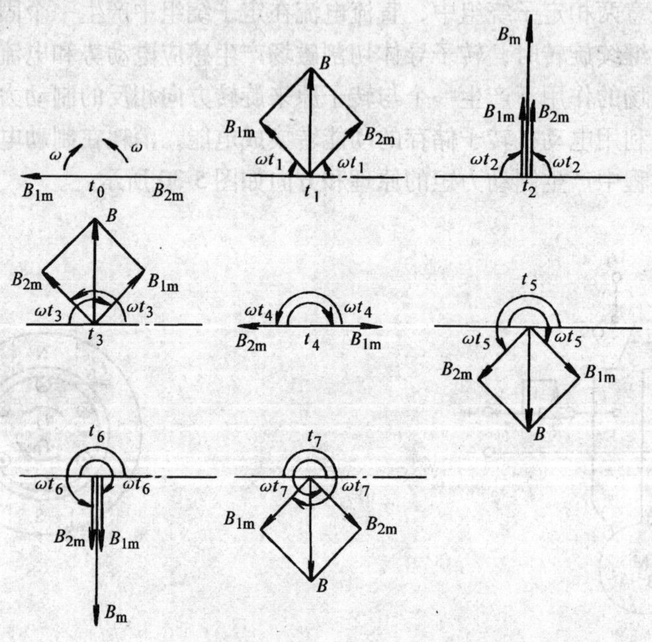

图5-33　脉动磁场分解为两个反方向旋转的旋转磁场

这样一来，就可以认为单相异步电动机的空气隙中，同时存在两个大小相等方向相反的旋转磁场。这两个大小相等方向相反的旋转磁场对转子作用所产生的电磁转矩与转差率 s 之间的关系曲线如图 5-34 所示。

当转子静止（即 $s=1$）时，这两个方向相反的旋转磁场对转子作用所产生的电磁转矩也是大小相等方向相反，即合成转矩为零，所以转子不能自行起动。如果通过外力使转子向某一方向转动一下，则由于转差率发生变化而使该方向旋转磁场对转子产生的电磁转矩大于反方向的电磁转矩，因此，转子便能沿着该方向不停地旋转下去。

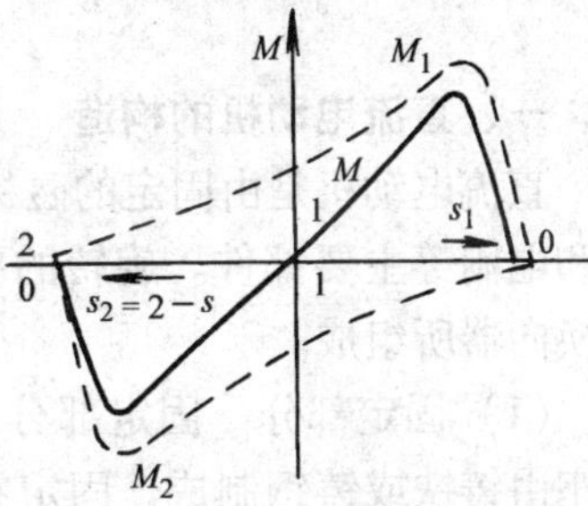

图 5-34　两个大小相等方向相反的旋转磁场对转子作用所产生的电磁转矩与转差率的关系曲线

为了使单相异步电动机能自行起动，通常在电动机的定子铁心上再安装一辅助绕组，这样电动机的定子就有了两个绕组。原来的绕组称为工作绕组，而辅助绕组又称为起动绕组。在实际使用中要先在起动绕组中串联一个电容器 C，然后再将两个绕组并联起来接到电源上，电动机就能自行起动了。其接线方法和起动原理如图 5-35、图 5-36 所示。

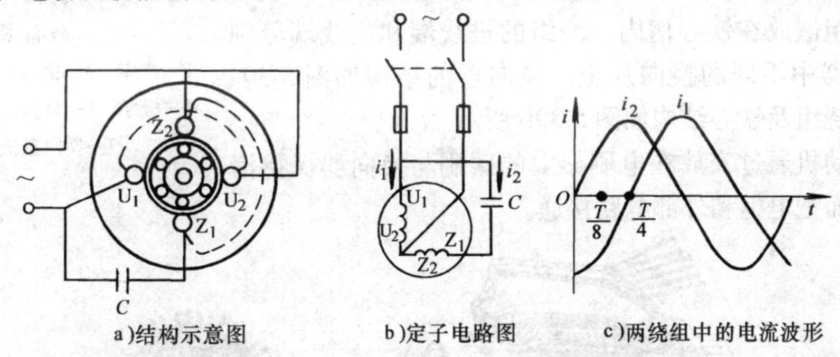

图 5-35　带有电容式辅助绕组的单相异步电动机

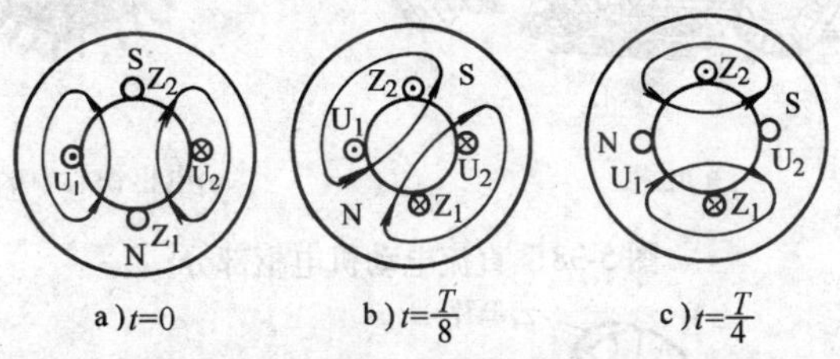

图 5-36　单相异步电动机的旋转磁场

必须明确，单相异步电动机在起动前，如果断开起动绕组，则电动机不能起动。但一经转动起来后，再断开起动绕组，电动机仍能继续运转。因此，根据起动绕组是否参与正常运行，单相异步电动机的起动方式又可分为电容运转式（起动绕组参与正常运行）和电容起动式（电动机正常运行后断开起动绕组）等不同形式。

单相异步电动机的优点是可以在单相电源上使用，比较方便。但其效率低，过载能力小，且容量相同时，单相异步电动机的体积要比三相异步电动机大得多。因此，单相异步电动机多为容量小于 1kW 的小型电动机，常用来拖动家用电器和小型生产机械。

第七节　直流电动机

一、直流电动机的构造

直流电动机是由固定的磁极和旋转的电枢组成的。固定部分包括机座、主磁极、换向磁极和电刷等主要部件。旋转的电枢是由电枢铁心、电枢绕组及换向器所组成。

（1）固定部分　固定部分的截面如图5-37所示。其中，机座由铸铁或铸钢制成，固定在机座内的主磁极由铁心和励磁绕组所组成。换向磁极也是由铁心和换向绕组所组成。电刷安放在固定于电动机端盖上的电刷架内。

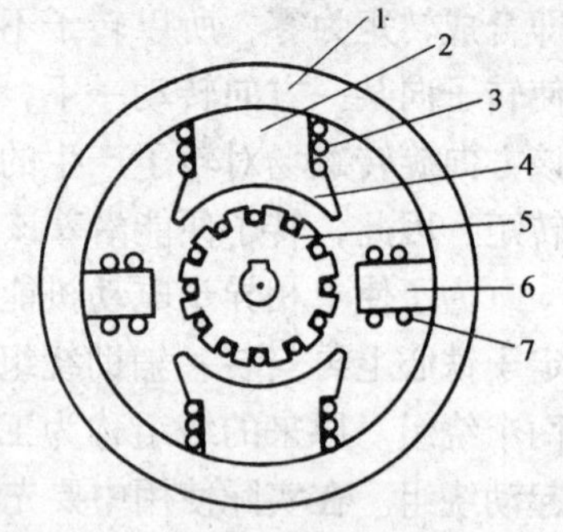

图5-37　两极直流电动机的截面图

1—机座　2—铁心　3—励磁绕组
4—极掌　5—电枢　6—换向磁极
7—换向磁极绕组

（2）电枢部分　电枢部分的结构如图5-38所示，由电枢铁心、电枢绕组和换向器组成。电枢铁心是用0.5mm厚的硅钢片，冲成图5-38b所示的形状再叠制而成。

电枢绕组嵌放在铁心槽内，绕组的进线端和出线端分别焊接在换向器中不同的换向片上。换向器的结构如图5-39a所示。励磁绕组及铁心结构如图5-39b所示。

直流电动机通过安放在电刷架上的碳刷与换向器保持滑动接触，从而把电枢和外部电路接通。

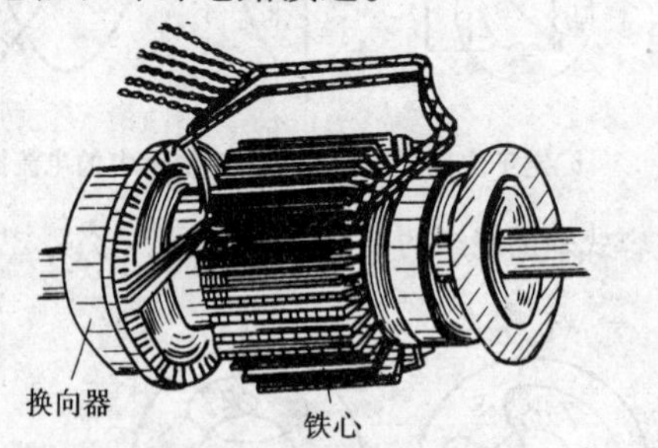

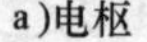

a)电枢

b)电枢铁心中的硅钢片

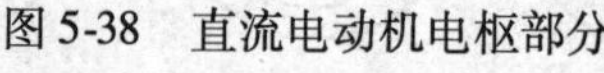

图5-38　直流电动机电枢部分

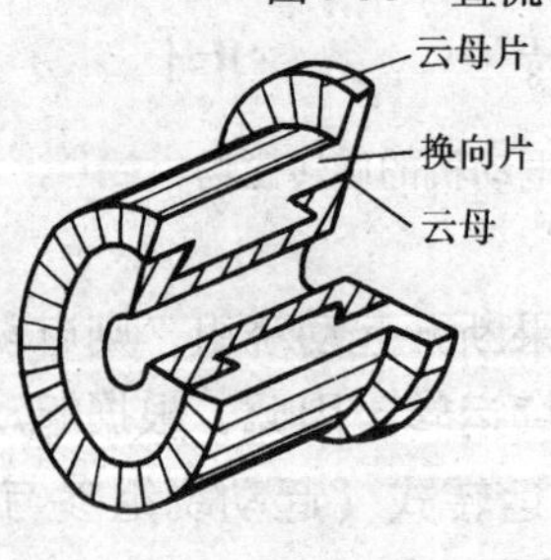

a)换向器

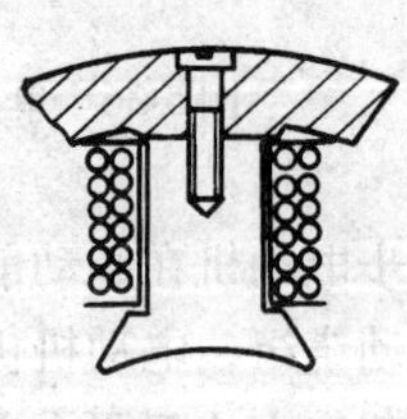

b)励磁绕组及铁心结构

图5-39　换向器的结构

二、直流电动机的工作原理

直流电动机的工作原理如图5-40所示。当把直流电动机的电枢绕组和励磁绕组接通直流电源后，励磁绕组便产生一个固定不变的磁场，此时的电枢绕组作为载流导体在磁场中受电磁力的作用，产生电磁力矩，推动电枢转动起来。与此同时，电枢导体在旋转时与磁场有相对运动，在电枢绕组中产生一感应电动势，因为，此电动势总与电枢电流的方向相反，如图5-41所示。故称之为反电动势，用 E_a 表示。

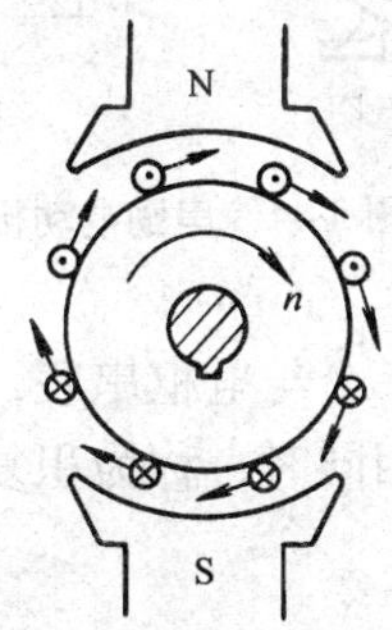

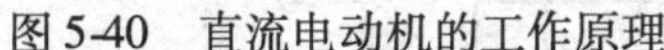

图5-40　直流电动机的工作原理

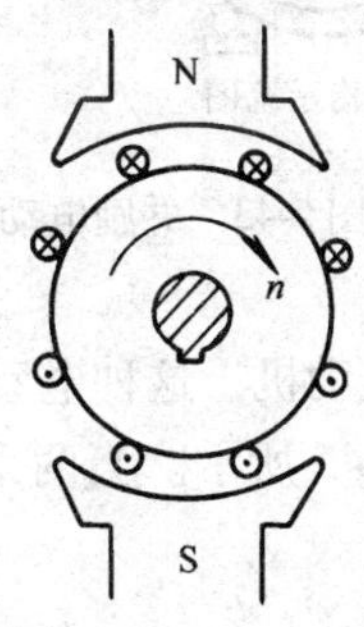

图5-41　电动机的电枢绕组中的反电动势

反电动势 E_a 的大小与电动机的转速 n 和磁极磁通 Φ 的乘积成正比，即

$$E_a = C_e \Phi n \tag{5-17}$$

式中，C_e 为电动机常数。

电动机电磁转矩 T 的大小与电枢电流 I_a 和磁通 Φ 的乘积成正比，即

$$T = C_T I_a \Phi \tag{5-18}$$

电枢两端的电压 U_a 与电枢电流 I_a 和反电动势 E_a 之间的关系为

$$U_a = E_a + I_a R_a \tag{5-19}$$

式中，R_a 为电枢绕组的电阻值。R_a 一般很小，只有零点几欧姆。

电动机的转速 n 与电路参数之间的关系为

$$n = \frac{E_a}{C_e \Phi} = \frac{U_a - I_a R_a}{C_e \Phi} \tag{5-20}$$

三、直流电动机的分类

直流电动机按励磁方式的不同，可分为以下几种类型：

（1）他励电动机　他励电动机的电枢绕组和励磁绕组分别由各自独立的电源供电，互不影响，如图5-42所示。

（2）并励电动机　这种电动机的电枢绕组与励磁绕组并联，如图5-43所示。由于励磁电压比较高（与电枢端电压相同），为减小励磁电流，必须加大励磁绕组的电阻。因此，励磁线圈的匝数多，导线细。

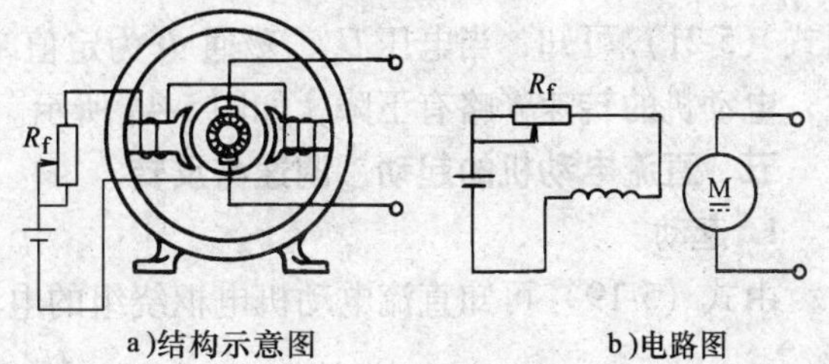

a)结构示意图　b)电路图

图5-42　他励电动机

（3）串励电动机　这种电动机的励磁绕组与电枢绕组串联，如图5-44所示。由于电枢电流比较大，为了减少励磁绕组的电压降和铜损耗，励磁绕组的匝数要少且导线较粗。

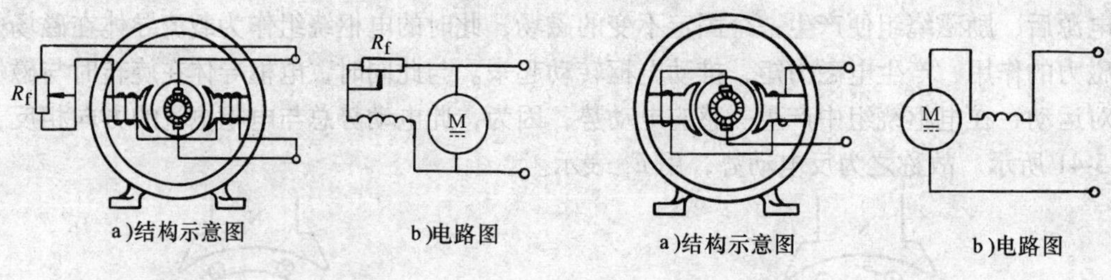

a）结构示意图　　b）电路图

图 5-43　并励电动机

a）结构示意图　　b）电路图

图 5-44　串励电动机

（4）复励电动机　这种电动机的励磁绕组有两个，其中一个与电枢串联，另一个与电枢并联，如图 5-45 所示。当两个励磁绕组所产生的磁通方向相同时，称为积复励；反之为差复励。

a）结构示意图　　b）电路图

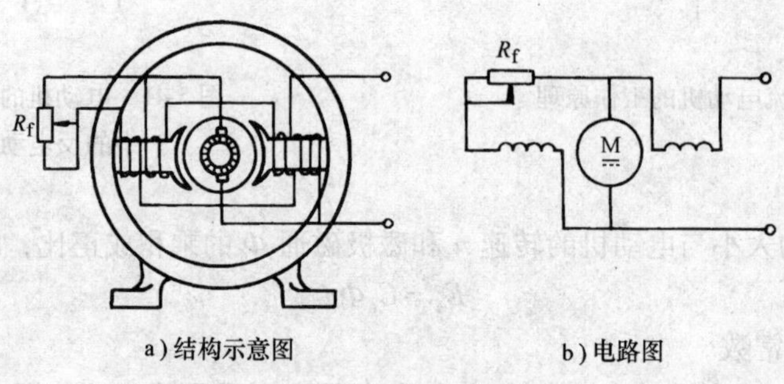

图 5-45　复励电动机

四、他励电动机的机械特性

电动机的转速与转矩之间的关系，即 $n=f(T)$ 曲线，称为电动机的机械特性。由式（5-18）可得出，电动机的电枢电流 I_a 为

$$I_a=\frac{T}{C_T\Phi}$$

将上式代入式（5-20）可得

$$n=\frac{E_a}{C_e\Phi}=\frac{U_a-I_aR_a}{C_e\Phi}=\frac{1}{C_e\Phi}\left(U_a-\frac{R_aT}{C_T\Phi}\right)$$

即

$$n=\frac{U_a}{C_e\Phi}-\frac{R_aT}{C_TC_e\Phi^2}\tag{5-21}$$

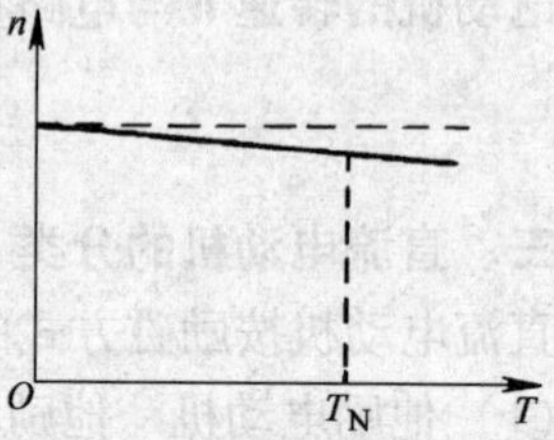

图 5-46　他励电动机机械特性

由式（5-21）可知，当电压 U_a、磁通 Φ 为定值时，由于 R_a 很小，所以随着电磁转矩 T 的增大，电动机的转速 n 略有下降，如图 5-46 所示。由此可见，他励电动机具有硬的机械特性。

五、直流电动机的起动、调速与反转

1. 起动

由式（5-19）可知直流电动机电枢绕组的电流为

$$I_a=\frac{U_a-E_a}{R_a}$$

由于在电动机接通电源刚起动时，转速 $n=0$，反电动势 $E_a=0$，而电枢的电阻值 R_a 又很小，电枢两端的电压 U_a 全部加到 R_a 上，使电枢绕组通过很大的起动电流 I_{st}，即

$$I_{st}=\frac{U_a}{R_a}$$

实际可测得，直流电动机的起动电流要比其额定电流大几十倍，如此大的电流会使换向器上产生强烈的电火花而烧坏换向器。因此，起动时，必须在电枢电路中串接起动变阻器 R_{st} 来减小起动电流，起动线路如图 5-47 所示。为了获得较大的起动转矩而又不损伤换向器，通常把起动电流限制为额定电流的 1.5 ~2.5 倍，即

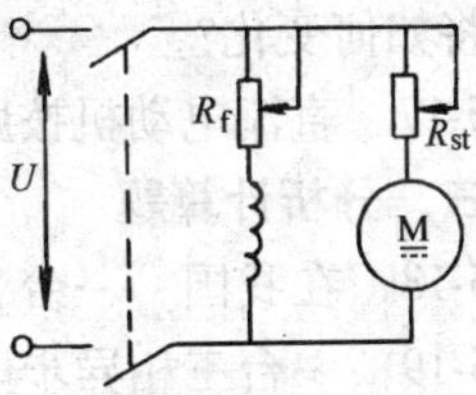

$$I_{st}=\frac{U_a}{R_a+R_{st}}=(1.5\sim2.5)I_{aN} \tag{5-22}$$

图 5-47 并励电动机的起动电路

利用上式可以计算出所需的起动电阻 R_{st} 的数值。

2. 调速

由式（5-21）可知，改变他励直流电动机的端电压 U_a、电枢电阻 R_a 和磁通 Φ 都可以达到调节电动机转速的目的。以上三种调速方法可以单独使用，也可同时使用。直流电动机的调速范围很宽、设备简单、方法简便，因此在生产机械中得到广泛的应用。

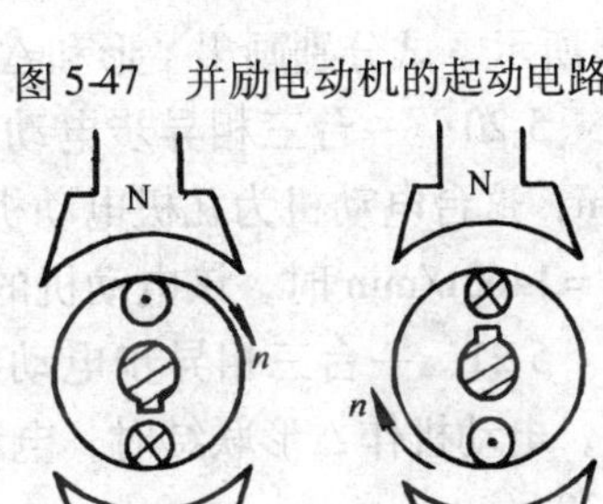

图 5-48 改变电枢电流的方向使电动机反转

3. 反转

欲使直流电动机反转，只要改变电枢电流的方向或励磁电流的方向，二者只变其一即可。通常采用改变电枢电流的方法来使直流电动机反转，其原理如图 5-48 所示。

习　题

一、填空题

5-1 交流异步电动机主要由________和________构成。

5-2 三相异步电动机的定子绕组有________和________两种连接方式。

5-3 旋转磁场的转速称为________。

5-4 三相笼型异步电动机又称为________式电动机。

5-5 异步电动机的“异步”的意思是指转子转速总是________同步转速。

5-6 改变三相异步电动机的________就可以使电动机反转。

5-7 三相异步电动机有________、________和________三种调速方法。

5-8 单相异步电动机的定子有两个绕组，分别称为________和________绕组。

5-9 直流电动机的调速有改变________、________和________三种调速方法。

5-10 若想使直流电动机反转，可改变直流电动机________的方向或________的方向。

二、简答题

5-11 某电动机型号为 Y100L-4，试说明其含义。

5-12 旋转磁场的转速等于多少？这个转速和哪些因素有关？

5-13 三相异步电动机的转子转速为什么不能和同步转速相同？

5-14 什么叫三相异步电动机的起动？有哪些起动方式？直接起动有什么特点？为什么常采用减压起动？有哪些减压起动方式？

5-15　试分析Y-△减压起动的原理。并画出其示意简图。

5-16　在他励式直流电动机的三种调速方式中，若单独降低电枢电压时电动机的转速将如何变化？单独增大电枢电阻时电动机的转速将如何变化？若单独减少励磁电流时电动机的转速将如何变化？

5-17　直流电动机按励磁方式分类有哪几种类型？试画出各种直流电动机的电路图。

三、分析计算题

5-18　在我国，一台 $p=3$ 的三相异步电动机的同步转速是多大？$p=5$ 呢？

5-19　一台三相异步电动机定子绕组的六个出线端为 U_1-U_2，V_1-V_2 和 W_1-W_2，如图 5-49 所示。试分别画出Y形和△形联结的接线图。

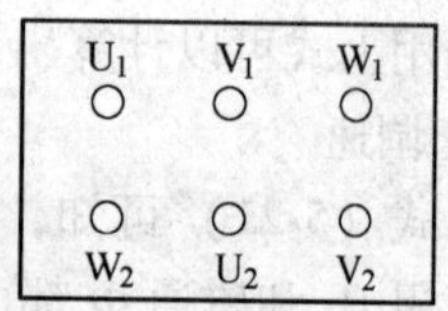

图 5-49　习题 5-19 图

5-20　一台三相异步电动机，旋转磁场转速 $n_1=1500\text{r/min}$，这台电动机为几极电动机？试分别求出 $n=0\text{r/min}$ 时和 $n_1=1460\text{r/min}$ 时，该电动机的转差率 $s=?$

5-21　一台三相异步电动机接在电压 $U_1=380\text{V}$ 的电源上，电动机作△形联结时，电动机的 $I_{st}/I_N=7$，额定电流 $I_N=20\text{A}$。

（1）求电动机作△形联结时的起动电流 I_{st}。

（2）求采用Y—△方法换接起动时的起动电流 I_{st}。

5-22　一台 4 极（$p=2$）的三相异步电动机，电源频率 $f_1=50\text{Hz}$，额定转速 $n_N=1440\text{r/min}$，计算电动机在额定转速下的转差率 s_N 和转子电流频率 f_2。

5-23　一台三相异步电动机，功率 $P_N=10\text{kW}$，电压 $U_N=380\text{V}$，电流 $I_N=20\text{A}$，电源频率 $f_1=50\text{Hz}$，额定转速 $n_N=1450\text{r/min}$，△形联结，求：

（1）这台电动机的极对数 $p=?$ 同步转速 $n_1=?$

（2）该电动机的 $I_{st}/I_N=6.5$，用Y-△方法起动时，电动机的起动电流 $I_{st}=?$

（3）电动机的额定转矩 $T_N=?$

（4）若电动机的功率因数 $\cos\varphi=0.87$，该电动机在额定输出时，输入功率 $P_1=?$ 电动机的效率 $\eta=?$

5-24　一台三相异步电动机，额定功率 $P_N=10\text{kW}$，额定转速 $n_N=1450\text{r/min}$，起动能力 $T_{st}/T_N=1.2$，过载系数 $\lambda=1.8$，求：

（1）电动机的额定转矩 T_N。

（2）起动转矩 T_{st}。

（3）最大转矩 T_m。

（4）电动机用Y-△方法起动时的 T_{st}。

5-25　一台功率 $P_N=2.2\text{kW}$、电枢电压 $U_{aN}=220\text{V}$ 的他励直流电动机，电枢的额定电流 $I_{aN}=12\text{A}$，电枢电阻 $R_a=0.5\Omega$，起动该电动机时为将起动电流 I_{st} 限制在 $2.5I_{aN}$ 之内，试求：

（1）若采用在电枢电路中串接电阻方法起动，应串入多大的限流电阻？

（2）若采用降低电枢电压方法限制起动电流，则起动时电枢电压应为多少伏？

第六章　常用电器与控制电路

用电动机作为生产机械动力的拖动方式称为电力拖动。为了对电动机、电磁阀或其他电气设备进行自动控制，对要求较高的复杂的电力拖动自动控制系统，很多已采用微机化的可编程序控制器（PLC）来实现。而传统的继电器—接触器电力拖动控制系统，主要由各种有触头的电器所组成，与 PLC 相比，它们的体积大、开关速度慢、故障较多、寿命短、工作可靠性差。但由于它们的结构简单、成本低、使用和维护方便，所以，在一般的生产机械上仍广泛采用。

本章主要讨论几种常用的有触头的电器和由这些电器所组成的基本控制线路。

第一节　控制电器和保护电器

电器的种类很多，按照它们的工作职能，可以分为控制电器和保护电器两大类。控制电器主要用来控制电路的接通、分断以及电动机的各种运行状态。常用的控制电器有各种开关、按钮、接触器等；保护电器主要用来保护电源和用电设备，防止电源短路和设备过载运行，常用的保护电器有熔断器、热继电器和空气断路器等；还有一些电器同时具有两种功能，如各种限位开关和继电器等。现分别介绍如下：

一、组合开关

组合开关常用来作为一般生产机械的电源引入开关，HZ10 系列组合开关的外形和图形符号如图 6-1 所示。

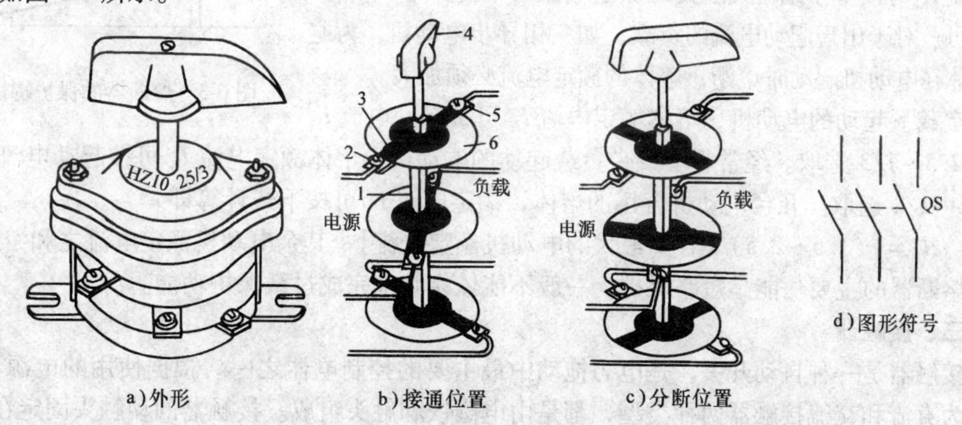

图 6-1　HZ10-25/3 组合开关

1—绝缘方轴　2、5—静触头　3—动触头　4—手柄　6—绝缘垫板

HZ10 系列组合开关的结构紧凑，占地小，操作方便。一般不能用来作为大负荷的起动的控制开关，但有时也可用来接通和分断小电流的电路，如机床照明，冷却泵电动机的控制开关等。

HZ10 系列组合开关的额定电压为 380V，额定电流有 10、25、60、100A。

二、熔断器

熔断器（俗称保险）是一种短路保护电器。当用电设备因各种原因发生短路故障时，熔断器的熔丝因过热而被熔断，电源被迅速切断，达到保护电源，防止事故进一步扩大的目的。机床电气控制线路中常用的熔断器有管式、插入式和螺旋式等几种，如图 6-2 所示。

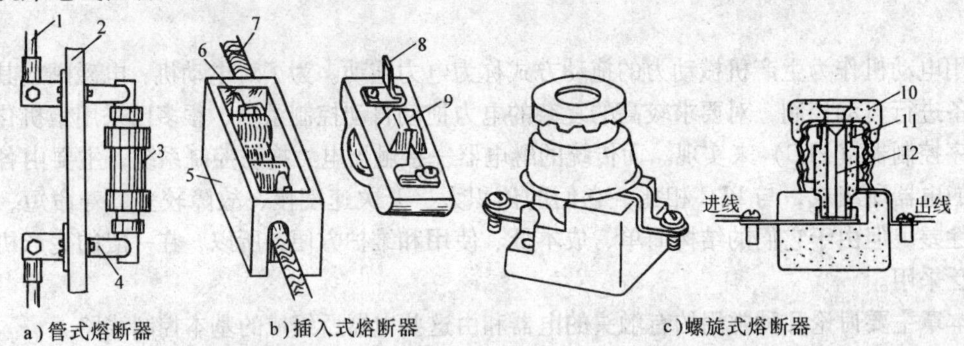

a）管式熔断器　　b）插入式熔断器　　c）螺旋式熔断器

图 6-2　熔断器

1、7—导线　2—绝缘底板　3—装有熔片的绝缘套管　4、6—弹性铜片　5—瓷盒　8—铜片　9、12—熔丝　10—瓷帽　11—熔断体

（1）熔断器的保护特性　当通过熔体的电流为额定值时，熔体不会熔断，超过规定值时，经过一定时间，由熔体自身产生的热量使熔体熔化而将电路与电源断开。熔体熔断所需要的时间与通入电流值大小之间的关系称为熔断器的保护特性，如图 6-3 所示。通过熔体的电流值超过熔体额定值越多，熔断所需的时间就越短。

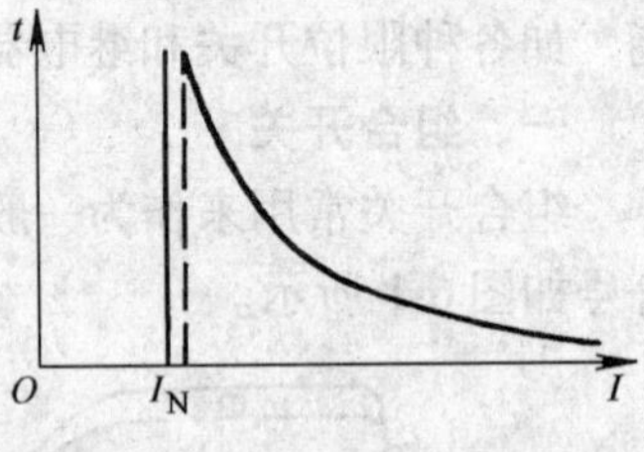

（2）熔断器熔体的选择　熔体额定电流的选择与负载有关，对于没有起动电流的负载，如照明、电热器等，熔体的额定电流 I_N 可按等于或略大于负载额定电流 I_L 值选择，即 $I_N \geqslant I_L$ 即可。对于出现起动电流的负载，如三相异步电动机，为避免熔体在电动机起动时熔断，熔体的额定电流必须加大。

t
O
I_N
I

图 6-3　熔断器的保护特性

空载下起动的电动机，熔体额定电流 I_N 可按起动电流 I_{St} 的 1/2.5～1/3 选取。经常起动或带负载起动的电动机，熔体额定电流 I_N 可按起动电流 I_{St} 的 1/1.6～1/2 选取。几台电动机合用的熔体，额定电流 I_N 可按下式计算即

I_N = [（1.5～2.5）×容量最大的电动机额定电流] + 其余电动机额定电流之和

熔断器的主要功能是短路保护，一般不能依靠它来完成过载保护功能。

三、接触器

接触器是一种自动开关，是电力拖动中最主要的控制电器之一。根据使用的电源不同，可分为直流和交流接触器两种类型，都是由电磁铁和触头组成。接触器的动触头固定在动铁心上，静触头则固定在壳体上。常态下（指接触器的线圈未接通电源时）处于分断状态的触头称为常开触头（亦称为动合触头）；处于闭合状态的称为常闭触头（亦称为动断触头）。其中用来接触负载的触头为主触头，而接通控制电路的为辅助触头。

当接触器的电磁线圈接通电源时，动铁心被吸合，所有常开触头均闭合，而常闭触头都分断。当接触器的电磁线圈断电时，在复位弹簧的作用下，动铁心和所有触头都恢复到常态位置。

CJ10 系列的交流接触器的外形和结构示意图及图形符号如图 6-4 所示。

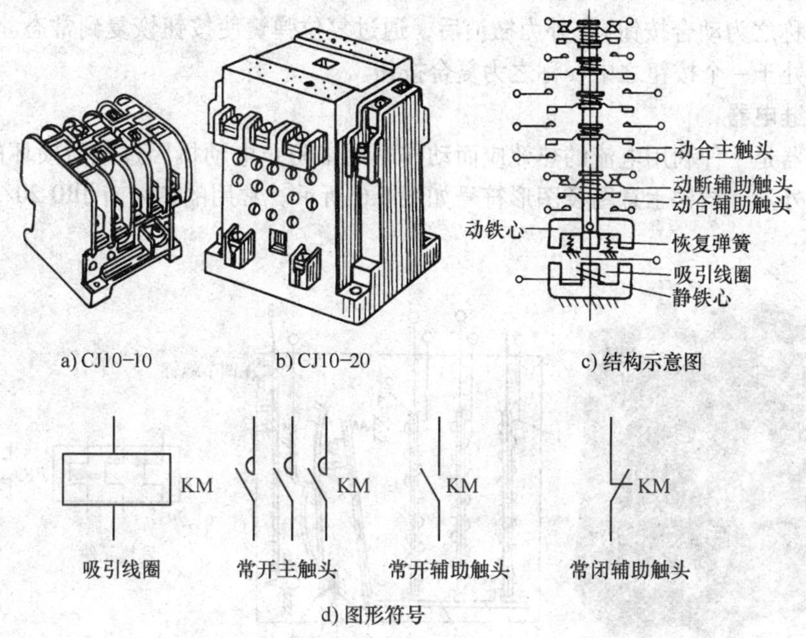

图 6-4　CJ10 系列交流接触器的外形和结构示意图及图形符号

交流接触器电磁线圈的额定电压有 36、110、220 及 380V 四种，其额定电流有 5、10、20、40、60、100 和 150A 等。

交流接触器常用来接通和分断交流电动机的控制电路，选用接触器时只需根据电动机的额定电流来确定。

四、按钮开关

按钮开关（简称按钮）是电力拖动系统中一种最简单的主令电器。将按钮和接触器的电磁线圈相结合，便可对各种用电器和电动机实行控制。按钮的外形、结构示意图和电路符号如图 6-5 所示。

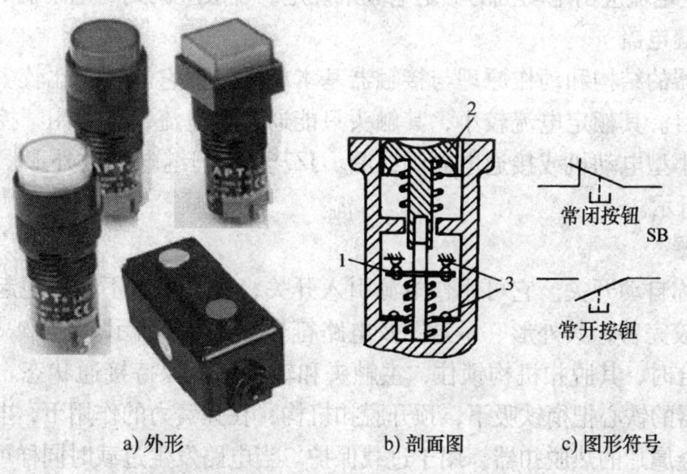

图 6-5　按钮

1—动触头　2—按钮帽　3—静触头

按钮中有常开触头和常闭触头。按钮被按下时常闭触头分断（称之为动断按钮），常开触头闭合（称之为动合按钮）。外力撤消后，通过复位弹簧使按钮恢复到常态。动断按钮和动合按钮同处于一个按钮之中，称之为复合按钮。

五、热继电器

热继电器是一种利用电流的热效应而动作，用来防止电动机因过载而损坏的保护电器。热继电器的外形、结构示意图及图形符号如图 6-6 所示。常用的型号有 JR0-20/3 和 JR0-60/3D 等。

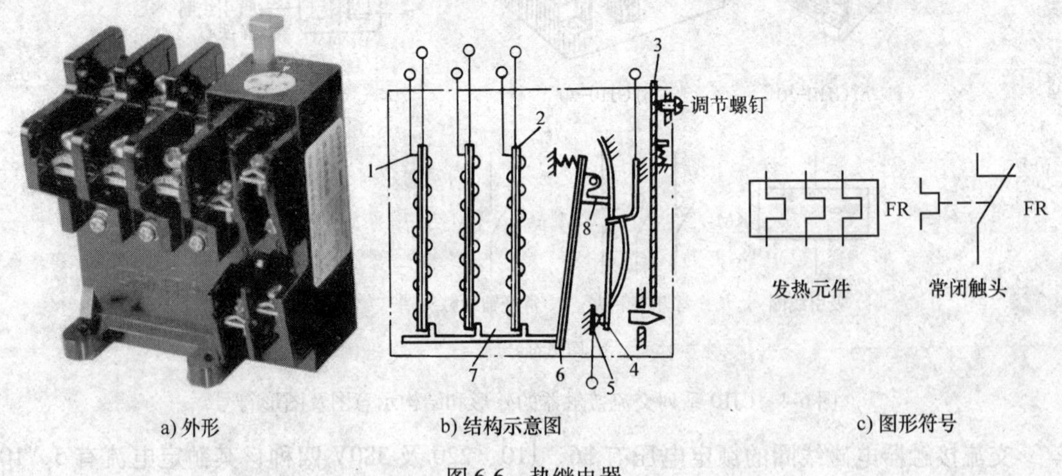

图 6-6　热继电器

1—发热元件　2—双金属片　3—复位按钮　4—动触头　5—静触头　6—补偿片　7—绝缘导板　8—推杆

热继电器主要由发热元件和常闭触头组成。其中的发热元件与电动机的定子绕组串联，当电动机因过载而电流增大时，发热元件温度升高，使膨胀系数不同的双金属片发生弯曲变形并通过绝缘导板推动推杆分断常闭触头而切断电源，起到对电动机进行过载保护的作用。

热继电器中还设有复位按钮和调节旋钮，用来进行手动复位和整定热继电器的工作电流。热继电器的整定电流应由电动机的额定电流来确定。一般应调到与电动机的额定电流相等。

六、中间继电器

中间继电器的结构和动作原理与接触器基本相同，但它的触头比较多，可用来扩大接通控制电路的数目。其额定电流较小，其触头只能通过小电流，一般用于控制电路中，有时也用来直接起动小型电动机或接通电磁阀线圈。JZ7 型中间继电器的外形、结构示意图和电路符号如图 6-7 所示。

七、断路器

断路器俗称自动开关。它可用作电源引入开关，也可用来不频繁地起动电动机。断路器的保护系统比较完善，其外形、示意图及电路符号如图 6-8 所示。

断路器闭合时，其脱扣机构锁住，主触头和辅助触头保持接通状态。当电路内发生短路时，电磁脱扣器的铁心把衔铁吸下，顶开脱扣机构，在弹簧力的作用下，电路迅速分断。此开关内还装有双金属片的热脱扣器，用于过载保护。当电路发生过载时同样可使开关迅速分断。

采用断路器，可对电动机实行无熔丝保护，因而无需更换熔断器。常用的断路器有 DZ 和 DW 系列，其技术数据可从有关电器产品目录中查得。

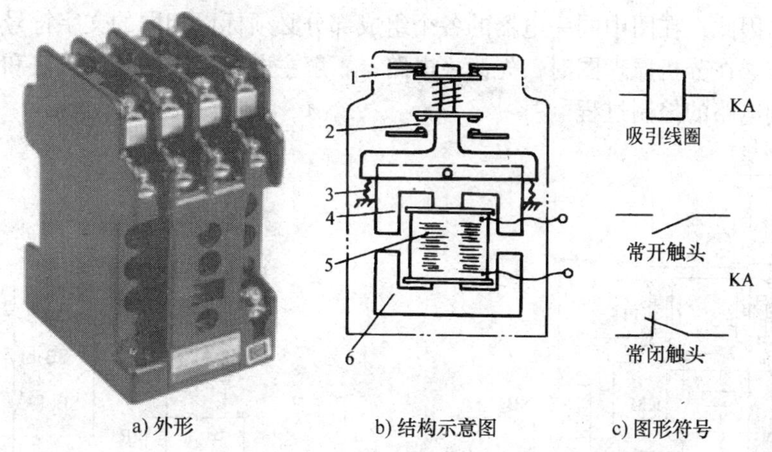

a) 外形　　b) 结构示意图　　c) 图形符号

图 6-7　JZ7 型中间继电器

1—常闭触头（皆有四对并列）　2—常开触头　3—恢复弹簧　4—动铁心　5—吸引线圈　6—静铁心

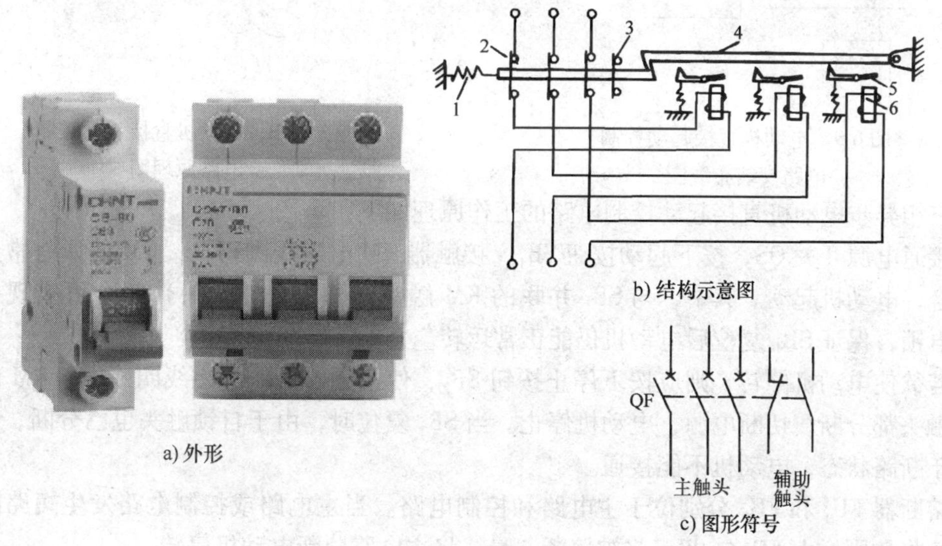

a) 外形　　b) 结构示意图　　c) 图形符号

图 6-8　断路器

1—恢复弹簧　2—主触头　3—辅助触头　4—脱扣机构　5—电磁脱扣器的衔铁　6—电磁脱扣器的铁心

第二节　三相异步电动机的直接起动和点动控制电路

一、直接起动控制电路

图 6-9 为用组合开关、熔断器、按钮、接触器和热继电器组成的三相异步电动机直接起动控制电路的安装布线图。图中的各种电器元件是按实际安装位置画出的，可供安装布线使用。但对比较复杂的控制电路来说，由于主电路和控制电路交织在一起，很难分辨清楚，因此对绘制和读图都很不方便。为了便于读图和分析控制电路的工作原理，通常把主电路画在一边，而把控制电路画在另一边，如图 6-10 所示，此种图称为控制电路原理图。

在原理图中，虽然同一个电器元件的各个组成部分是分散画在各处的，但它们的动作是互相关联的。因此，在图中同一电器的各个组成部分必须标以相同的文字符号，方能对电路进行分析研究。在分析原理图时，先读主电路，了解主电路采用的控制方法和保护环节，然后再分析控制电路的控制过程。

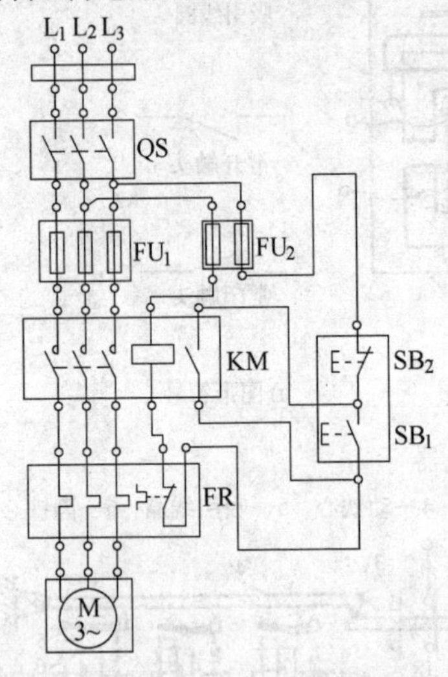

图 6-9　电动机直接起动控制电路安装布线图

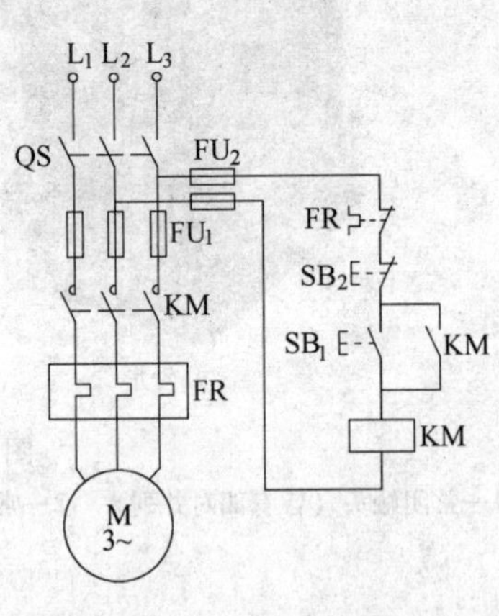

图 6-10　电动机直接起动控制电路原理图

三相异步电动机直接起动控制电路的工作原理如下：

接通电源开关 QS，按下起动按钮 SB_1，接触器 KM 电磁线圈得电，KM 的所有常开触头都闭合，电动机起动。其中，与 SB_1 并联的 KM 触头（称为自锁触头）闭合可实现控制电路的自锁，保证 SB_1 复位后电动机仍能正常运转。

若欲使电动机停转，则应按下停止按钮 SB_2，使接触器 KM 电磁线圈断电，KM 的所有常开触头都分断，切断电源，电动机停止。当 SB_2 复位时，由于自锁触头也已分断，控制电路处于断路状态，电动机不能接通。

熔断器 FU_1 和 FU_2 分别位于主电路和控制电路。当主电路或控制电路发生短路时电路中电流将急剧增大 FU_1 或 FU_2 将被熔断，最终将主电路分断电动机停转。

如果电动机过载，则热继电器 FR 的常闭触头被分断，接触器 KM 的电磁线圈断电，使主电路分断，电动机停转。

此控制电路不仅有短路、过载保护作用，而且还有失电压保护作用。失电压保护指电动机在工作中发生突然停电或电源电压过低时，接触器电磁铁吸力不足，通过接触器常开触头切断主电路和控制电路，即使立即恢复供电，若不重新按下起动按钮 SB_1，则电动机不能自行起动。

二、点动控制电路

生产机械在调整状态时，需要有点动控制。若将图 6-10 中的自锁回路断开，即把与 SB_1 并联的自锁触头 KM 去掉，便可得到点动控制电路。但在实际应用中，既需要点动控制，也需要连续长动控制。图 6-11

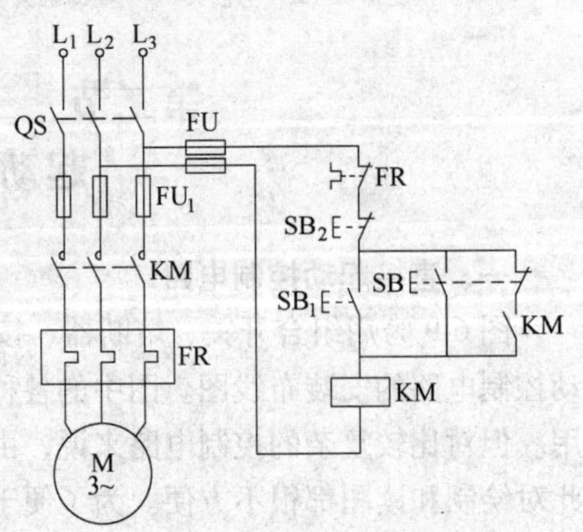

图 6-11　电动机既能点动又能长动的控制电路

为既能点动又能长动的控制电路。

当需要点动时，按下点动按钮 SB，接触器的电磁线圈得电，动合触头 KM 闭合，电动机运转；放开点动按钮 SB，电动机停转，从而实现点动控制。若需要长动，只需按下长动按钮 SB_1 即可。

第三节　三相异步电动机的正反转控制电路

典型的电动机的正反转控制电路如图 6-12 所示。

在主电路中，通过接触器 KM_1 和 KM_2 的主触头来改变电动机与电源接通的相序，使电动机在 KM_1 闭合时正转，而在 KM_2 闭合时反转。

为了防止 KM_1 和 KM_2 同时闭合而造成电源短路事故，该电路采用了按钮和接触器双重联锁的控制电路。即在以按钮 SB_1 的常开触头作为正转起动的控制电路中，串联有反转起动按钮 SB_2 的常闭触头和 KM_2 的常闭辅助触头；而在以按钮 SB_2 的常开触头作为反转起动的控制电路中，串联有正转起动按钮 SB_1 的常闭触头和 KM_1 的常闭辅助触头，以实现两个按钮之间的互锁和两个接触器之间的互锁。

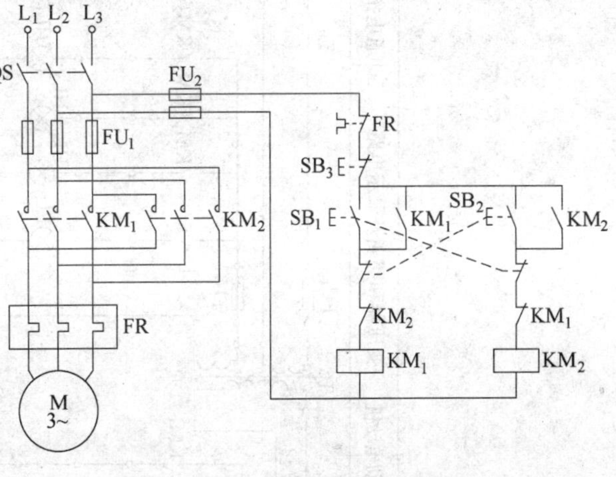

图 6-12　电动机正反转的控制电路

当需要电动机正转时，按下正转起动按钮 SB_1。在 SB_1 的常开触头闭合前，其常闭触头先被分断而切断了反转控制电路（按钮互锁），使接触器 KM_2 的电磁线圈失电。KM_2 的辅助常闭触头复位，待 SB_1 的常开触头完全闭合时，接通正转控制电路接触器 KM_1 的电磁线圈得电并自锁，串联于 SB_2 电路中的 KM_1 的常闭辅助触头断开，实现接触器互锁，电动机正转。当需要电动机反转时，则应先按停止按钮 SB_3，待电动机停转后，再按反转按钮 SB_2 进行反转起动。其工作过程分析与正转相同。这种按钮和接触器双重联锁的正反转控制电路，工作时安全可靠，因此被广泛采用。

第四节　实际控制电路举例

图 6-13 为 CA6140 型车床电气控制电路原理图。电路分主电路、控制电路和辅助电路。

1. 主电路

主电路中共有三台电动机；M_1 为主轴电动机，带动主轴旋转和刀架作进给运动；M_2 为冷却泵电动机；M_3 为刀架快速移动电动机。

三相交流电源通过转换开关 QS_1 引入。主轴电动机 M_1 由接触器 KM_1 控制起动，热继电器 FR_1 为主轴电动机 M_1 的过载保护。冷却泵电动机 M_2 由接触器 KM_2 控制起动，热继电器 FR_2 为它的过载保护。刀架快速移动电动机 M_3 由接触器 KM_3 控制起动。

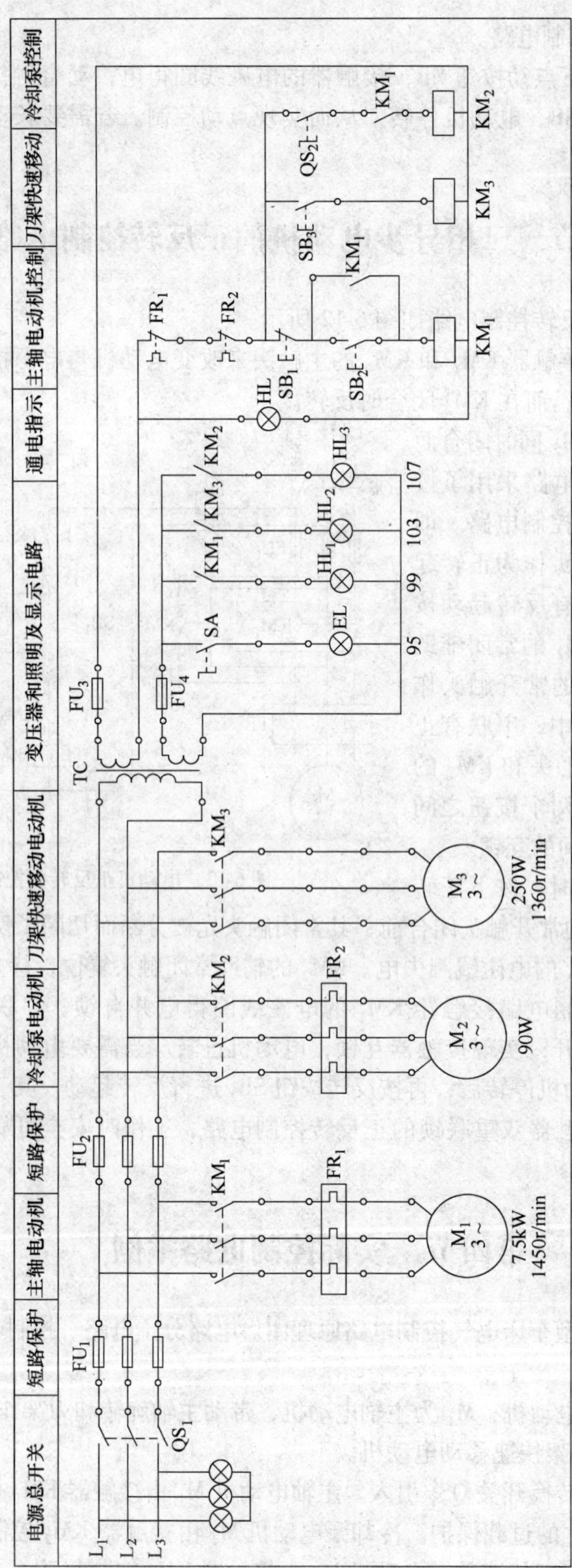

图6-13 CA6140 型车床电气控制原理图

2. 控制电路

控制回路的电源由控制变压器 TC 二次侧输出 110V 电压提供。

（1）主轴电动机的控制　按下起动按钮 SB_2，接触器 KM_1 的线圈获电动作，其主触头闭合，主轴电动机起动运行。同时，KM_1 的自锁触头和另一副常开触头闭合。按下停止按钮 SB_1，主轴电动机 M_1 停车。

（2）冷却泵电动机控制　如果车削加工过程中，工艺需要使用冷却液时，合上开关 QS_2，在主轴电动机 M_1 运转情况下，接触器 KM_1 线圈获电吸合，其主触头闭合，冷却泵电动机获电而运行。由电气控制原理图可知，只有当主轴电动机 M_1 起动后，冷却泵电机 M_2 才有可能起动，当 M_1 停止运行时，M_2 也自动停止。

（3）刀架快速移动电动机的控制　刀架快速移动电动机 M_3 的起动是由安装在进给操纵手柄顶端的按钮 SB_3 来控制的，它与中间继电器 KM_3 组成点动控制环节。将操纵手柄扳到所需的方向，压下按钮 SB_3，继电器 KM_3 获电吸合，M_3 起动，刀架就向指定方向快速移动。

3. 照明、信号灯电路

控制变压器 TC 的二次侧分别输出 24V 和 6V 电压，作为机床低压照明灯和信号灯的电源。EL 为机床的低压照明灯，由开关 SA 控制；HL 为电源的信号灯。它们分别采用 FU_4 和 FU_3 作短路保护。

习　题

一、填空题

6-1　电器按照它的工作职能，可分为__________和__________。

6-2　熔断器有__________、__________和__________等几种形式。

6-3　热继电器是一种________电器。它利用________而动作，用来保护电动机，以免电动机因过载而损坏。

6-4　按下复合按钮时________触头先断开，________触头后闭合。

6-5　热继电器的双金属片弯曲是由于________________________。

6-6　按钮属于__________类电器。

二、简答题

6-7　何谓常开触头和常闭触头？

6-8　一个复合按钮的常开触头和常闭触头有可能同时闭合和同时断开吗？

6-9　请画出刀开关、熔断器、交流接触器、按钮、热继电器和时间继电器的图形符号和文字符号。

6-10　热继电器为什么不能作短路保护？

6-11　何谓“自锁触头”？

6-12　为什么说用接触器控制电动机的“起动－保持－停止”时，该控制电路就具有欠电压和失电压保护作用？

6-13　何谓“互锁保护”？

6-14　什么是过载保护？

6-15　为什么电动机控制电路中已装有接触器，还要装一只电源开关？它们的工作任务有何不同?

6-16　电动机线路中的热继电器是按电动机的额定电流整定的。为什么在起动时，起动电流比额定电流大4~7倍，热继电器并不动作？而在运行时，当电流大于额定电流值，热继电器却会因过载而动作?

6-17　在电动机的控制电路中，熔断器和热继电器同属于保护电器，试说明它们的作用有何不同?

三、分析题

6-18　在图6-14中，如果将电源开关下面的三个熔断器改装到电源开关上面的电源线上是否合适？为什么?

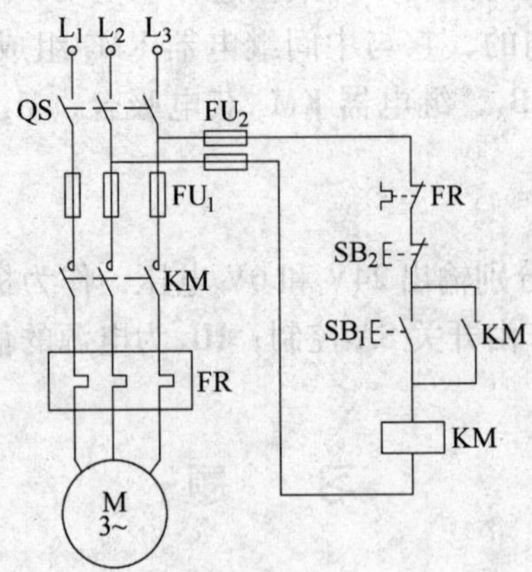

图6-14　习题6-18图

6-19　图6-15a、b所示的控制电路是否可用，有何不妥?

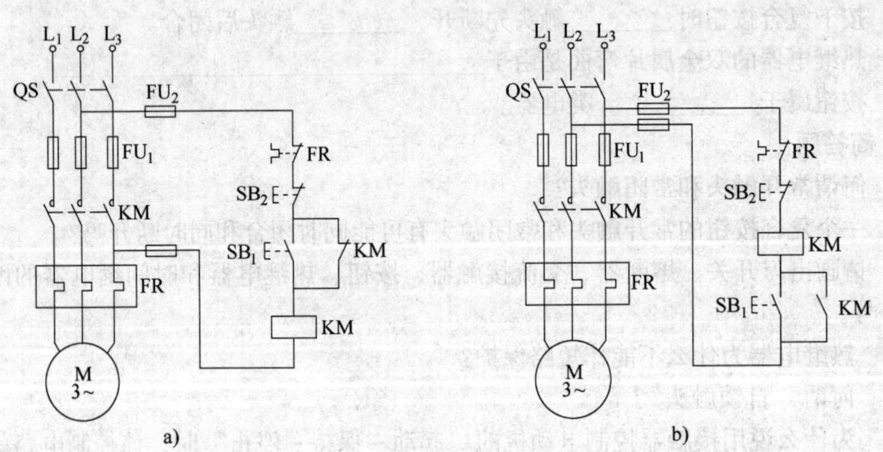

图6-15　习题6-19图

6-20　试绘出可在三处不同位置对同一台电动机进行“起动”、“停止”控制的线路。

6-21　试指出图6-16所示的电动机正反转控制电路中存在的错误，并改正之。

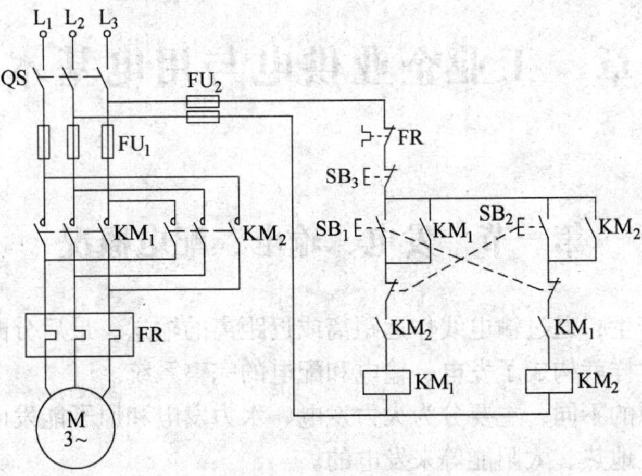

图6-16　习题6-21图

第七章　工业企业供电与用电基本知识

第一节　发电、输电、配电概况

电能由发电厂产生，通过输电线作远距离或近距离的输送，最后分配给各个工农业生产单位及其他用户，这样就构成了发电、输电和配电的完整系统。

发电方式按能源的不同，主要分为火力发电、水力发电和原子能发电。此外还有利用风力、潮汐、天然气、地热、太阳能等来发电的。

我国煤的蕴藏量极为丰富，且分布地区辽阔，因此以煤为主要燃料的火力发电厂，仍为目前最主要的发电厂。火力发电厂大多以汽轮机作为原动机来带动三相交流发电机。由于火力发电厂需要大量的煤和水，因此应建设在产煤区和水源充沛或工业基地的附近。有些发电厂除产生电能外，还能供应工业所需的蒸汽和热水，故称为热电厂。

水力发电站以水轮机作为原动机。虽然水电站的投资较长，建设时间较长，但因不需燃料，所以发电成本比火力发电厂低，而且厂区清洁无污染。水力发电还可以和水利枢纽工程相结合，从而收到利用的实效。我国的水力资源丰富，对发展我国的电力工业提供了非常优越的条件。我们已经有计划地逐步建成了一批大、中型火力发电厂和水利发电站，使我国的电力事业取得了巨大的发展。原子能发电站基本上与火力发电厂大体相同，只是以原子反应堆代替燃煤锅炉，以少量的“原子燃料”代替了大量的燃煤。

中型和大型发电厂均装有多台发电机。这些发电机的电压通常是 6. 3kV 或 10. 5kV；50000kW 以上的发电机的电压多采用 13. 8kV 或 15. 75kV，经过变压器升压后，再把电能输送出去。

输电电压视输电容量和距离远近而定。输电容量愈大，距离愈远，输电电压也就愈高。我国现在的交流输电电压有 10、35、110、220、30、500kV 等几个等级。常把同一地区内的各发电厂联成电力系统，以便充分利用各发电厂的设备，相互调剂，保证经济可靠地运行。

工厂车间为主要配电的对象之一。只装有小容量电动机的车间是由地方变电所或本厂变电所直接配给 380/220V 的低压电。装有 100kW 以上的大容量电动机的车间则需先用高压配电，然后再由车间变电所降为所需的电压，供给各负载使用。在车间中，通常采用分别配电的方式，把各个动力配电线路以及照明的配电线路一一分开，这样可避免因局部事故而影响整个车间的正常工作。

图 7-1 为发电、输电、配电系统简图，图中输电线均用单线表示。

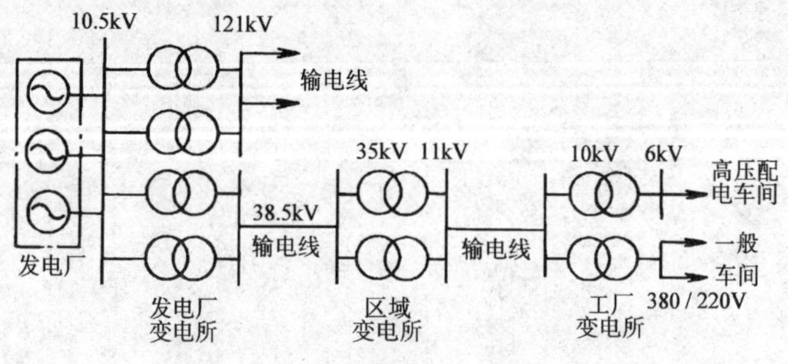

图 7-1　发电、输电、配电系统简图

第二节 安全用电

劳动保护是社会主义国家的重要政策之一，它具体体现了社会主义制度的优越性。在我国，党和政府一贯关心劳动人民的安全和健康，并经常进行有关劳动保护的安全教育。由于从事工程技术的人员经常会接触到各种电气设备，因此特别要求他们应具有一定的安全用电知识，按照安全用电的有关规定从事工作，以避免人身和设备事故。

一、触电

人体因触及带电体而承受过高的电压，以致引起死亡或局部受伤的现象称为触电。

触电依伤害程度的不同可分为电击和电伤两种。电击是指因电流通过人体而使内部受伤的现象，是最危险的触电事故。通过人体内的工频电流超过50mA（0.05A）时，中枢神经就会遭受损害，从而使心脏停止跳动而死亡。电伤则是指人体外部由于电弧或熔丝熔断时飞溅的金属沫等而造成烧伤的现象。触电的伤害程度决定于通过人体电流的大小、途径和时间的长短。人体各个部分的电阻大小不一，约从几百到几万欧，皮肤的电阻量大，但会因出汗或受潮而大大地降低其阻值。由此可见，人体所触及的电压大小和触电时的人体情况是决定触电伤害程度的最重要因素。

如图7-2所示即为常见的几种触电情况。图7-2a为双线触电，是最危险的触电；图7-2b为电源中性线接地的单线触电，仍然极为危险；图7-2c为电源中线性不接地的单线触电，当绝缘不良时，也有危险。

为了减少触电危险，规定：凡工作人员经常接触的电气设备，如行灯、机床照明灯，一般应使用36V以下的安全电压；在特点潮湿的场所中，必须采用不高于12V的电压。

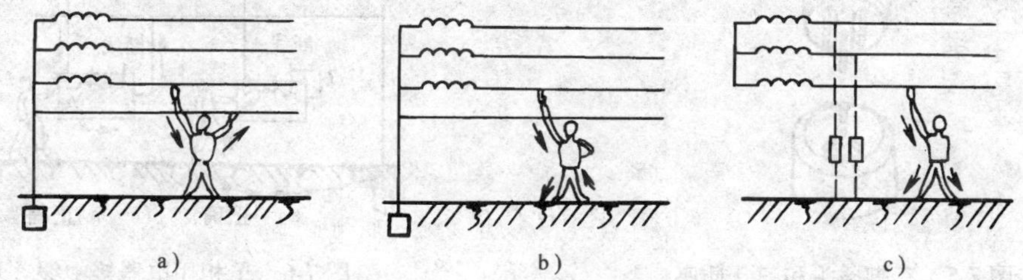

图7-2 常见的几种触电情况

二、保护接地和保护接中性线

在正常情况下，电气设备的金属外壳是不带电的。倘若绝缘损坏或带电的导体碰壳，则外壳带电，此时若有人触及该设备的金属外壳，就可能发生触电事故。为了防止触电，电气设备的金属外壳必须采取保护接地或保护接中性线的措施。

1. 保护接地

把电动机、变压器、铁壳开关等电气设备的金属外壳用电阻很小的导线同接地极可靠地连接起来，这种接地方式称为保护接地。通常用埋入地中的钢管、钢条或利用埋在地中的自来水管作为接地极，其电阻不得超过4Ω。

根据规定，在电压低于1000V而中性点不接地的电力网中或在电压高于1000V的电力网中均需采用保护接地。图7-3为电动机保护接地。由图可知，电动机采用保护接地后，如果某相绕组因绝缘损坏而碰壳，由于人体的电阻远较接地的电阻为大，所以几乎没有电流通过人体，从而保证了人身安全。反之，若外壳不接地，则电流就要通过人体，再经线路的对地电容或其他漏电途径形成回路，可能引起人身触电。

2. 保护接中性线（又称保护接零）

在电压低于1000V电源中性点接地的电力网中，应采用保护接中性线，即把设备的金属外壳和中性线相连接，如图7-4所示。保护接中性线的防护作用比保护接地更为完善。

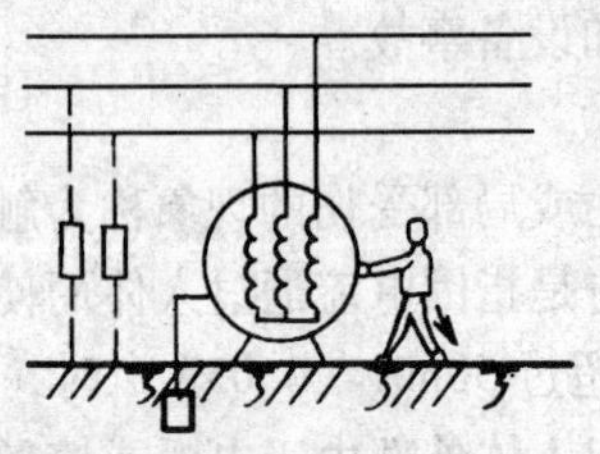

图7-3　电动机保护接地

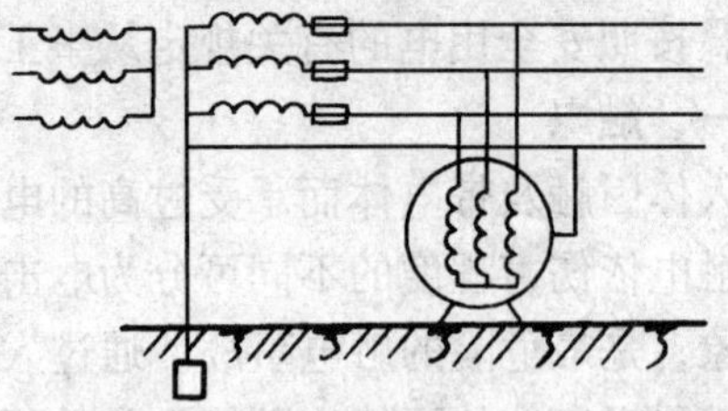

图7-4　保护接中性线

在图7-4中，设电动机的W相绕组碰壳，则该相因短路立即把W相熔丝熔断，因而能自动切断电源，免除触电危险。

单相用电器应使用三脚插头和三孔插座，其外形如图7-5所示。正确的接法应把用电器的外壳用导线接在大的插脚上，并通过插座与中性线相连，如图7-6所示。绝不容许把接到用电器上的中性线直接和设备的外壳连通，而必须由电源单独接一中性线到设备的外壳上。否则，可能引起触电事故。由图7-6不难看出，因接线错误而造成的触电危险。

图7-5　三脚插头和三孔插座

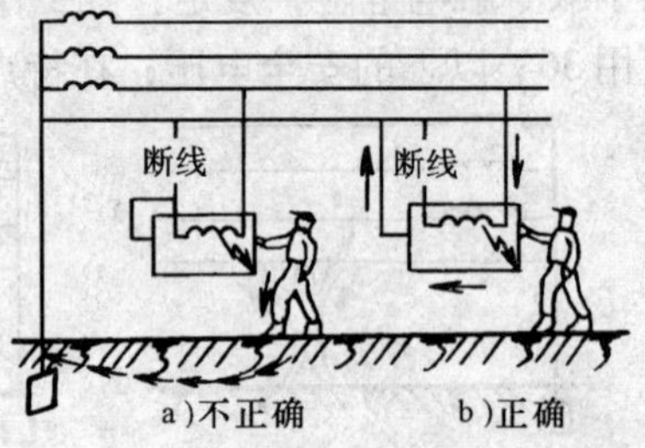

图7-6　单相用电器接中线

必须指出，在同一电力网中，不允许一部分设备接地，而另一部分设备接中性线。因为当接地的设备的导体碰壳时，若熔丝未能熔断，此时就有电流由接地电极经大地回到电源，形成闭合路径，如图7-7所示。因为电流在大地中是流散的，所以只有在接地电极的附近，才具有电阻较大的电压降，于是在两个接地极之间的大地中形成如图7-7b所示的电位分布。由图可见，这时所有接中性线的设备外壳对大地的零电位点之间存在着一个电压（称为对地电压）。如果有人站在大地的零电位点附近触及这些设备的外壳，就可能引起触电。

此外，如若有人既接触到接地的设备外壳，同时又接触到接中性线的设备外壳，则人将承受电源的相电压。显然，这是很危险的。

三、安全用电常识

尽管采取上述各种措施来防止触电，但由于工作疏忽或不重视安全用电，有时还可能发生触电事故。因此，在工作中要特别重视以下几点：

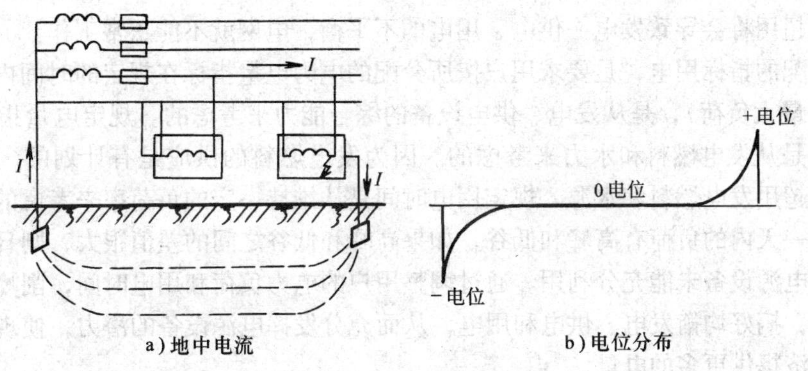

图7-7　地中电流和电位分布

1）在任何情况下，均不得用手来鉴定接线端或裸导体是否有电。如需了解线路是否有电，则应使用完好的验电设备。

2）更换熔丝时应先切断电源，切勿带电操作。如确实必须带电操作，则应采取安全措施。例如，站在橡胶板上或穿绝缘靴、戴绝缘手套等。操作时应有专人在场进行监护，以防发生事故。

3）拆开的或断裂的暴露在外部的带电接头，必须及时用绝缘物包好并悬挂到人身不会碰到的高处，以防有人触及。

4）手电钻、电风扇等各种电器设备的金属外壳都必须有专用的接零导线。

5）不得把36V以上的照明灯作为机床上的局部照明使用。

6）遇有数人进行电工作业时，应于接通电源前告知他人。

7）遇有人触电时，如在开关附近，应立即切断电源；如附近没开关，则应尽快地用干燥的木棍、竹竿等绝缘棒打断导线，或用上好的绝缘棒把触电者拨开（对在低压设备上触电而言），切勿亲自用手去接触触电者。如伤员脱离电源后已昏迷或停止呼吸，应当立即施行人工呼吸并送医院抢救。

第三节　计划用电和节约用电

一、计划用电

电力是现代工业、农业、科学技术和国防不可缺少的动力，又是人民日常生活中不可缺少的二次能源。虽然我国的电力工业发展很快，但仍不能满足工农业生产发展和人民生活水平的不断提高对用电的需要。为了生产更多的电力以满足社会的需要，一方面要尽快加速电力工业的基本建设，增加装机容量，另一方面还必须抓好计划用电和节约用电，避免浪费电力和消除各种不合理用电的现象，使有限的电力为社会主义建设事业发挥出更大的作用。

随着我国社会主义市场经济体制的建立和发展，为了合理使用电力资源，兼顾到各行各业的生产和保证国家重点建设工程的完成。目前仍实行电力由国家统一分配的政策，以促进国民经济各部门有计划按比例地协调发展。

实行电力由国家统一分配的政策，必须做好计划发电、计划供电、计划用电工作，即按照市场需求发电，按照发电计划供电，按照分配指标用电，保证发电、供电、用电的平衡。

如果超供、超用将会导致发电、供电、用电的不平衡，电网就不能正常工作。

按照分配的指标用电，是要求用户按所分配的电力电量指标在规定的时间内用电。规定电力指标（最大负荷），是从发电、供电设备的综合能力来考虑的。规定电量指标（季度或月用电量）是从发电燃料和水力来考虑的。因为发电燃料的供应是有计划的，不超用电量就能做到不超用发电燃料和水源。规定用电时间是从维持一定的负荷率来考虑的。因为在电力系统中，一天内的负荷有高峰和低谷，如果高峰和低谷之间的差值很大，则日负荷率就较低，这表明电源设备未能充分利用。通过调整用户的电力负荷和用电时间，削峰填谷，则可提高负荷率，搞好均衡发电、供电和用电，从而充分发挥电源设备的潜力，使现有的发电能力为国民经济提供更多的电量。

综上所述，通过计划用电可以保证重点，统筹安排，促进国民经济有计划按比例地发展；通过计划用电的有效调节可以起到均衡用电的作用，在一定程度上缓和电力生产与需要之间的矛盾并能促进节约用电。因此，计划用电将是我国电力经营管理的一项较为长期的方针。

二、节约用电

能源是生产和生活中不可缺少的重要物质基础。目前，我国的能源开发量尚不足，能源比较紧张，供需之间的矛盾相当突出，这种状况在短时期内可能还不易改变。我国当前对能源的方针是："开发和节约并重，近期把节能放在优先地位。"

节约用电量就是节约能源。节约用电不仅节约了发电所需要的一次能源（例如煤、油等燃料），而且还具有如下的重要意义：

1）可以充分发挥现有设备的潜力，从而节省国家和厂矿企业对发电、供电、用电设备所需要投入的基本建设资金。

2）在落实节约用电措施的同时，将会促进企业采用新技术、新工艺、新材料并加强用电的科学管理，从而使工农业生产水平和管理水平得到进一步的提高。

3）减少电能损失，使企业减少电费支出，降低成本，提高经济效益。

对工厂来说，节约用电的主要途径大致有以下几方面：

（1）提高电动机的运行水平　电动机是工矿企业中用得最多的设备，电动机的容量应合理选择。要避免用大的电动机去拖动小功率设备（俗称大马拉小车）这种不合理用电的现象，要使电动机工作在高效率的范围内。当电动机的负载经常低于其额定负载的40%时，要合理更换，以避免电动机经常处于轻载状态下运行，或把正常运行时规定作△联结的电动机改为Y联结，以提高电动机的效率和功率因数。对工作过程中经常出现空载状态的电气设备（例如拖动机床的电动机、电焊机等），可安装空载自动断电装置，以避免空载损耗。

（2）更新用电设备，选用节能型新产品　目前，我国工矿企业中有很多设备（如变压器、电动机、风机、水泵等）仍是20世纪60年代前后的老产品。这些设备的效率低，耗电多，对这些设备进行更新，换上节能型机电产品，对提高生产和降低产品的电力消耗具有重要的作用。

（3）提高功率因数　工矿企业用户，在合理使用变压器、电动机等设备的基础上，装设无功补偿设备，以提高用户的功率因数。企业内部的无功补偿设备应装在负载侧。例如在负载侧装设电容器，同步补偿器等，可减小电网中的无功电流，从而降低线路损耗。电力部门要求，高压系统工业用户的功率因数应达到0.95，其他工矿企业用户应达到0.9，农业用户应达到0.8。目前，我国对大工业用户实行两部制电价以及按功率因数调整电价的方法，以鼓励用户改进功率因数。

所谓两部制电价，就是把电价分成两个部分，其一是基本电价，其二是电度电价。基本电价是根据用户的变压器容量或最大需用量来计算，是固定的费用，它与用户每月实际取用的电度数无关。电度电价则是按用户每月实际取用的电度数来计算，是变动的费用。这两部分电价的总和即为用户全月应付的全部电费，此即两部制电价。实行两部制电价可以促进用户提高负荷率和设备利用率。如果用户的负荷率较低，而变压器的容量又过大，则用户支付的基本电价就较高，反之则较低。在用户按不同类别计算出当月全部电价后，按照电力部门的规定，若功率因数高，则可减免部分电费，反之则增收部分电费。

（4）推广和应用新技术，降低产品电耗定额　例如，用远红外加热技术，可使被加热物体所吸收的能量大大增加，使物体升温快，加热效率高，节电效果好。远红外加热技术和硅酸铝耐火纤维材料配合使用，节电效果更佳。又如，采用硅整流器或晶闸管整流装置代替其他整流设备，则可使整流效率提高。在工矿企业中有许多设备需要使用直流电源，如同步电动机的励磁电源，化工、冶金行业中的电解、电镀电源，交通电车的直流电源等。这些直流电源以前大多是采用汞弧整流器或交流电动机拖动直流发电机发电，它们的整流效率低，若改用硅整流器或晶闸管整流装置，则效率可大为提高，节电效果甚为显著。

此外，采用节能型照明灯，在大电流的交流接触器上安装节电消声器（即直流无声运行）、加强用电管理和做好节约用电的宣传工作等，也都是节约用电的重要措施。

习　题

一、填空题

7-1　发电过程从能量角度看实际是__________转变为__________的过程。

7-2　保护接地适用于三相电源中性线__________的情况。

7-3　保护接中性线又称__________。它一般用于__________的情况。

7-4　人体触电依伤害程度可分为__________和__________两种。

7-5　不得把__________伏以上的电压作为机床上的局部照明使用。

7-6　我国把__________伏以下的电压规定为安全电压。

二、简答题

7-7　简述电力供电系统主要包括哪些环节？

7-8　发电的类型主要有哪些？举例说明其特点。

7-9　人体触电方式有哪几种？

7-10　人体触电后的危险程度与哪些因素有关？

7-11　一般触电事故发生的原因主要有哪几方面？怎样才能防止触电事故的发生？

7-12　在特别潮湿的场所和进行锅炉内部检修时所使用的行灯，其电压为什么不应超过12V？

7-13　保护接地和保护接零区别何在？

7-14　何种情况下采用保护接地？何种情况下采用保护接零？为什么在同一系统中不能让有的设备接地，有的设备接零？

7-15　简要说明计划用电的意义。

7-16　简要说明节约用电的意义和途径。

三、分析题

7-17　如图 7-8 所示，直流发电机的两根端线都不接地（如城市无轨电车用 600V 的直流电），当人体与单根端线接触时，是否会触电？

图 7-8　习题 7-17 图

7-18　8W 荧光灯点燃时，灯管两端的电压大约为 60V，如果用两手分别接触灯管的两端，有没有危险？

7-19　试从安全用电的观点分析图 7-9 两种电灯与开关的接法中哪一种比较合理？

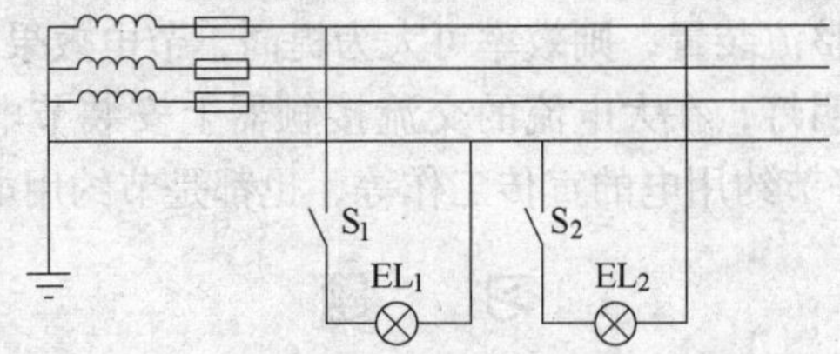

图 7-9　习题 7-19 图

7-20　为什么鸟停在一根高压裸电线上不会触电，而站在地上的人碰到 220V 的单根电线却有触电危险？

7-21　一些金属外壳的家用电器（如电风扇、电冰箱等）使用三脚插头和三孔插座，而一些非金属外壳的电器（如电视机、收音机）却只用两脚插头和两孔插座，试说明其原因。

7-22　试分析图 7-10a～c 三个三孔插座的接线方法是否正确？

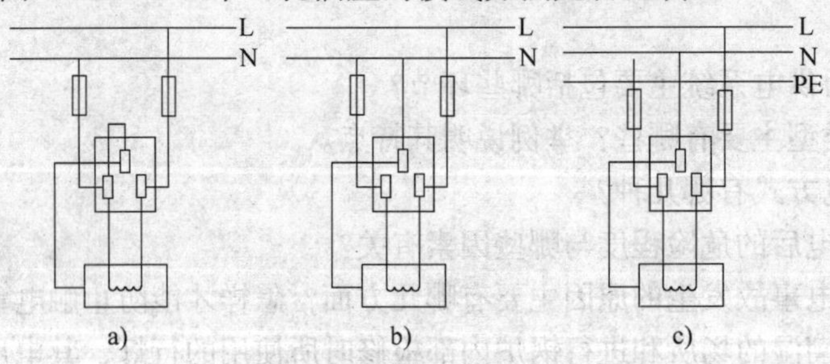

图 7-10　习题 7-22 图

第三篇　电子技术基础

第八章　常用半导体器件

常用半导体器件主要包括半导体二极管、晶体管、场效应晶体管、晶闸管等。半导体器件具有体积小、重量轻、耗电省、寿命长、工作可靠、价格低廉等优点，因而得到广泛的应用。

本章主要介绍半导体二极管、晶体管、晶闸管的结构、特性及使用方法。

第一节　半导体二极管

一、半导体

在自然界中，存在着许多不同的物质，有的物质很容易传导电流，称为导体。金属一般都是导体，如常用的铜、铝、银等。也有的物质几乎不传导电流，称为绝缘体，如橡胶、陶瓷、塑料、石英等。此外，还有一类物质，它的导电性能介于导体和绝缘体之间，称为半导体，如四价元素硅、锗、硒等都是常用的半导体材料。因此，我们一般用导电能力很强的导体作为传输电流的材料，如导线线芯、半导体器件的管脚；用导电能力很差的绝缘体作为电路和电气设备中的绝缘材料，如导线绝缘外皮等；而用半导体材料通过特殊工艺做成半导体器件，构成电子电路，如二极管、晶体管等。

纯净的半导体材料在常温下导电能力很差，因为它的原子最外层有四个价电子，如单晶硅中的每个原子，用它的四个价电子与相邻的四个硅原子中的一个价电子结合组成共价键，使每个硅原子最外层电子达到八个电子的稳定结构，电子被束缚在原子周围，不能自由移动。半导体中共价键的束缚力较弱，常因热运动或光照等能量激发，使部分价电子获得足够大的能量，摆脱原子束缚而成为自由电子，使半导体导电能力增强。这就是半导体材料热稳定性差的原因。

如果在纯净的半导体中掺入少量杂质元素，其导电能力会显著增强。若在硅（Si）半导体中掺入五价元素，如磷（P）、砷（As）等，由于这些杂质元素原子最外层是五个电子，在与硅原子形成共价键时，多出一个电子不能结合在共价键内，这个多余的电子就容易摆脱原子束缚，成为自由电子。每掺入一个五价杂质原子就能形成一个自由电子，掺入杂质越多，导电能力就越强。这就是以自由电子导电为主的半导体，称为 N 型半导体。若掺入少量的三价元素，如硼（B）等，在形成共价键时，杂质原子最外层形成一个空位，称为空穴，这就形成了以空穴导电为主的半导体，称为 P 型半导体。

显然自由电子带负电，空穴带正电，均可参与导电，这就是半导体导电的基本特征。

二、PN 结及其单向导电性

PN 结是构成半导体二极管、晶体管、大规模集成电路等许多半导体器件的基本单元。

在一块完整的半导体芯片上（如硅或锗），通过不同的掺杂工艺，使其一边形成N型半导体，另一边形成P型半导体，在这两种杂质半导体的交界面处会形成一个具有特殊性质的薄层，这个特殊的薄层就是PN结，如图8-1所示。

在不同极性的外加电压作用下，流过PN结的电流大小是不同的。

如图8-2a所示，在PN结上加正向电压，即P区接电源正极，N区接电源负极。这种接法使PN结处于正向偏置状态，PN结正向导通，呈现低电阻特性，电路中形成较大电流，串联在电路中的小电灯发光。

如图8-2b所示，在PN结上加反向电压，即P区接电源负极，N区接电源正极，这种接法使PN结处于反向偏置状态，PN结反向截止，呈现高电阻特性，电路中几乎没有电流，小电灯不亮。

由此可见，PN结正向偏置时导通，反向偏置时截止，因此，PN结具有单向导电性。

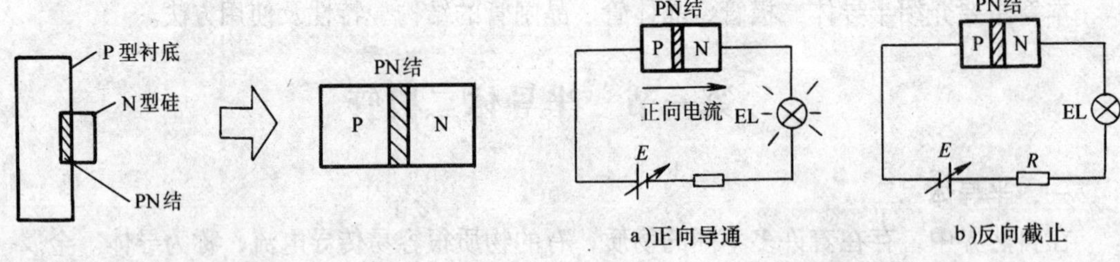

图8-1 PN结结构

图8-2 PN结单向导电性

三、半导体二极管

1. 二极管的结构和符号

在一个PN结的两侧分别引出电极引线，用管壳封装就可制成半导体二极管。它的管芯就是一个PN结。半导体二极管的两个电极分别称为阳极（或正极）和阴极（或负极）。阳极从P区引出，阴极从N区引出。二极管用字母“VD”表示。如图8-3所示为半导体二极管的结构示意图和符号。

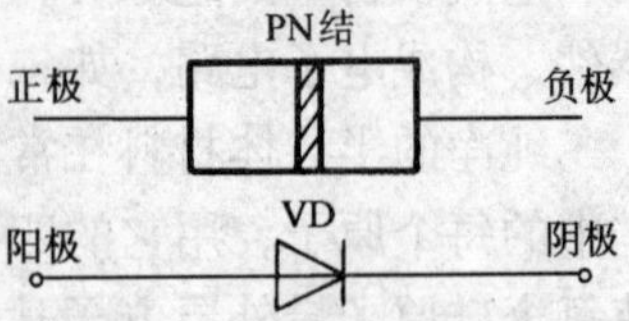

图8-3 半导体二极管的结构示意图和符号

按芯片材料的不同，二极管主要分为硅二极管和锗二极管两种。硅材料反向电流小，工作温度和温度稳定性高，因此，大功率整流管几乎都采用硅管。锗管的工作频率高，常用于高频整流与检波电路。

2. 二极管的伏安特性

二极管的主要特性是单向导电，可用伏安特性曲线来描述。它是指流过二极管的电流 I 与加在二极管两端的电压 U 之间的关系曲线，如图8-4所示，可见二极管的伏安特性分为正向特性和反向特性两部分。

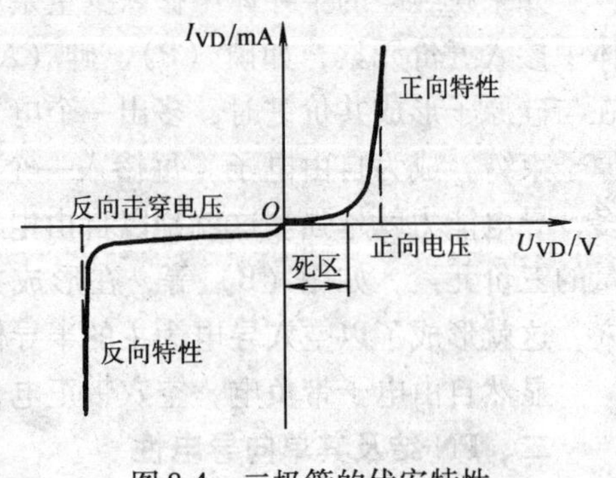

图8-4 二极管的伏安特性

（1）正向特性　当给二极管加上正向电压时，二极管电流从阳极流向阴极。当正向电压小于某一数值时，电流很小，近似为零，这一电压值称为死区电压，这段区域称为二极管的死区。硅管的死区电压约为0.5V，锗管的死区电压约为0.2V。

当正向电压超过死区电压时，二极管开始导通，正向电流随电压增大而迅速增大。二极管导通后，电流在一定范围内变化，阳极与阴极的电压却几乎维持不变，该电压降称为二极管的正向电压。在常温下，硅管的正向电压约为0.7V，锗管约为0.3V。

（2）反向特性　当二极管两端加上反向电压时，由于二极管反向偏置时呈高阻特性，只有极小的反向电流，约为几到几十微安。当反向电压小于某一数值时，反向电流大小基本恒定，不随反向电压的增大而增大，故称为反向饱和电流。当反向电压超过某一数值时，反向电流急剧增加，二极管失去单向导电性，这种现象称为反向击穿，对应的反向电压称为反向击穿电压。二极管一旦击穿，由于电流、电压值均很大，将使二极管过热而损坏。所以在使用二极管时，所加反向电压应远小于其反向击穿电压，以保证二极管可靠工作。

在分析电路时，常将二极管理想化，即忽略正向电压和反向饱和电流，认为在二极管导通时，正向电压为0，相当于闭合的开关；在二极管承受反向电压时，反向电流为0，相当于开关断开，这样有利于简化分析过程。

3. 二极管的主要参数

二极管的参数是定量描述二极管性能的质量指标。只有正确理解这些参数的意义，才能合理选用二极管。其主要参数有：

（1）最大整流电流 I_{FM}　I_{FM}是指二极管长期运行时允许通过的最大正向平均电流值。其数值与PN结的材料、面积及散热条件有关。实际使用时，流过二极管的最大平均电流值不能超过 I_{FM}，否则二极管会因过热而损坏，这是表征二极管极限运用的参数。

（2）最高反向工作电压 U_{RM}　U_{RM}是指二极管在使用时所允许加的最大反向电压，通常以二极管反向击穿电压的一半左右作为二极管的最高反向工作电压。二极管在实际使用时所承受的最大反向电压不应超过此值，否则，二极管就会有反向击穿的危险。这也是表示二极管极限运用的参数。

此外还有最大反向电流、正向管压降、工作频率等参数，选用二极管时，可根据需要给予考虑。

四、特殊二极管

前面介绍的是普通二极管，除此以外还有一些特殊用途的二极管，如稳压管、发光二极管、光电二极管等。

1. 稳压管

稳压管实质上也是一种二极管，它是用特殊工艺制作，使其反向击穿电压很低（一般为几伏到十几伏）。使用时，它的阴极接外加电压的正端，阳极接负端，管子反向偏置，工作在反向击穿状态，利用它的反向击穿特性稳定直流电压。它的符号如图8-5a表示，并标为VS。

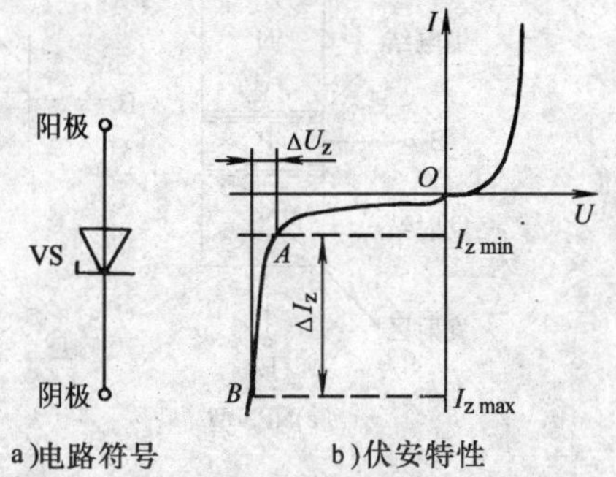

图8-5　稳压管的电路符号及伏安特性

稳压管的主要用途是稳定电压，我们通过它的伏安特性来说明。如图8-5b是稳压管的伏安特性曲线，它通常工作在反向击穿特性的A、B点之间。当通过稳压管的反向电流 I_z 在 I_{zmin} ~ I_{zmax} 之间变化时，两端电压 U_z 基本保持稳定，稳压管正是利用这一点实现稳压作用。稳压管被反向击穿，但不一定损坏，只要限制流过管子的反向电流就可保证不因过热而损坏。

在使用稳压管时，要注意两个参数：

（1）稳定电压 U_z　指稳压管中电流为规定电流时，两端的工作电压。

（2）工作电流 I_z　指管子正常工作时，允许流过的电流值，即 $I_{zmin} < I_z < I_{zmax}$。若流过稳压管的电流小于 I_{zmin}，管子不能正常工作，起不到稳压作用；若大于 I_{zmax} 时，管子将过热损坏。

2. 发光二极管

发光二极管（简称 LED）是一种把电能转换成光能的发光元件。它与普通二极管一样，管芯是 PN 结，具有单向导电性。当给发光二极管加上正向电压时，它能发出一定颜色的光。光的颜色取决于制作二极管的材料，不同的材料可使二极管发红光、绿光、黄光。发光二极管可用作电子设备的通断指示灯、数字电路中的数码及图形显示等。

3. 光敏二极管

光敏二极管是一种光控器件。它的管壳上有一个玻璃窗口，以便接受光照。光敏二极管工作在反向偏置状态。当在 PN 结上加上反向电压，再用光照射到 PN 结上时，就能形成反向的光电流，光电流大小与光照强度成正比。

光敏二极管用途广泛，可用于光的测量、光电编码、光电池等。

第二节　半导体晶体管

一、半导体晶体管的结构

在一块半导体芯片上，通过掺杂等工艺形成三个导电区域和两个 PN 结，分别从三个区引出电极引线，加上管壳封装，就制成晶体管。

如图 8-6 所示是晶体管的结构示意图及其图形符号。图中两个 PN 结的公共区域叫基区，基区两侧分别是发射区和集电区，引出的电极分别叫基极（B）、发射极（E）、集电极（C）。两个 PN 结分别称为发射结和集电结。根据 PN 结的排列顺序的不同，晶体管分为 NPN 型和 PNP 型两类。

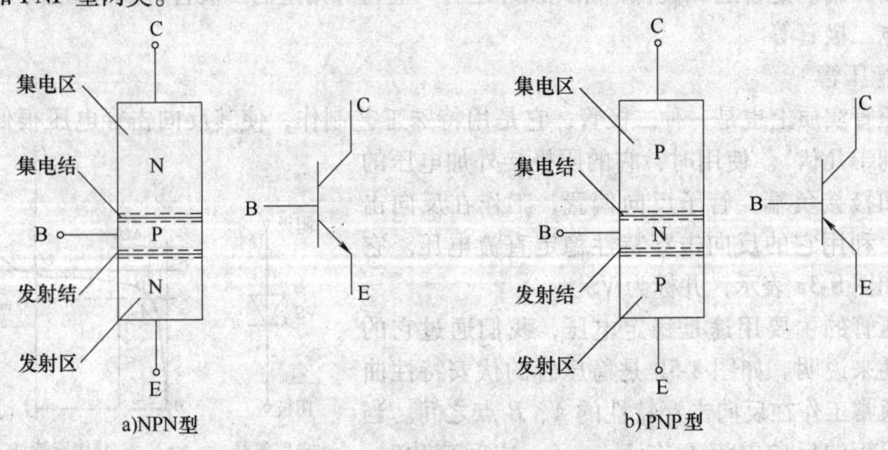

图 8-6　晶体管结构示意图及其图形符号

晶体管按芯片材料的不同，有硅管和锗管两种。两种晶体管又各有 NPN 型和 PNP 型。两种管型的工作原理相同，但在构成电路时，外接直流电源的极性不同，管内各极电流方向不同。为讨论方便，我们以 NPN 型晶体管为例。

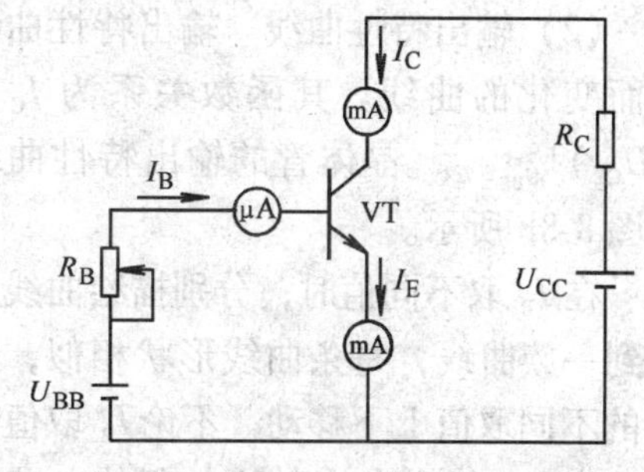

图 8-7　晶体管各极电流分配

二、晶体管的电流放大作用

晶体管具有电流放大作用。其含义是当基极有一个较小的电流变化时，集电极就随着有大的电流变化。为更深刻地理解晶体管的电流放大作用，我们将晶体管组成如图 8-7 的电路来分析。

在图中，当基极电阻 R_B 变化时，基极电流 I_B 发生变化，使 I_B 分别为 0、20、40、60、80μA 时，记录集电极电流 I_C 和发射极电流 I_E，结果见表 8-1。

表 8-1　晶体管各极电流数据

基极电流 I_B/mA	0	0.02	0.04	0.06	0.08
集电极电流 I_C/mA	0	0.70	1.40	2.10	2.80
发射极电流 I_E/mA	0	0.72	1.44	2.16	2.88

对实验数据进行分析，不难得出以下几点结论：

1）晶体管各极电流的分配关系为：发射极电流等于集电极电流与基极电流之和，即

$$I_E = I_C + I_B，且 I_C >> I_B$$

2）I_B 增大时，I_C 成正比例相应增大。集电极电流 I_C 与基极电流 I_B 的比值称为晶体管的直流电流放大系数，以 $\bar{\beta}$ 表示：

$$\bar{\beta} = I_C/I_B \quad 或\ I_C = \bar{\beta} I_B$$

3）当基极电流发生微小变化时，集电极电流将发生较大的变化。集电极电流的变化量 ΔI_C 与基极电流变化量 ΔI_B 的比值，称为晶体管的交流电流放大系数，用 β 表示：

$$\beta = \Delta I_C / \Delta I_B$$

因 $\bar{\beta}$ 与 β 数值很接近，故一般不作区别，统称为晶体管的电流放大系数 β。

以上结果表明，晶体管的基极电流发生微小变化时，集电极电流会发生较大变化，且比值基本恒定，这种小电流对大电流的控制作用，就是晶体管的电流放大作用，也就是说只是一种能量的控制，而非能量的放大。

要使晶体管具有电流放大作用，要满足一定的外部条件，使其基极电位高于发射极电位而低于集电极电位，即发射结正向偏置，集电结反向偏置。

三、晶体管的特性曲线

晶体管的特性曲线包括输入特性曲线和输出特性曲线，它反映了晶体管各极电流与极间电压的关系。

（1）输入特性曲线　输入特性曲线是指集-射电压 U_{CE} 一定时，基极电流 I_B 随基-射电压 U_{BE} 而变化的曲线。其函数关系为 $I_B = f(U_{BE})|_{U_{CE}=常数}$。晶体管的输入特性曲线如图 8-8a 所示。

因晶体管的基极与发射极之间就是一个 PN 结，故这一曲线与二极管的正向特性相似。晶体管正常放大时，工作在陡直的部分，电压 U_{BE} 数值不大，变化也较小，可近似认为硅管

为0.7V，锗管为0.3V。

（2）输出特性曲线　输出特性曲线是指基极电流 I_B 一定时，集电极电流 I_C 随集-射电压而变化的曲线。其函数关系为 $I_C = f(U_{CE})|_{U_{BE}=常数}$。晶体管的输出特性曲线如图8-8b所示。

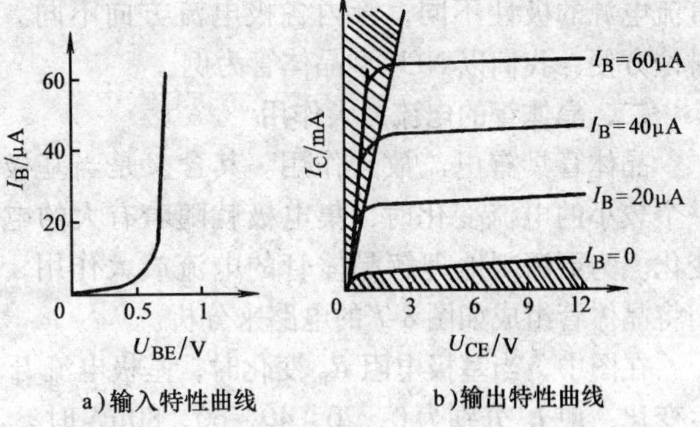

a）输入特性曲线　b）输出特性曲线

图8-8　晶体管的特性曲线

在 I_B 取不同值时，分别描绘曲线就得到一族曲线，每条曲线形状相似，随 I_B 的不同取值上下移动。不论 I_B 取值多少，当 U_{CE} 很小时，I_C 增加很快，此时 I_C 受 U_{CE} 控制。当 U_{CE} 增加到约1V以上时，I_C 变化基本保持恒定，曲线接近水平。I_C 的大小主要取决于 I_B，I_B 值越大，I_C 曲线越高。晶体管在正常放大时，工作在曲线的水平部分。

四、晶体管的三种工作状态

根据晶体管输出特性曲线的特点，可以将特性曲线划分为三个不同的区域，分别对应三种不同的工作状态，即放大状态、截止状态和饱和状态，如图8-9所示。

1. 放大状态

特性曲线的水平部分为放大区，放大区的特点是 I_C 受 I_B 控制，且随 I_B 成比例变化，即 $I_C=\beta I_B$。此时，晶体管处于放大状态，呈恒流输出特性，相当于一个受基极电流控制的恒流源。

晶体管处于放大状态的工作条件是发射结正偏，集电结反偏。

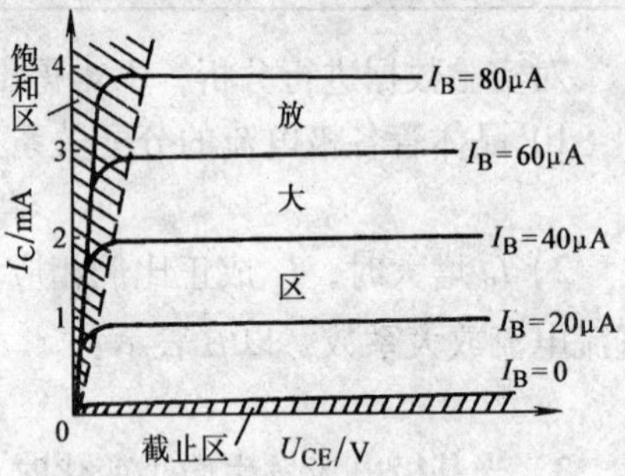

图8-9　晶体管的三个工作区

2. 截止状态

在 $I_B=0$ 这条特性曲线下面的区域为截止区。截止区的特点是 $I_B=0$，此时通过晶体管集电极的电流很小，约为0，这个电流叫穿透电流 I_{CEO}。此时晶体管处于截止状态，相当于一个断开的开关。

晶体管截止状态的工作条件是发射结零偏或反偏，集电结反偏。实际上，发射结电压小于死区电压时，晶体管就进入截止状态。

3. 饱和状态

特性曲线上升段拐点连接线左侧区域为饱和区。饱和区的特点是基极电流对集电极电流的控制作用减弱，$I_C=\beta I_B$ 的关系不再存在，集-射极间管压降很小，相当于一个接通的开关。完全饱和时的管压降称为饱和压降，硅管约0.3V，锗管约0.1V。

晶体管的饱和状态工作条件是发射结、集电结均正向偏置。

三种工作状态都是晶体管的正常工作状态。晶体管作放大使用时工作在放大状态，作开关使用时工作在饱和状态或截止状态。

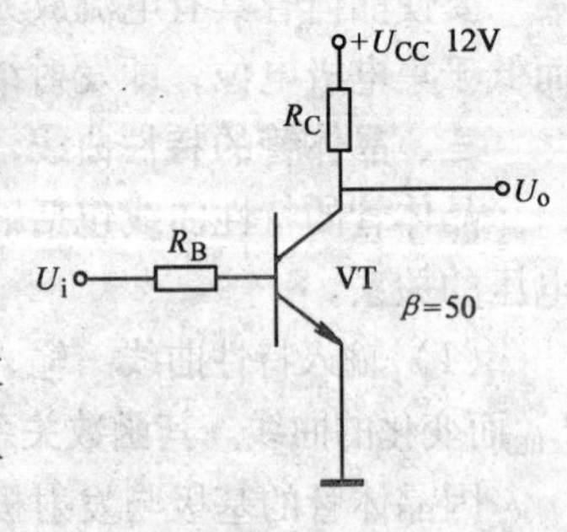

图8-10　例8-1图

例8-1　在图8-10所示电路中，试判断电路输入电压分别

为 $U_i=3V$、$U_i=1V$ 和 $U_i=-1V$ 时，电路处于何种工作状态。其中 $R_B=20k\Omega$，$R_C=3k\Omega$。（设 VT 为硅管，$U_{BE}=0.7V$）

解：先计算临界饱和时的各电流值。在临界饱和点，晶体管压降 U_{CE} 可忽略不计，则有：

$$I_{CS}=U_{CC}/R_C=12/3\text{mA}=4\text{mA}$$

同时 $I_C=\beta I_B$ 的关系仍存在，则有　　$I_{BS}=I_{CS}/\beta=4/50\text{mA}=0.08\text{mA}$

当 $U_i=3V$ 时，$I_B=(3-0.7)/20\text{mA}=0.115\text{mA}$，$I_B>I_{BS}$，故电路处于饱和状态。

当 $U_i=1V$ 时，$I_B=(1-0.7)/20\text{mA}=0.01\text{mA}$，$I_B<I_{BS}$，故电路处于放大状态。

当 $U_i=-1V$ 时，$I_B=(-1-0.7)/20\text{mA}\leqslant 0$，故电路处于截止状态。

五、主要参数

晶体管的参数有特性参数和极限参数两种，用来表征管子的性能优劣和应用范围。这是选用晶体管的重要依据。

表示晶体管性能的特性参数有：

（1）电流放大系数 β　电流放大系数表示晶体管的电流放大能力。由于制造工艺的离散性，同一型号的晶体管的 β 值也有很大差别。一般在 20～200 之间。选用晶体管时可查阅有关的参考手册。

（2）穿透电流 I_{CEO}　穿透电流是当 $I_B=0$ 时，集电极与发射极之间的反向电流。在选用晶体管时，I_{CEO} 愈小，管子的温度稳定性愈好。

限制晶体管运用范围的极限参数有：

（1）集电极最大允许电流 I_{CM}　集电极电流 I_C 增加到一定值时，晶体管的 β 值就要降低，影响电路的放大能力。为了使 β 值下降不超过正常规定所允许的集电极电流最大值就是集电极最大允许电流。

（2）集射极反向击穿电压 $U_{CE(BR)}$　基极开路时，允许加在集-射极之间的最大电压称为集射极反向击穿电压。当 U_{CE} 超过 $U_{CE(BR)}$ 时，晶体管将被击穿而损坏。

（3）集电极最大允许耗散功率 P_{CM}　集电极电流通过管子时要产生功耗，使其集电结发热，结温升高。为了限制温度不超过允许值，而规定集电结功耗的最大值，称为集电极最大允许耗散功率 P_{CM}。

在选用晶体管时，为确保管子安全可靠工作，必须同时考虑以上三个极限参数，即满足

$$I_C<I_{CM}$$
$$U_{CE}<U_{CE(BR)}$$
$$I_CU_{CE}<P_{CM}$$

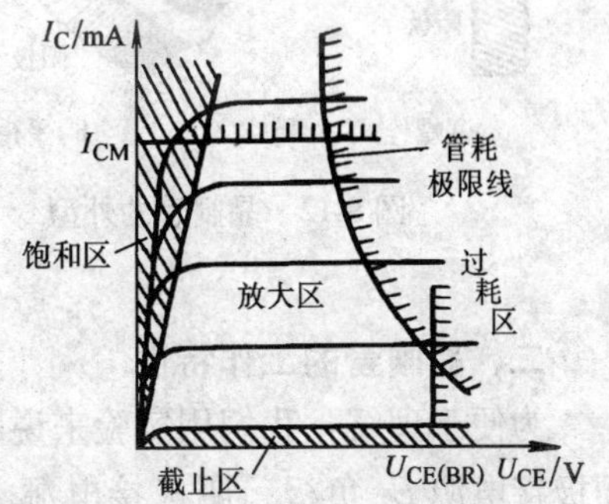

图 8-11　晶体管放大区的界限

根据 $I_CU_{CE}<P_{CM}$，可在输出特性曲线上画出一条管耗极限线，如图 8-11 所示。在管耗极限线的左下方为安全工作区，在管耗极限线的右方为过损耗区。晶体管必须工作在安全区内，由图 8-11 可见，截止区、饱和区、管耗极限线、集电极最大允许电流 I_{CM} 和集射极反向击穿电压 $U_{CE(BR)}$ 从五个方面限制了晶体管的放大区域。

第三节 晶闸管

晶闸管原称可控硅，是硅晶体闸流管的简称。它是近50年来发展起来的一种较理想的大功率半导体器件，具有容量大、电压高、损耗小、控制灵便、易实现自动控制等优点，是大功率电能变换与控制的理想器件。自晶闸管问世以来，弱电对强电的控制得到了快速的发展，在工业生产领域的各个方面得到了广泛的应用，如可控整流、逆变、变频、交流调压等。

一、晶闸管的结构

晶闸管种类很多，有普通型、双向型、可关断型、快速型等。这里主要介绍应用最广泛的普通型晶闸管。

目前，大功率的晶闸管外形结构有螺栓式和平板式，如图8-12所示。

晶闸管有三个电极：阳极A、阴极K和控制极（门极）G。螺栓式晶闸管有螺栓的一端是阳极，使用时用它固定在散热器上，安装、更换管子方便，但仅靠阳极散热器散热效果差；另一端有两根引线，其中较粗的是阴极，较细的是控制极。平板式晶闸管的中间金属环的引出线是控制极，离控制极较远的端面是阳极，近的端面是阴极，使用时把晶闸管夹在两个散热器中间，散热效果好。

晶闸管的结构示意图及图形符号如图8-13所示，管芯由P型和N型半导体组成$P_1N_1P_2N_2$结构，形成三个PN结J_1、J_2和J_3，分别从P_1、P_2、N_2引出三个电极，依次为阳极、控制极和阴极，所以晶闸管是一个四层三端半导体器件。

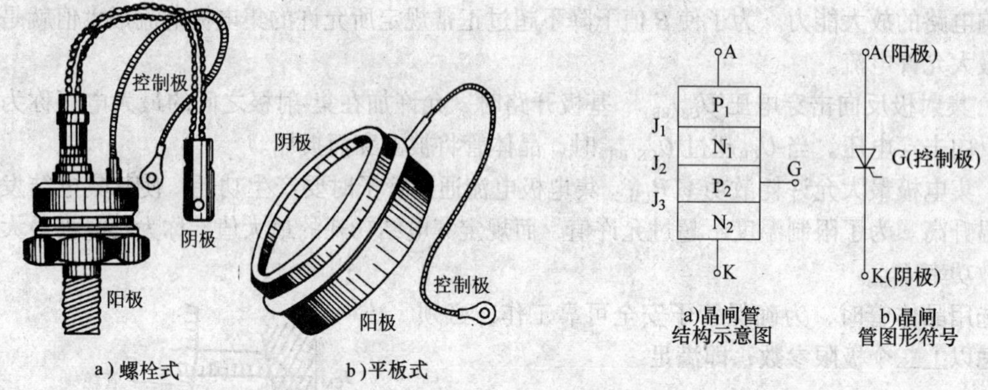

图8-12 晶闸管的外型

图8-13 晶闸管的结构示意图及图形符号

二、晶闸管的工作特性

为便于理解，我们用实验来说明普通晶闸管的工作原理。如图8-14a所示，将晶闸管的阳极接电源E_a负极，阴极接电源E_a正极，并在回路中串联小电灯HL（此回路称为主电路），然后控制极（门极）接电源E_g的正极，阴极接E_g的负极，并通过开关S控制（此回路称为控制电路或触发电路）。这时不管开关S是否闭合，灯泡HL始终不亮。这说明当晶闸管阳极与阴极间加反向电压时，不管控制极有无正向触发电压，晶闸管均不导通，处于反向阻断状态。

如图 8-14b 所示，将 E_a 的极性调换，即在晶闸管的阳极与阴极间加正向电压，若 S 断开，HL 不亮，说明晶闸管不导通，处于正向阻断状态。

如图 8-14c 所示，将开关 S 闭合，即在晶闸管阳极与阴极间加正向电压的同时，给控制极与阴极间加上正向触发电压，HL 亮，说明晶闸管被触发导通。

如图 8-14d 所示，在晶闸管导通后，将开关 S 断开，HL 仍然发光，这说明晶闸管仍然导通，控制极失去作用。

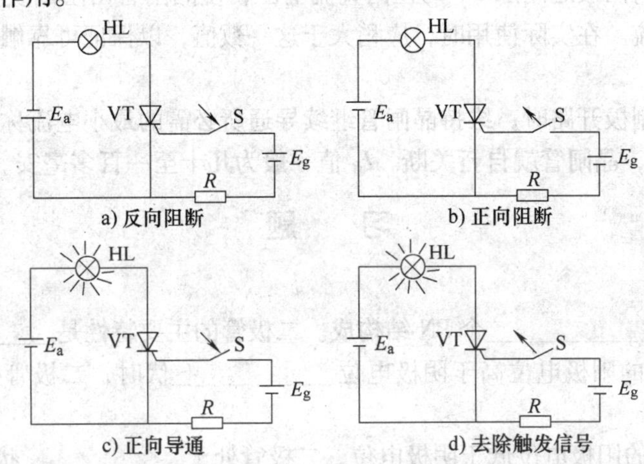

图 8-14　晶闸管工作特性测试电路

由以上分析可得出晶闸管的工作性能：

1）导通条件：在晶闸管的阳极与阴极间加正向电压，同时在控制极与阴极间加正向电压，晶闸管就能导通。两者缺一不可。

2）关断条件：晶闸管导通后，控制极失去控制作用，即使去掉控制极电压，晶闸管仍然导通。若要使晶闸管关断，只有在阳极与阴极间加反向电压，或去掉正向电压，使流过晶闸管的阳极主电流小于某一数值，才能关断。

3）晶闸管导通后，控制极失去控制作用，因此，控制极只需要一个触发脉冲就可触发晶闸管导通。

4）晶闸管具有单向导电性，且导通时刻是可以通过控制极控制的，所以，晶闸管可以用来构成可控整流电路。

5）晶闸管还可以用作无触头功率静态开关，取代继电器、接触器构成控制电路。

三、晶闸管的主要参数

1. 额定电压 U_{Tn}

为防止晶闸管因承受正向电压过大而引起误导通，或因承受反向电压过大被反向击穿而规定的允许加在晶闸管阳极与阴极间的最大电压，称为晶闸管的额定电压。因晶闸管承受过电压的能力差，所以在选择晶闸管时，额定电压应取元件在电路中可能承受的最大电压瞬时值的 2～3 倍。

2. 额定电流（元件通态平均电流）$I_{T(AV)}$

在规定的标准散热条件和室温 40°C 下，晶闸管的阳极与阴极间允许通过的工频正弦半波电流的平均值，称为晶闸管的额定电流。由于晶闸管过流能力差，选用晶闸管时，额定电流至少应大于正常工作电流的1.5～2倍。

3. 通态平均电压（管压降）$U_{T(AV)}$

当元件流过正弦半波的额定电流平均值时，元件阳极与阴极之间电压降的平均值称为管压降。一般为0.4～1.2V之间，可忽略不计。

4. 控制极触发电压 U_G 和触发电流 I_G

在晶闸管阳极与阴极之间加6V的正向直流电压，使晶闸管由阻断变为导通所需要的最小控制极电压和电流。在实际使用时，应稍大于这一数值，以保证可靠触发。

5. 维持电流 I_H

在室温下，控制极开路时，维持晶闸管继续导通所必需的最小电流称为维持电流。当正向电流小于 I_H 值时，晶闸管就自行关断。I_H 值一般为几十至一百多毫安。

习　题

一、填空题

8-1　二极管由________个PN结构成。二极管的主要特性是________。

8-2　当二极管的阳极电位高于阴极电位________伏时，二极管处于________状态。

8-3　当二极管的阳极电位低于阴极电位，二极管处于________状态。

8-4　半导体二极管阳极的电位为8V，阴极电位为10V，则该管处于________状态。

8-5　在图8-15所示电路的a、b、c、d各图中，小指示灯不会亮的是________。

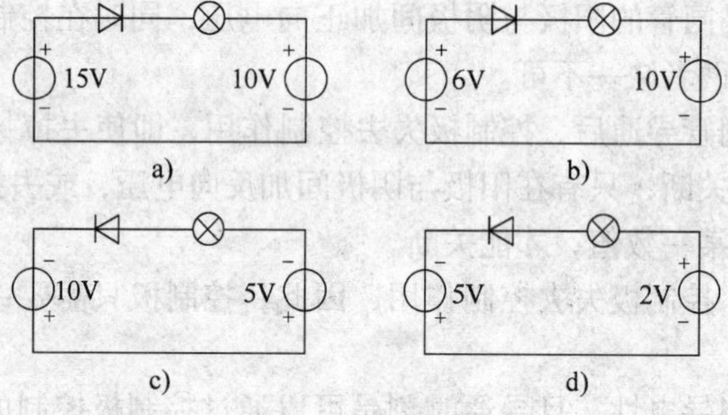

图8-15　习题8-5图

8-6　稳压二极管正常工作在________区。

8-7　晶体管由________个PN结构成。晶体管具有________和________作用。

8-8　晶体管的三种工作状态是________、________和________。

8-9　晶体管按其结构分为________和________两种类型。

8-10　晶体管的三个极分别称为________、________和________。

8-11　晶体管三个极的电流分配关系为________。

8-12　晶体管处于放大状态时，集电极电流和基极电流之间的关系是 I_C =________。

8-13　在一个正常工作的放大电路上，测得某晶体管管脚对地电压分别为－6V、

-6.2V和 -9V，则可判断晶体管为__________管。

8-14　当晶体管 $U_{CE}=10V$ 不变，基极电流从 20μA 增大到 25μA 时，集电极电流从 2mA 增大到 2.6mA，则该管的电流放大系数 β 为__________。

二、简答题

8-15　PN 结是怎样形成的？PN 结的单向导电性指的是什么？

8-16　晶体管的电流放大作用的含义是什么？

8-17　晶闸管的导通条件是什么？导通后的晶闸管要关断，条件是什么？

8-18　晶闸管和二极管、晶体管相比在特性上有何异同？

8-19　试说明二极管的开关作用。

8-20　使晶体管处于放大、截止、饱和状态时，加在晶体管各极的电位大小应各满足什么条件？

三、分析计算题

8-21　如图 8-16 所示，电路中，假设二极管是理想的，判断图中二极管的工作状态，并计算电路中通过二极管的电流及 *AB* 两端的电压 U_{AB}。

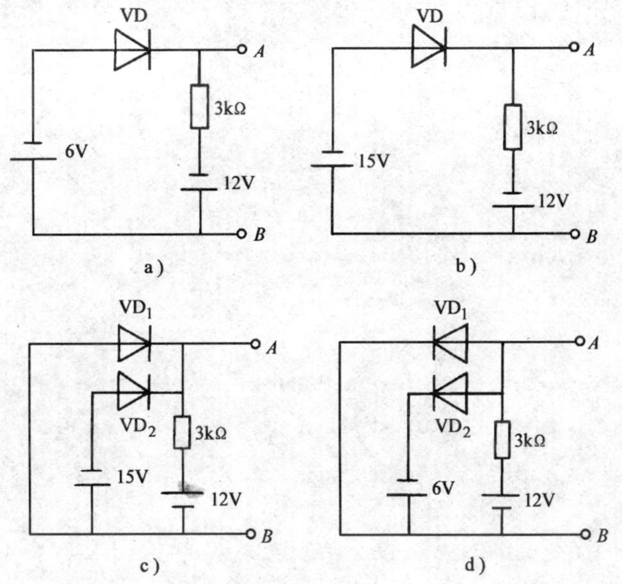

图 8-16　习题 8-21 图

8-22　已知放大电路中，有一 NPN 型晶体管，测得其集电极电流为 2mA，发射极电流为 2.02mA，试求基极电流 I_B 和晶体管的电流放大系数 β。

8-23　放大电路中的晶体管的 3 个电极对地电位 $U_1=2.5V$，$U_2=6V$，$U_3=1.8V$。判断它们是硅管还是锗管？是 NPN 型还是 PNP 型？

8-24　如图 8-17 所示电路中，试判断晶体管工作状态是放大、饱和，还是截止？

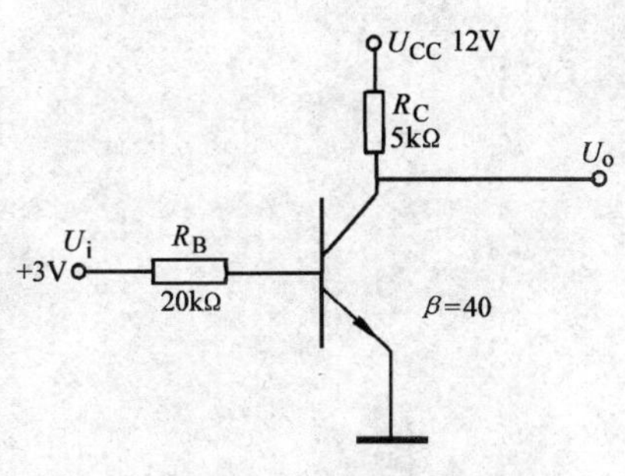

图 8-17　习题 8-24 图

8-25　如图 8-18 所示，试画出负载电阻 R 两端的电压波形及晶闸管两端电压波形（不考虑管压降和维持电流）。

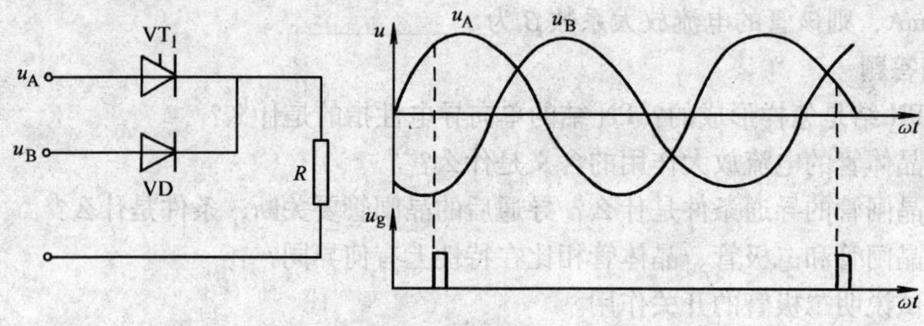

图 8-18　习题 8-25 图

第九章　晶体管放大电路

将微小的电信号放大成较大电信号的电路称为放大电路或放大器。晶体管放大电路是模拟电路的核心和基础。一个实用的放大器通常由电压放大电路和功率放大电路组成。例如：当我们对着扩音机讲话时，送话器先把声音信号转化为微小的电信号，通过电压放大电路加以放大，再去推动功率放大电路，此后由功率放大电路输出足够大的功率推动扬声器发出声音。本章主要介绍几种常用的放大电路，掌握这些电路的特点和分析方法，为应用放大电路和学习集成电路打好基础。

第一节　单管交流放大电路

一、电路组成及各元器件作用

如图 9-1 所示是晶体管组成的最简单的单管电压放大电路。

电路中输入信号 u_i 接在由电容 C_1、晶体管的基极和发射极组成的输入回路两端，而负载电阻 R_L 则从电容 C_2、晶体管的集电极和发射极组成的输出回路取得信号。发射极是输入回路与输出回路的公共端，故此电路称为共发射极电压放大电路，简称共射电路。

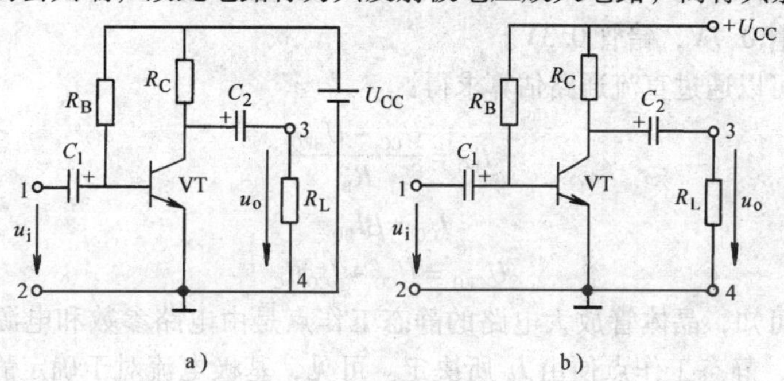

图 9-1　晶体管共发射极电压放大电路

组成共射电路的各元器件的作用如下：

（1）VT　VT 为 NPN 型晶体管，起电流放大作用，是放大电路的核心器件。

（2）U_{CC}　U_{CC}是直流电源，它为放大电路提供能源。电源负极接在晶体管的发射极上，正极分为两路，一路通过电阻 R_C 加到集电极，另一路通过电阻 R_B 加到基极，为晶体管提供工作在放大状态所需要的电压。电源电压一般为几伏到十几伏。

（3）R_B　R_B 是基极偏置电阻，电源 U_{CC}通过 R_B 为晶体管提供发射结正偏电压。这是晶体管工作在放大状态的必要工作条件之一。R_B 的阻值一般为几十到几百千欧。

（4）R_C　R_C 为集电极负载电阻，电源 U_{CC}通过 R_C 为晶体管提供适当的集-射电压，使集电结处于反向偏置状态。这是晶体管工作在放大状态的另一必要条件。R_C的另一个作用是将晶体管的电流放大作用转换为电压放大。若去掉 R_C，即使晶体管的集电极电流能随基极电流的变化而变化，仍具有电流放大作用，但因集-射电压始终等于电源电压 U_{CC}，在负载上得不到放大的电压信号。R_C 一般为几千到几十千欧。

（5）C_1、C_2　C_1、C_2 称为耦合电容，又称隔直电容，其作用是隔直通交。C_1 与 C_2 的电容量较大，通常为几十微法，故选用电解电容器。电解电容器的极性必须正确连接，使用时不能接反。

u_i 为输入电压信号，u_o 为输出电压信号，R_L 为负载电阻，接在放大电路的输出端。

二、放大电路的静态

放大电路没有输入信号（即 $u_i=0$）时的工作状态称为静态。如图 9-2 所示，此时电路在直流电源 U_{CC} 作用下，晶体管的各极电流 I_B、I_C、I_E 以及各极之间电压 U_{BE}、U_{CE} 等都是直流量，其值称为静态值。

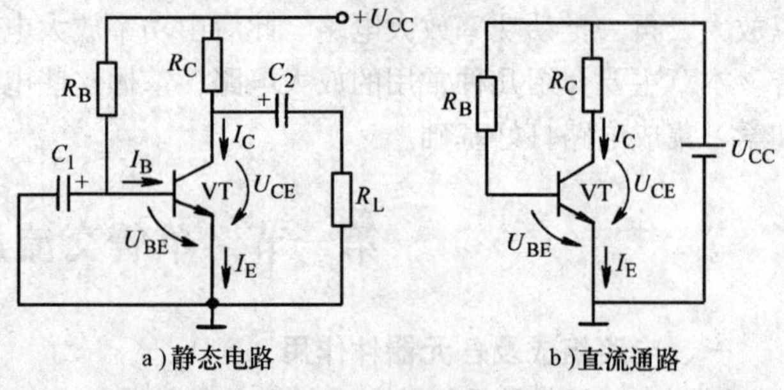

图 9-2　放大电路的直流通路

静态值 I_B 和 U_{CE} 的大小，与晶体管输入特性曲线及输出特性曲线上的某点坐标相对应，故称为静态工作点，以 I_{BQ}、I_{CQ}、U_{BEQ} 和 U_{CEQ} 表示。

在静态条件下，由直流电源形成的直流电流电路称为直流通路。由于电容 C_1、C_2 有隔直作用，直流电流不会从 C_1 和 C_2 所在的支路通过。晶体管处于放大状态时，其发射结必须正向偏置，这时，基-射电压的静态值 U_{BEQ} 约为：硅管 0.7V，锗管 0.3V。

其他静态值可以通过直流通路估算求得：

$$I_{BQ}=\frac{U_{CC}-U_{BEQ}}{R_B} \tag{9-1}$$

$$I_{CQ}=\beta I_{BQ} \tag{9-2}$$

$$U_{CEQ}=U_{CC}-I_{CQ}R_C \tag{9-3}$$

由以上估算可知，晶体管放大电路的静态工作点是由电路参数和电源电压决定的。当 U_{CC} 和 R_C 选定后，静态工作点便由 I_B 所决定。可见，基极电流对于确定静态工作点起着关键作用。当改变基极偏置电阻 R_B 时，I_B 随之变化。因此，通常以调节基极偏置电流的方法使放大电路获得一个静态工作点。

例 9-1　在图 9-1 所示电路中，已知 $U_{CC}=12V$，$R_C=2k\Omega$，$R_B=280k\Omega$，硅晶体管 $\beta=50$，试用估算法求电路的静态工作点。

解：已知硅管 $U_{BEQ}=0.7V$

则

$$I_{BQ}=(U_{CC}-U_{BEQ})/R_B=(12-0.7)/280mA=0.04mA=40\mu A$$

$$I_{CQ}=\beta I_{BQ}=50\times 0.04mA=2mA$$

$$U_{CEQ}=U_{CC}-I_{CQ}R_C=(12-2\times 2)V=8V$$

三、放大电路的动态

放大电路在有输入信号时的工作状态为动态。如图 9-3 所示，设输入信号 $u_i\neq 0$，放大电路在直流电源和输入的交流信号共同作用下，电路中的电流和电压既有直流成分，又有交流成分，总的电流与电压是随交流信号变化的脉动直流。

通常，输入的信号电压 u_i 的值很小，其幅值一般只有几毫伏或几百毫伏。若输入信号 u_i 是正弦交流电压，波形如图 9-3 中①，通过电容 C_1 加到基极上，则基-射总电压 U_{BE} 为其直流电压 U_{BEQ} 与交流信号电压 u_i 的代数和，波形如图中②。

由输入特性曲线可知，如工作在线性区，基极电流 i_B 随其基-射电压 u_{BE} 成比例变化，波形与 u_{BE} 相似。经晶体管电流放大后，集电极电流 i_C 为 i_B 的 β 倍，波形与 i_B 相似。因此，集电极电流 i_C 在电阻 R_C 上产生的压降 u_{RC} 波形也与 u_{BE} 相似，但幅值增大了许多，如波形③。u_{RC} 是由集电极的直流电流 I_{CQ} 和交流信号电流 i_C 一起加在电阻 R_C 上产生的压降。

从集电极电路可知，集-射电压 U_{CE} 与电阻 R_C 两端电压 U_{RC} 之和，总是等于集电极电源电压 U_{CC}。因此，当 i_C 增大而使 u_{RC} 增大时，u_{CE} 电压则减小；反之，i_C 减小时，u_{CE} 则增大。所以，集-射电压 u_{CE} 的波形如图中④所示。比较波形③和④可见，集-射电压 u_{CE} 的交流分量 u_{ce} 与 R_C 两端电压 u_{RC} 的交流分量 $i_C R_C$ 大小相等、相位相反。

由于 C_2 的隔直作用，经 C_2 输出给负载的只能是 u_{CE} 中的交流分量 u_{ce}。所以输出端的输出电压 $u_o = u_{ce}$，波形如图中⑤。

由于晶体管的电流放大作用，i_C 远大于 i_B。因此，只要适当选择 R_C，可得 $u_o > u_i$，交流信号得到了放大。

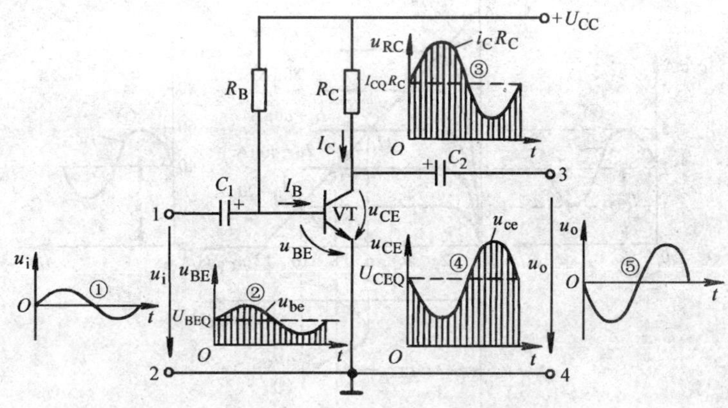

图 9-3　电压放大原理图

从图 9-3 可以看出，电路中的各电压、电流量均是单向脉动直流量，也就是一个交流量和一个静态直流量的迭加。随着输入信号的变化，各量均在静态值上下变化，总是大于 0，可见，交流信号电压的输入，只改变了放大电路电流的大小，不会改变电流方向。

综上所述，共射极电压放大电路具有如下特点：①电压放大作用，交流量是迭加到直流量上进行放大的；②输出信号电压与输入信号电压的相位相反。

交流信号的放大是利用晶体管的电流放大作用将直流电源的能量转化得到的。晶体管的放大作用实质上是一种能量的控制作用，放大电路是一种以较小能量控制较大能量分配的能量控制装置，传递的是能量变化的规律。

四、放大电路的图解分析及波形失真

根据晶体管的特性曲线通过作图来分析放大电路，不仅可以确定电路的静态工作点，而且可以分析电路的动态过程和失真情况。

已知放大电路的集电极输出回路和晶体管输出特性曲线如图 9-4 所示。从晶体管内部看，I_C 与 U_{CE} 的关系由输出特性曲线所决定。从晶体管外部电路看，集电极负载电阻 R_C 与电源 U_{CC} 相串联，I_C 与 U_{CE} 应满足 $U_{CE}=U_{CC}-I_CR_C$，该方程在输出特性曲线坐标系中为一段通过 M 点（$U_{CE}=0$，$I_C=U_{CC}/R_C$）和 N 点（$I_C=0$，$U_{CE}=U_{CC}$）的直线。由于其斜率由集电极负载电阻 R_C 决定，故称负载线。负载线 MN 与输出特性曲线的交点即工作点。当基极电流 I_B 变化时，输出特性曲线随之变化，则负载线与其交点各不相同，工作点将沿负载线上下移动。I_{BQ}、I_{CQ}、U_{CEQ} 对应的坐标点 Q，即为静态工作点。若输入正弦信号电压时，随着信号电压的变化，工作点在一定的范围内，沿负载线作往复运动。电路中各电流、电压也按照正弦规律作周期性变化，如图 9-5 所示。

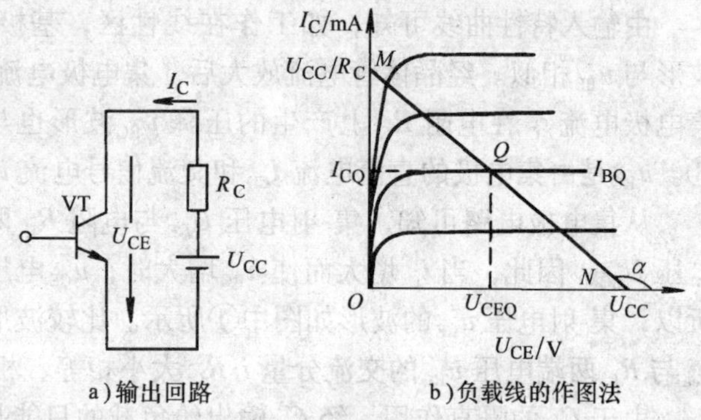

图 9-4　用图解法确定静态工作点

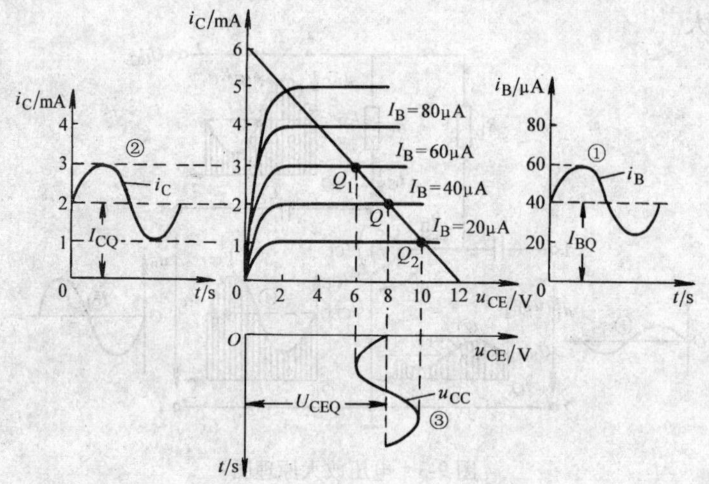

图 9-5　动态过程图解分析

放大器的任务是在允许失真的限度内将信号加以放大。假如静态工作点选择不当或信号幅值过大，则信号的变化范围可能超越晶体管特性曲线的线性区，发生失真现象，即输出信号的波形与输入信号的波形不再相似，发生了畸变。

若基极电流太小，即静态工作点的设置偏低，如图 9-6a 所示，设输入信号电压为正弦波，则在输入电压为负半周的某一段时间内，晶体管处于截止状态，输出信号正半波的波形被削顶。这种由于工作点过低而使晶体管在一段时间内处于截止状态而产生的失真称为截止失真。

若基极电流太大而静态工作点偏高，如图 9-6b 所示，当输入正弦信号电压时，晶体管在输入电压正半周的某一段时间内处于饱和状态，集电极电流已不受基极电流控制，输出电压负半波被削顶。这种由于工作点进入饱和区而产生的失真称为饱和失真。

通常，放大电路的静态工作点在设计时已经给定，因此，输入信号的幅值是有限定的。

若输入信号幅值过大，而使工作点同时进入截止区和饱和区，输出信号既出现截止失真，又出现饱和失真，称为饱和截止失真，如图 9-6c 所示。

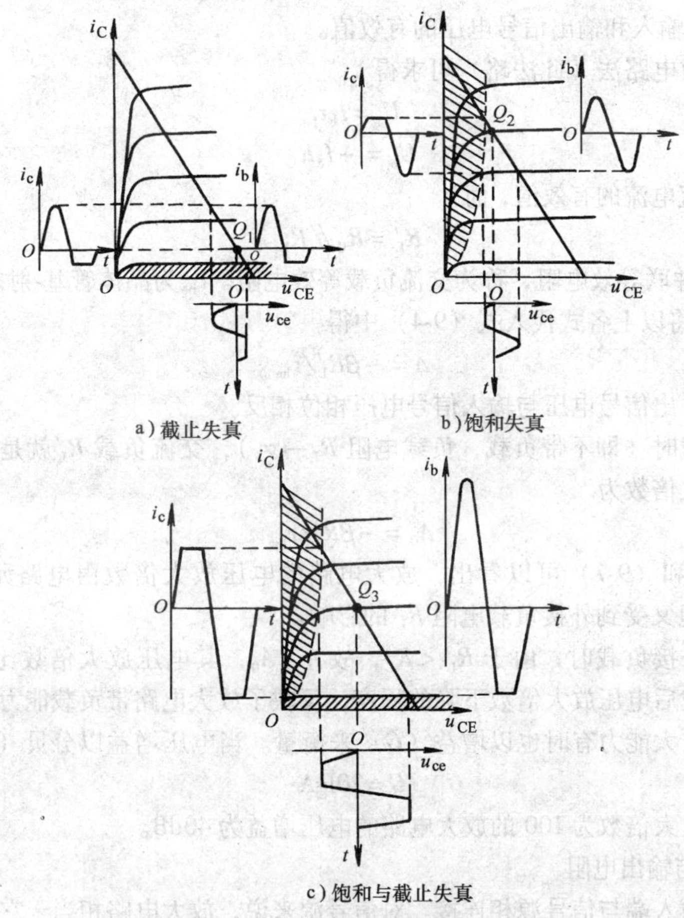

图 9-6　非线性失真图解分析

由此可见，失真现象的产生与静态工作点的设置密切相关，所以电路中设置适当大小的直流量，即选择适当的静态工作点是保证输出信号不失真的重要条件。因此，为防止出现饱和失真，静态工作点不能太高；为防止出现截止失真，静态工作点不能太低，一般设在负载线的中部。对于小信号放大电路，在放大区允许的范围内，静态工作点要尽可能低一些，以减小功耗。

要使静态工作点设置合理，或在电路工作过程中出现失真现象，就需要调整。最常用的方法是调节基极偏置 R_B 的大小。显然，增大 R_B，基极电流 I_B 减小，工作点便下移；反之，若 R_B 减小，I_B 增大，I_C 随之增大，工作点便上移。

五、放大电路中的特性指标

放大电路的特性指标主要有放大倍数、输入电阻、输出电阻等，它们反映放大电路对交流信号所呈现的特性。

1. 电压放大倍数

电压放大倍数表示放大电路对信号电压的放大能力，其大小定义为输出信号电压有效值与输入信号电压有效值的比值，用 A 表示：

$$A = U_o / U_i \tag{9-4}$$

式中，U_i 与 U_o 为输入和输出信号电压的有效值。

用小信号等效电路法（此法略）可求得

$$U_i = I_b r_{be}$$

$$U_o = -I_c R_L'$$

式中，I_b、I_c 为交流电流的有效值，而

$$R_L' = R_C // R_L \tag{9-5}$$

R_L'是 R_C 与 R_L 的并联等效电阻，称为交流负载等效电阻。r_{be}为晶体管基-射极间等效电阻。

又因 $I_c = \beta I_b$ 将以上各式代入式（9-4）中得

$$A = -\beta R_L' / r_{be} \tag{9-6}$$

式中，负号表示输出信号电压与输入信号电压相位相反。

放大电路空载时（即不带负载，负载电阻 $R_L \to \infty$），交流负载 R_L'就是集电极电阻 R_C，因此空载电压放大倍数为

$$A_0 = -\beta R_C / r_{be} \tag{9-7}$$

由式（9-6）和（9-7）可以看出，放大电路的电压放大倍数由电路元器件的参数 β、R_C、r_{be}所决定，但又受到外接负载电阻 R_L 的影响。

当放大电路外接负载时，由于 $R_L' < R_C$，故 $A < A_0$，其电压放大倍数比空载时下降了。放大电路接入负载后电压放大倍数下降的程度，反映了放大电路带负载能力的大小。

放大电路的放大能力有时也以增益（G）来衡量。当电压增益以分贝（dB）为单位时，则

$$G = 20\lg A$$

如一个电压放大倍数为 100 的放大电路的电压增益为 40dB。

2. 输入电阻与输出电阻

放大电路的输入端与信号源相连接。对信号源来说，放大电路相当于它的负载，可用一个等效电阻来代替。

从输入端来看，放大电路对输入信号所呈现的交流等效电阻称为输入电阻，用 r_i 表示

$$r_i = R_B // r_{be} \tag{9-8}$$

一般 $R_B >> r_{be}$，故 $r_i \approx r_{be}$。

放大电路的输出端与负载相连，将信号输出给负载。对负载来说，放大电路相当于信号源，存在一定的内阻，这个内阻就是放大电路的输出电阻，用 r_o 表示。

$$r_o \approx R_C \tag{9-9}$$

输入电阻和输出电阻是衡量放大电路性能的重要指标。一般希望放大电路的输入电阻大些，而输出电阻小些。输入电阻大，则放大电路对信号源影响小，可保证信号源正常工作。输出电阻小，电路带负载能力强一些。

例 9-2　在图 9-1 所示的放大电路中，已知硅晶体管 $\beta = 40$，$r_{be} = 1.2\text{k}\Omega$，$U_{CC} = 12\text{V}$，$R_C = 5.1\text{k}\Omega$，$R_B = 380\text{k}\Omega$，$R_L = 2.2\text{k}\Omega$，试求：(1) 电路的静态工作点；(2) 空载和带载时的电压放大倍数；(3) 放大电路的输入电阻和输出电阻；(4) 若输入正弦信号电压 $U_i = 9\text{mV}$（有效值），则负载可得到信号电压的最大值为多少？

解：(1) 静态工作点

取 $U_{BEQ}=0.7V$

$$I_{BQ}=(U_{CC}-U_{BEQ})/R_B=(12-0.7)/380mA=0.03mA=30\mu A$$

$$I_{CQ}=\beta I_{BQ}=40\times0.03mA=1.2mA$$

$$U_{CEQ}=U_{CC}-I_{CQ}R_C=(12-1.2\times5.1)V=5.9V$$

(2) 电压放大倍数

空载时，$A_0=-\beta R_C/r_{be}=-40\times5.1/1.2=-170$

带载时，$R_L'=R_CR_L/(R_C+R_L)=5.1\times2.2/(5.1+2.2)k\Omega=1.54k\Omega$

$$A=-\beta R_L'/r_{be}=-40\times1.54/1.2=-51$$

(3) 输入电阻和输出电阻

$$r_i=R_B/\!/r_{be}=380/\!/1.2\approx1.2k\Omega$$

$$r_o\approx R_C=5.1k\Omega$$

(4) 输出电压幅值

$$U_o=AU_i=51\times9mV=459mV$$

$$U_{om}=\sqrt{2}U_o=1.41\times459mV=630mV$$

第二节　负反馈在放大电路中的应用

放大电路中的反馈，是指通过反馈元件，将输出回路的电流或电压取出一部分或全部回授到输入回路。若引入的反馈信号是削弱输入信号而使放大电路的放大倍数降低，则为负反馈；反之，则为正反馈。负反馈可以改善放大电路的性能，几乎所有的实用放大器中都设有负反馈电路。本节介绍负反馈的基本概念及其在放大电路中的应用。

一、负反馈的概念

负反馈放大电路是由基本放大电路与负反馈电路组成的，其结构框图如图 9-7 所示。A 为基本放大电路，F 是由反馈元件组成的接在输入与输出回路之间的反馈电路。在基本放大电路中，信号从输入端向输出端正向传输；而在反馈电路中，信号传输方向与之相反，由输出端回授给输入端。反馈电路与基本放大电路一起构成封闭的环路。因此，将含有反馈的电路称为闭环电路；不包含反馈的电路称为开环电路。

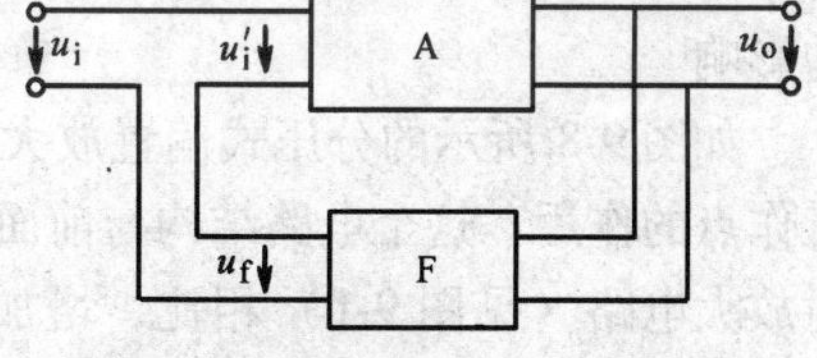

图 9-7　电压串联负反馈框图

在图 9-7 中，u_i 是输入信号，u_o 是输出信号，u_f 是反馈信号，u_i'是基本放大电路的净输入信号。图中反馈信号取自输出端的电压，称为电压反馈。在输入回路中，净输入电压是反馈电压与输入电压串联迭加的结果，称为串联反馈。假如反馈电压与输入电压的相位相反，则为负反馈。因此，这种电路的反馈类型称为电压串联负反馈。

负反馈放大电路的定量分析比较复杂，下面仅就闭环与开环电路作一比较，定性分析负反馈放大电路的基本特性。

负反馈放大电路的电压放大倍数称为闭环电压放大倍数，为其输出电压与输入电压之比，以 A_f 表示闭环电压放大倍数，则

$$A_f=U_o/U_i \tag{9-10}$$

基本放大电路的电压放大倍数称为开环电压放大倍数，为其输出电压与净输入电压之

比，以 A 表示开环电压放大倍数，则

$$A = U_o / U_i' \tag{9-11}$$

在负反馈放大电路中，u_f 与 u_i 的相位相反，则净输入电压为

$$U_i' = U_i - U_f \tag{9-12}$$

再看反馈电路，它的输出电压（即反馈电压 u_f）与其输入电压（即放大电路的输出电压 u_o）之比，称为反馈系数，并以 F 表示，则

$$F = U_f / U_o \tag{9-13}$$

显然，$F \leqslant 1$。

将以上各式代入式（9-10），可得

$$A_f = \frac{U_o}{U_i' + U_f} = \frac{U_o}{U_i' + FU_o} = \frac{\dfrac{U_o}{U_i'}}{\dfrac{1 + FU_o}{U_i'}} = \frac{A}{1 + FA} \tag{9-14}$$

式（9-14）是负反馈放大电路的基本关系式，它表达了闭环电压放大倍数及反馈系数之间的关系。因为 $1 + FA > 1$，所以 $A_f < A$，即负反馈放大电路的闭环放大倍数小于开环电压放大倍数。可见，放大电路引入负反馈后，电压放大倍数降低了。$1 + FA$ 称为反馈深度，FA 值越大，则负反馈作用越强，A_f 就越降低。

放大电路引入负反馈后，虽然放大倍数降低了，但却换来很多好处，可使放大电路的许多性能得到改善，如可以提高放大电路放大倍数的稳定性，减小非线性失真，展宽电路通频带等。

二、工作点稳定的分压式电流负反馈电路

选择合适的静态工作点，是放大电路能够正常工作和避免失真的先决条件。但环境温度变化或电源电压发生波动时，将会引起静态工作点的变化，导致放大器性能不稳定和出现失真等不正常现象。造成静态工作点不稳定的主要原因是：晶体管的集电极电流随温度变化，当温度升高时，集电极电流增大。因此，为了稳定静态工作点，通常在电路结构上采取负反馈措施，以抵消温度对集电极电流的影响。

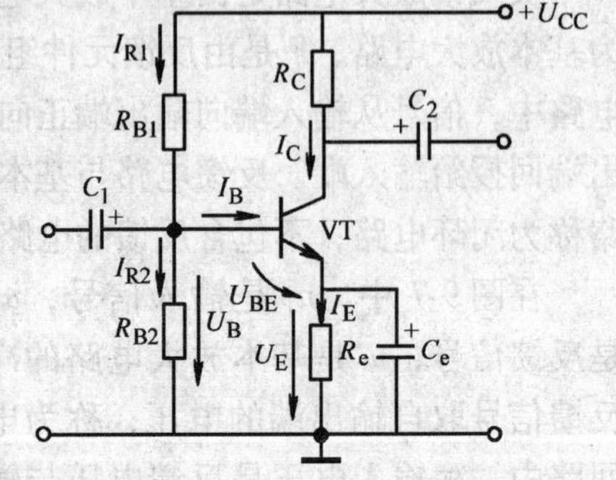

图 9-8　分压式偏置放大电路

如图 9-8 所示的分压式偏置放大电路具有稳定静态工作点的作用。这个电路结构与前面学过的固定偏置共射放大电路（见图 9-1）相比，增加了 R_{B2}。基极偏置电阻由 R_{B1} 与 R_{B2} 串联而成，R_{B1} 称为上偏置电阻，R_{B2} 称为下偏置电阻。在发射极与地之间增加了发射极电阻 R_e 和与其并联的旁路电容 C_e。只要适当配置各有关部分参数值，这个电路就可以使晶体管集电极静态电流值 I_{CQ} 保持不变，从而稳定静态工作点。

1. R_{B1} 与 R_{B2} 组成串联分压电路固定了基极电位 V_B

只要 $I_B \ll I_{R1}$，便有

$$V_B \approx \frac{R_{B2} U_{CC}}{R_{B1} + R_{B2}}$$

此式表明，由于电源电压和电阻阻值基本上不受温度变化的影响，所以，基极电位不随

温度而变化，被固定下来。

2. R_e 称为发射极电阻，稳定了集电极电流 I_C

若温度上升，使 I_C 增加，将有如下过程发生：

$t\uparrow \longrightarrow I_C\uparrow \longrightarrow I_E\uparrow \longrightarrow U_E(=R_E I_E)\uparrow \longrightarrow U_B$ 不变 $\longrightarrow U_{BE}(=V_B-V_E)\downarrow \longrightarrow I_B\downarrow \longrightarrow$
$I_C\downarrow$

由此可见，发射极电阻的引入，使电路可将集电极电流 I_C 的变化趋势反馈到输入回路中，并抑制集电极电流的变化，使之稳定。这是一种电流负反馈过程，发射极电阻 R_e 是反馈元件。

旁路电容 C_e 的作用是旁路交流信号，使交流信号不经过发射极电阻 R_e，故 R_e 只对电路中的直流信号起作用，而对交流信号不起作用。

第三节　功率放大电路

电压放大电路的主要目的是放大信号电压。但电路要推动负载工作，如收音机中的扬声器、控制系统中的执行机构等，要求放大电路提供足够大的功率，即既要输出较大的电压，还要能输出较大的电流，这类以输出功率为主要任务的放大电路称为功率放大器，简称功放。

一、功率放大器的一般问题及解决措施

根据功率放大器的工作特点，需要解决以下几个问题：

1）在电子元器件参数允许的范围内输出电压、输出电流的变化范围都要尽量大，以便获得最大输出功率。

2）由于功率较大，因此要注意提高效率。所谓效率，就是负载得到的交流信号功率与电源供给的直流功率的比值。

3）要尽量减小非线性失真。功率放大器是对已经经过放大了的电压信号再作进一步放大，很容易发生非线性失真。

为了解决上述问题，必须采取一些与电压放大器不同的电路结构。

方法一：如果采用和电压放大器形式相同的电路，调整偏置电阻把静态工作点放在负载线中点，这样可以使输出信号电压和电流变化幅度都尽可能大些。此类放大称为甲类放大，缺点是静态电流 I_C 大，消耗功率大，效率低。

方法二：为降低功耗，首先要减小静态功耗，降低静态工作点，使 $I_C=0$ 时，静态功耗可降至最小。这种把静态工作点设在 $I_C=0$ 处的放大，称乙类放大。乙类放大器效率高，但波形失真严重，因为晶体管只有半个周期工作在放大区，另外半个周期因处于截止状态，没有输出。

方法三：为了解决方法二存在的问题，要采用特殊的电路结构，使两个晶体管轮流工作，一个工作在信号的正半周，另一个工作在负半周，并在输出端合成得到完整的正弦输出电压。但两管交接这一小段时间内，信号由正半周变为负半周或由负半周变为正半周，两个管子都无输出，因而出现交越失真，如图 9-9 所示。为了消除交越失真，静态电流应大于零使放大器有微小的偏置电流，工作点离开了截止区，称为甲乙类放大。

二、OCL 电路

OCL 电路是无输出电容的互补对称式功率放大器，由一个 NPN 型晶体管和一个 PNP 型晶体管组成，如图 9-10 所示。

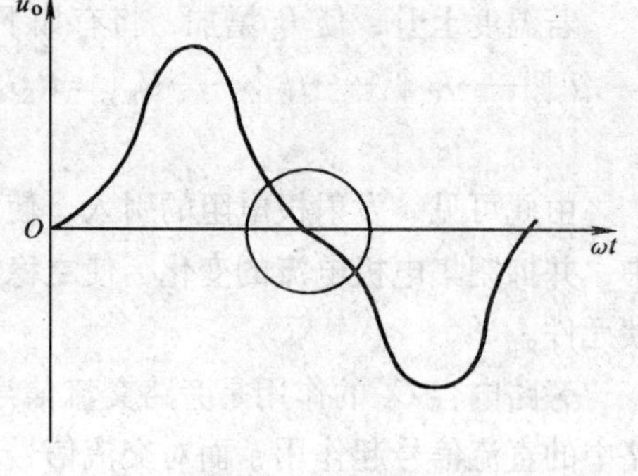

图 9-9　交越失真

两个管子的基极接在一起作为输入端，两个发射极也接在一起作为输出端，“地”端为输入与输出的公共端。R_L 为负载电阻。电路由两个电源供电，正电源 $+U_{CC}$和负电源 $-U_{CC}$的电压大小相等，$+U_{CC}$的正极接在 VT_1 管的集电极上，负极接地；而 $-U_{CC}$的负极接在 VT_2 管集电极上，正极接地。两个管子的基极都未加直流偏置电压，静态时，管内基本无电流通过。由于电路结构对称，所以发射极电位为 0，即为地电位。因此，负载 R_L 直接接在发射极与地之间，静态时，既无电压，也无电流，不仅电路没有输出，而且负载也不会影响电路的直流工作状态。

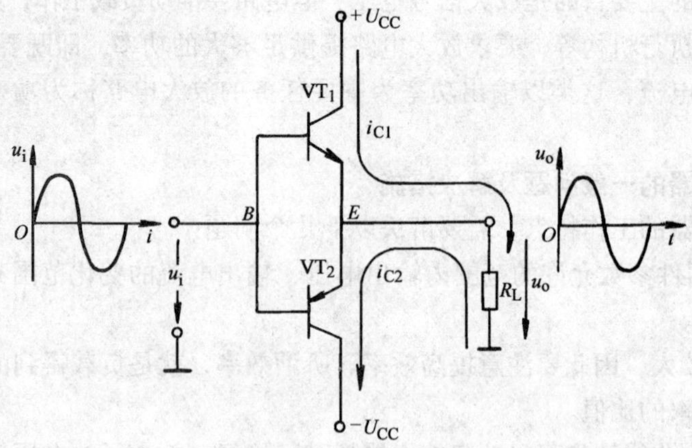

图 9-10　互补功率放大电路

动态工作时，在输入正弦信号电压 u_i 作用下，基极电位随之变动。当 u_i 为正半周时，基极电位升高，致使 NPN 型管 VT_1 因发射结正向偏置而导通，PNP 型管 VT_2 因发射结反向偏置仍然截止。VT_1 导通时，电流 i_{C1} 自电源 $+U_{CC}$通过 VT_1 流向 R_L，向负载输出正半周信号。当 u_i 为负半周时，基极电位降低，致使 VT_1 因发射结反偏而截止，VT_2 管因发射结正偏而导通。VT_2 导通时，电流 i_{C2}从电源 $-U_{CC}$由地通过 R_L，再经 VT_2 返回电源 $-U_{CC}$，向负载输出负半周信号。

由此可见，当输入正弦信号电压时，晶体管 VT_1 和 VT_2 轮流导通半个周期，两个半波电流通过 R_L 的方向正好相反，因此在负载上合成为一个全波正弦电压。这种电路结构对称，在工作过程中 NPN 型和 PNP 型晶体管相互补偿，故称为互补对称放大电路。

这种电路结构简单，但存在需要双电源供电的缺点，给实际应用带来困难。或改用单一电源供电，则因两个管子的发射极连接点对地电位不会等于零，负载上将有静态电流通过。这样，不仅影响负载的工作状态，还可能造成功率管的损坏。因此，可在发射极输出端串接一个电容器，隔断电路与负载之间的直流联系，即 OTL 电路。

三、OTL 电路

OTL 电路是无输出变压器的互补对称式功率放大器，如图 9-11 所示。

静态时，由于两管对称，故其发射极对地电压等于 $U_{CC}/2$，输出电容 C 被充电，两端电压为 $U_C=U_{CC}/2$。R_1、R_2 为基极偏置电阻，调节 R_1、R_2 使基极电位与发射极电位相等，均为 $U_{CC}/2$。这时，两管均处于截止状态，仅有很小的穿透电流 I_{CEO}。

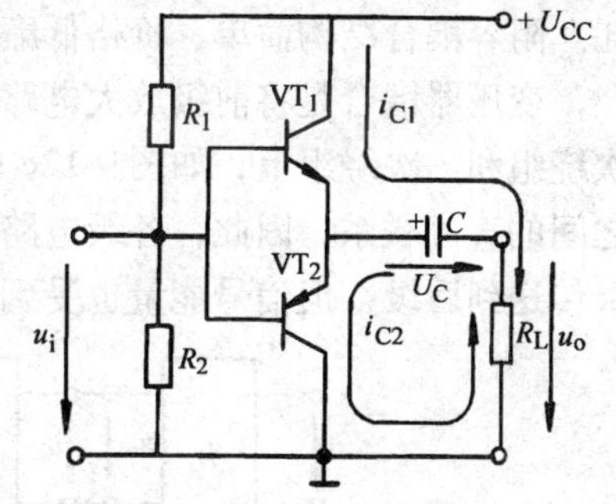

图 9-11　OTL 电路

动态时，在输入正弦信号电压 u_i 作用下，基极电位发生相应变化。当基极电位高于发射极时，VT_1 管导通，VT_2 管截止，这时，加在 VT_1 与 R_L 回路上的直流电压等于 $U_{CC}-U_C=U_{CC}/2$，电流 i_{C2} 自 $+U_{CC}$ 经 VT_1、C、R_L 构成回路，同时 C 被充电。当基极电位低于发射极时，VT_1 管截止，VT_2 管导通，这时，加在 VT_2 与 R_L 回路的直流电压为输出电容器 C 两端的电压 $U_C=U_{CC}/2$，电容 C 放电，U_C 在回路中起着一个直流电源的作用，放电电流 i_{C2} 自电容器 C 经 VT_2 和 R_L 构成回路。由此可见，正负两个半波信号在 R_L 上合成的仍然是一个全波电流与电压，与双电源供电的效果一样。

为了使两个回路的电源电压对称，要求输出电容 C 在充电与放电期间，两端电压基本不发生变化，保持 $U_C\approx U_{CC}/2$。因此，输出电容的容量必须足够大，否则将使输出信号正负半波不对称而产生失真。

第四节　多级放大电路

单级放大电路的放大倍数一般只有几十倍，要把微弱的信号放大到足以推动执行机构动作，如收音机的扬声器发声、继电器的电磁铁吸合等，只用一级单管放大电路是不够的，往往需要将若干个单管放大电路连接起来，使信号在各级放大器中逐级传递和放大。在多级放大电路中为保证信号不失真地逐级放大，必须解决好各级放大电路之间的连接，即级间耦合。

一、放大电路的级间耦合方式

级间耦合是一个非常重要的环节，必须解决好两个问题：①耦合环节能使信号在允许的失真范围内损耗尽可能小地由前级传递到后级；②互相耦合后，各级的工作点，必须合乎要求以保证各级都能正常地工作。

在低频放大电路中，常见的级间耦合方式有直接耦合、阻容耦合和变压器耦合，如图 9-12 所示。

直接耦合是前级放大电路的输出端直接接到后级放大电路的输入端，如图 9-12a 所示。由于前后两级放大电路直接相连，所以它们的静态工作点相互牵制、互相影响。另外，一种称为零点漂移的现象，即由于各种因素所致无输入信号时，输出端的值在无规则、缓慢地变化，也将在直接耦合中产生严重影响。当放大电路输入信号后，零点漂移就伴随实际信号共同输出，使信号失真，严重时导致放大电路难以正常工作。这是在设计电路时必须考虑解决的两个问题。直接耦合可以使信号不受损耗地从前级传送给后级，而且交流信号和直流信号（即直流成分的变化量）都可采用直接耦合。所以直接耦合放大器也称为直流放大器。

阻容耦合是将前级输出端与后级输入端通过电容器连接起来，如图 9-12b 所示。利用电容器具有隔断直流而耦合交流的特性，与电路中的电阻元件相配合，将使前后两级的工作点互不影响，而交流信号则可通过电容器从前级传送到后级。但耦合电容将使信号能量受到损耗。阻容耦合结构简单、价格低廉、性能较好，故为一般交流放大器所采用。

变压器耦合是将前级放大电路的输出端和后级放大电路的输入端，分别接在变压器的一次绕组和二次绕组上，如图 9-12c 所示。由于一、二次绕组之间彼此绝缘，隔断了前后两级之间的直流联系，因此，各级电路的静态工作点互不影响。而交流信号则可通过变压器从前级传送到后级，但信号能量也受到损耗。

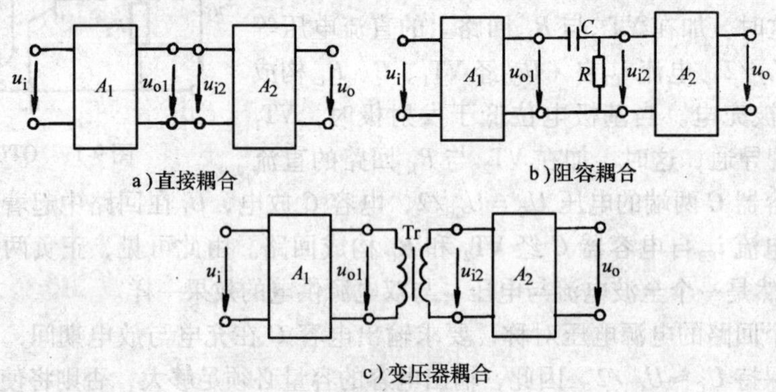

a）直接耦合　b）阻容耦合　c）变压器耦合

图 9-12　放大电路的级间耦合方式

阻容耦合和变压器耦合适用于交流放大器。由于电容器和变压器在集成电路中难以制造，所以集成电路级间采用直接耦合。

二、两级阻容耦合放大电路

两级阻容耦合放大电路，如图 9-13 所示，电容器 C_2 是级间耦合电容。从电容 C_2 上看前后两级电路之间的关系为：

1）后级电路的输入电压就是前级电路的输出电压，即 $u_{i2}=u_{o1}$。

2）后级电路是前级电路的负载，前级电路是后级电路的信号源。

3）后级电路的输入电阻是前级电路的外接负载电阻。两级放大电路总的电压放大倍数计算式为

$$A=U_o/U_i$$

由于 $U_{o1}=U_{i2}$，故得

$$A=\frac{U_{o1}}{U_i}\cdot\frac{U_o}{U_{i2}}=A_1A_2$$

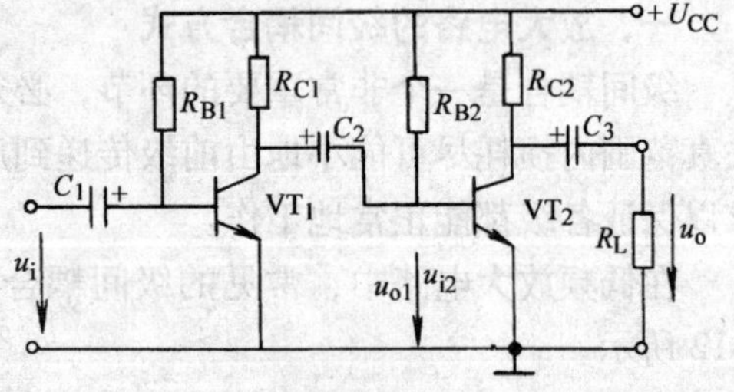

图 9-13　两级阻容耦合放大电路

式中，A_1、A_2 分别为第一级与第二级放大电路的电压放大倍数。由此可见，多级放大电路的电压放大倍数为其各级电压放大倍数之乘积。

计算各级电路的电压放大倍数时，必须注意到前后级间的相互影响，尤其是后级电路对前级的影响。由于两级电路耦合在一起，前级电路的外接负载电阻就是后级电路的输入电阻。因此，前级放大电路的电压放大倍数比其耦合之前降低了，降低的程度与后级电路的输入电阻直接相关。

多级放大器的输入电阻等于第一级（输入级）电路的输入电阻；输出电阻等于末级（输出级）电路的输出电阻。

第五节　集成运算放大电路

运算放大器是一种高放大倍数的直接耦合放大器，是用途极为广泛的模拟电子集成电路产品。因它曾在模拟电子计算机中作为各种数学运算器而得名。由于它具有输入阻抗高、放大倍数大、输出阻抗低、性能可靠，且成本较低、体积小、功耗低，又有很强的通用性等许多优点，被广泛用于测量、计算、控制、信号波形的产生和变换等各个领域，有“万能半导体放大器件”之称。

本节介绍运算放大器的基本性能特点及由运算放大器组成的放大电路和信号运算电路。

一、运算放大器的基本知识

1. 运算放大器的结构特点

集成运算放大器（以下简称运放）的内部电路一般由输入级、中间级和输出级组成，级间直接耦合，结构框图如图9-14所示。

输入级一般采用输入电阻高并且可以消除零点漂移的放大电路；中间级主要提供高的电压放大倍数，它包括多级共射放大电路和提高电压放大倍数及改善特性的措施；输出级多采用无变压器互补对称式功率放大电路，以尽量增大其带负载能力，减小输出电阻。

运算放大器的图形符号，如图9-15所示。运放具有两个输入端、一个输出端，“-”端称为反相输入端，“+”端为同相输入端。

图9-14　运算放大器的结构框图

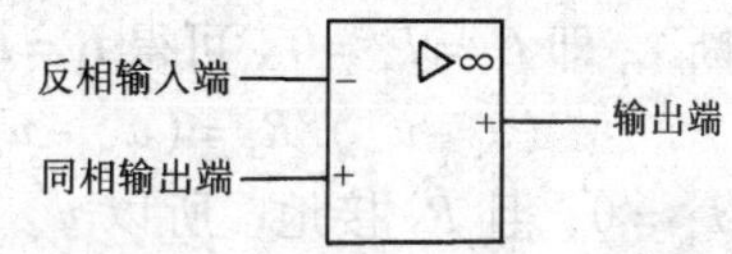

图9-15　运算放大器的图形符号

2. 运算放大器的性能特点

运算放大器可以看成一个受控电压源。运算放大器的输出电压 u_o 由两个输入端的电位 u_+ 和 u_- 的电位差来控制，即

$$u_o = A_o(u_+ - u_-) \tag{9-15}$$

式中，A_o 是运算放大器未接反馈时的电压放大倍数，并称为开环放大倍数。在式（9-15）中，若 $u_+ - u_- > 0$，则 $u_o > 0$，输出 u_o 与输入 u_+ 同相，故称“+”端为同相输入端；若 $u_+ - u_- < 0$，则 $u_o < 0$，输出 u_o 与输入 u_+ 反相，故称“-”端称为反相输入端。

运算放大器在性能上有三个突出的特点：①输入电阻很大；②开环电压放大倍数极高；③输出电阻很小。

3. 理想运算放大器

在分析由运算放大器组成的各种功能电路时，通常将实际的运放理想化，以便于分析。我们可近似认为：

1）开环电压放大倍数为无穷大，$A_o = \infty$；

2）运算放大器的输入电阻为无穷大，$r_i = \infty$；

3）输出电阻为零，$r_o=0$。

这三个关系构成运算放大器的电路模型。据此特性可得出两个重要结论：

1）运算放大器两个输入端的输入电流为0。

由于 $r_i=\infty$，故 $$I_+=I_-=0 \tag{9-16}$$

式中，I_+为同相输入端电流，I_-为反向输入端电流。

2）两个输入端电位相等，即 $$u_+=u_- \tag{9-17}$$

由于 $$u_o=A_o(u_+-u_-)$$

可得 $$u_+-u_-=u_o/A_o$$

因为 $A_o=\infty$ 所以 $u_+-u_-=0$ 得 $u_+=u_-$

上面两个推论也称为“虚断”和“虚短”。因为运算放大器的两个输入端之间并非断路，而电流却为零，故称为“虚假断路”，简称“虚断”；而两个输入端之间并非短路，电位却相等，故称为“虚假短路”，简称“虚短”。

二、信号运算电路

运算放大器可以用来构成对模拟信号作各种数学运算的电路，如比例运算、加法运算、减法运算和积分运算等。下面逐一讨论。

1. 比例运算

（1）反相比例运算电路 在图9-16所示电路中，信号由反相输入端输入，而同相输入端接地，并将反馈电阻 R_f 跨接在输出端和反向输入端之间，这就构成了反相比例运算电路，也称反相放大器。电路中各电压和电流的参考方向如箭头所示。根据反向输入端“虚断”，即 $I_-=I_+=0$。可得 $I_1=I_f$，此表达式为

$$(u_i-u_-)/R_1=(u_--u_o)/R_f$$

因 $I_+=0$，且 R_2 接地，所以 $u_+=0$。又根据输入端“虚短”，即 $u_-=u_+$，故将 $u_-=0$ 代入上式得

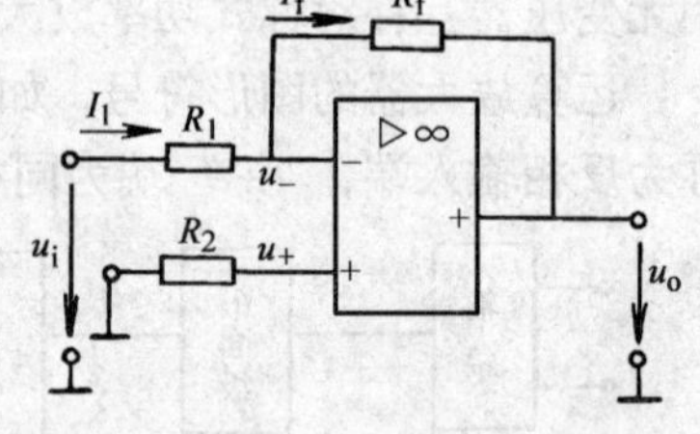

图9-16 反相比例运算电路

$$u_o/u_i=-R_f/R_1 \text{ 或 } u_o=-R_f/R_1u_i=-K_pu_i \tag{9-18}$$

式（9-18）说明，输出电压 u_o 和输入电压 u_i 之间存在线性比例关系，比例系数 K_p 由外接元件参数 R_f、R_1 决定，且 K_p 为负，故这一比例运算电路为反相比例运算。

因为 u_o/u_i 为运算放大器的闭环放大倍数，以 A_f 表示，则

$$A_f=-R_f/R_1 \tag{9-19}$$

式（9-19）的结论表明了运算放大器闭环电压放大倍数只取决于外部电路的参数，而与运算放大器本身的参数无关。所以，根据需要选择外部电路的电阻参数，就可获得所要求的电压放大倍数。由于电阻的精度和稳定性可以做得很高，所以闭环电压放大倍数很稳定。反相输入放大电路的电压放大倍数可以大于、等于或小于1，式中负号表示输出电压与输入电压的相位相反。当然，上述结论是以理想运放为前提，因此式（9-19）的结论是近似的。只有运算放大器的 A_o、r_i 愈大，结论才愈接近于实际。

由图9-16可见，反相输入端并未接地却具有地电位，故称反相输入端为“虚地”。

为了使运算放大器的输入级电路保持对称，两个输入端的外接等效电阻必须尽可能相等，因此，应取 $R_2=R_1/\!/R_f$。R_2 为平衡电阻。

若 $R_1=R_f$ 时，由式（9-19）得 $A_f=-1$，则 $u_o=-u_i$，这时，图9-16电路输出信号与输

入信号相位相反，幅度大小相等，这种电路称为“反相器”或“反号器”。

（2）同相比例运算电路　同相比例运算电路如图9-17所示。输入电压 u_i 加在同相输入端上，反相输入端接地。反馈电阻 R_f 仍接到反相输入端，以便构成负反馈。u_o 为输出电压。电流与电压的参考方向如图中箭头所示。根据“虚断”，即 $I_-=0$，$I_1=I_f$，此式可表达为

$$(0-u_-)/R_1=(u-u_o)/R_f$$

又因 $I_+=0$，所以，$u_+=u_i$，根据“虚短”即 $u_-=u_+$，又得 $u_-=u_i$，将其代入上式得

$$u_o/u_i=1+R_f/R_1 \qquad 或\ u_o=(1+R_f/R_1)u_i=K_pu_i \tag{9-20}$$

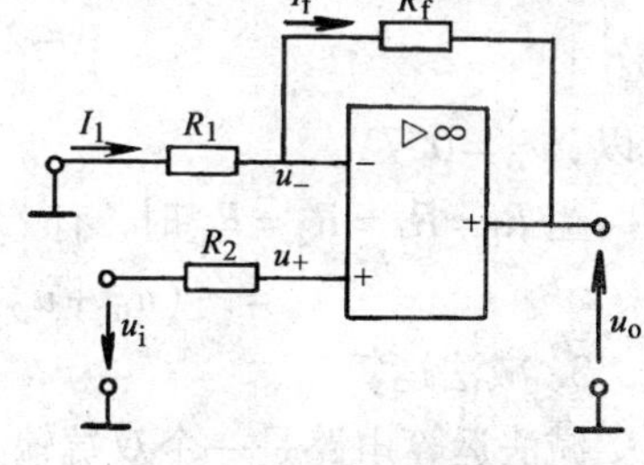

图9-17　同相比例运算电路

式（9-20）说明，输出电压 u_o 和输入电压 u_i 之间存在线性比例关系，比例系数 K_p 由外接元件参数 R_f、R_1 决定。且 K_p 为正，故这一比例运算电路为同相比例运算。

该电路又称为同相输入放大电路，闭环电压放大倍数为

$$A_f=1+R_f/R_1 \tag{9-21}$$

上式表明，同相输入放大电路的输入电压与输出电压同相，电压放大倍数大于或等于1，与运算放大器本身的参数无关，而由外部电路参数决定。

由图9-17可见，输入信号 u_i 加在同相输入端上，而反相输入端电位 $u_-=u_i\neq0$。这时，反相输入端不为“虚地”。将此电路中的电阻 R_1 开路，即 $R_1\rightarrow\infty$，或取 $R_f=0$，可得

$$A_f=1\ 或\ u_o=u_i$$

这时输出电压跟随输入电压，称此电路为电压跟随器，或称同号器。

2. 加法运算

加法运算电路如图9-18所示，图中三个输入电压 u_{i1}、u_{i2}、u_{i3} 都从运放反相输入端输入，u_o 为输出信号电压。下面我们讨论 u_o 与 u_{i1}、u_{i2}、u_{i3} 之间存在的关系。

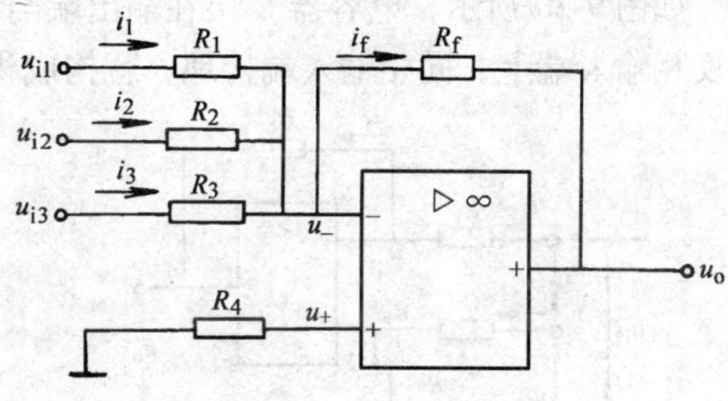

图9-18　加法运算电路

由于 $u_+=0$，故 $u_-=u_+=0$，$u_o-u_-=-i_fR_f$，则

$$u_o=-i_fR_f$$

因 $i_f=i_1+i_2+i_3$，$i_1=u_{i1}/R_1$，$i_2=u_{i2}/R_2$，$i_3=u_{i3}/R_3$

所以
$$u_o=-\left(\frac{u_{i1}}{R_1}+\frac{u_{i2}}{R_2}+\frac{u_{i3}}{R_3}\right)R_f \tag{9-22}$$

若取 $R_1=R_2=R_3=R$，则有

$$u_o=-(u_{i1}+u_{i2}+u_{i3})R_f/R \tag{9-23}$$

若 $R_f=R$，则有

$$u_o=-(u_{i1}+u_{i2}+u_{i3}) \tag{9-24}$$

即输出电压为各输入电压的代数和，构成加法运算电路。

例9-3　如图9-18所示电路中，若 $R_f=20\text{k}\Omega$，$R_1=R_2=R_3=10\text{k}\Omega$，$u_{i1}=0.1\text{V}$，$u_{i2}=0.2\text{V}$，$u_o=-2\text{V}$，试求 u_{i3} 的大小。若 $R_f=R_1=R_2=R_3=10\text{k}\Omega$，$u_{i3}=0.5\text{V}$，另外 u_{i1}、u_{i2} 不

变，求 u_o 的大小。

解： 根据式（9-23）可得

$$u_o = -(u_{i1} + u_{i2} + u_{i3})R_f/R$$

$$-2\text{V} = -(0.1\text{V} + 0.2\text{V} + u_{i3}) \times \frac{20}{10}$$

所以，$u_{i3} = 0.7\text{V}$。

当 $R_f = R_1 = R_2 = R_3$ 时，有

$$u_o = -(u_{i1} + u_{i2} + u_{i3}) = -(0.1\text{V} + 0.2\text{V} + 0.5\text{V}) = -0.8\text{V}$$

3. 减法运算

减法运算电路是一个双端输入的运算放大器，如图 9-19 所示。一般取 $R_f = R_1 = R_2 = R_3$。由图可知：

$$u_+ = \frac{u_{i2}R_3}{R_2 + R_3} = \frac{u_{i2}}{2}$$

$$u_- = u_{i1} - i_1 R_1 = u_{i1} - \frac{(u_{i1} - u_o) R_1}{R_1 + R_f}$$

因为

$$u_+ = u_-$$

所以

$$u_o = u_{i2} - u_{i1} \tag{9-25}$$

即输出电压 u_o 等于两个输入电压信号之差，实现了减法运算。

4. 积分运算

如图 9-20 所示，电容器 C 接在输出端与反相输入端之间构成负反馈电路，输入信号加到反相输入端上，同相输入端接地，就构成积分运算电路。

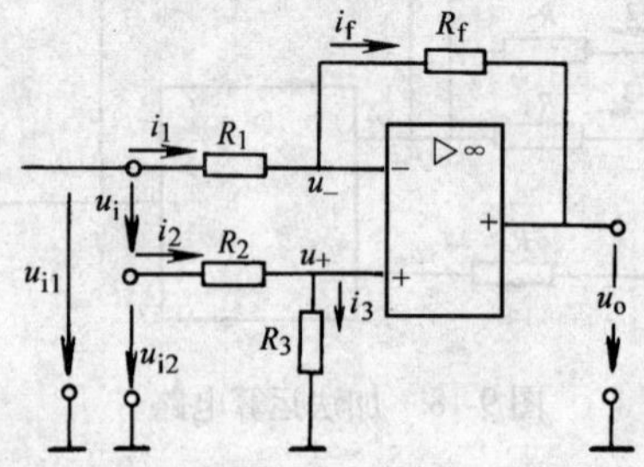

图 9-19 减法运算电路

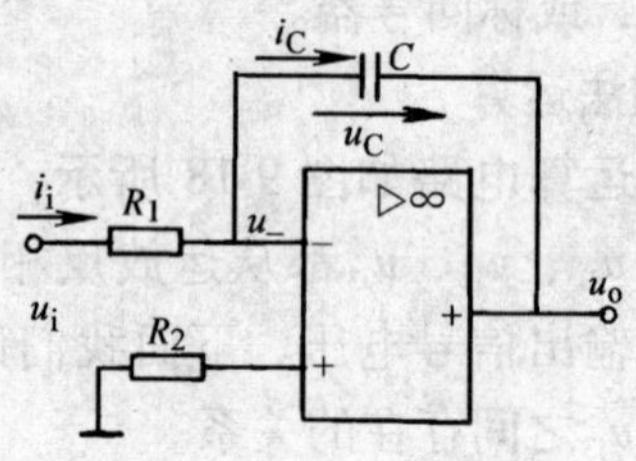

图 9-20 积分运算电路

根据电容器的特性可得

$$u_C = \frac{1}{C}\int i_C \mathrm{d}t$$

因反相输入端为“虚地”，$u_- = 0$，所以

$$u_o = -u_C$$

因 $i_C = i_i$，而 $i_i = (u_i - u_-)/R_1 = u_i/R_1$，所以

$$i_C = u_i/R_1$$

则有

$$u_o = -\int \frac{u_i}{R_1 C}\mathrm{d}t \tag{9-26}$$

式（9-26）表明，输出电压与输入电压对时间的积分成正比。负号表示输出电压与输入

电压极性相反。

信号运算电路还有微分运算、对数与反对数运算、乘法运算及除法运算电路。在此不作讨论。

以上讨论只是运算放大器的一部分应用电路，运算放大器还可用作信号检测、信号产生及转换等各个方面。

习　题

一、填空题

9-1　放大电路的静态值是指________、________、________。

9-2　放大电路的静态工作点设置必须恰当，工作点过高可能产生________失真，工作点过低可能产生________失真。

9-3　共射极放大电路常用来放大________。

9-4　多级放大电路的级间耦合方式为________、________和________。

9-5　运算放大器作反相比例运算应用时，u_o 和 u_i 的关系是________，其闭环电压放大倍数 A_{uf} = ________。

9-6　理想运算放大器的三个主要特征是________、________和________。

9-7　在单级共射放大电路中，如果输入为正弦波形，用示波器观察 u_o 和 u_i 的波形，则 u_o 和 u_i 的相位差为________。

9-8　由理想运算放大器的条件推出两个重要结论：一是两输入端的电流等于________，称之为________；二是两输入端之间的电位差等于________，称之为________。

9-9　反相比例运算放大器当 $R_F = R_1$ 时，称为________器；同相比例运算放大器当 $R_F = 0$，且 R_1 为无穷大时称为________器。

9-10　电路如图 9-21 所示，当 u_i = 1V 时，u_o 为________。

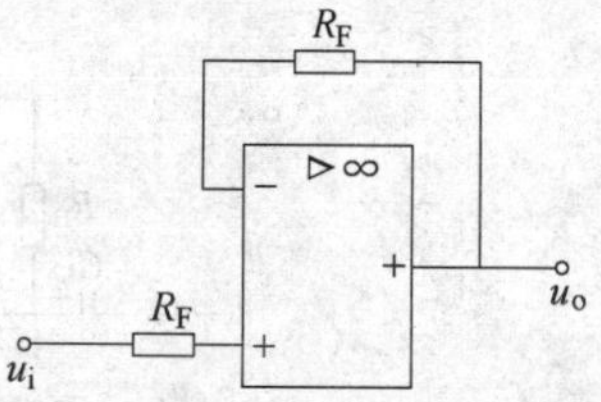

图 9-21　习题 9-10 图

二、简答题

9-11　在共射放大电路中，若将电阻 R_C 短接，晶体管还能起电流放大作用吗？放大电路还能起电压放大作用吗？

9-12　影响放大电路静态工作点稳定的外部因素主要是什么？为稳定静态工作可采取什么措施？举例说明。

9-13　负反馈将使放大电路的放大倍数降低，为什么几乎所有的放大电路都要引入负反馈？

9-14　多级放大器的级间耦合方式有几种？各有何特点？

9-15　功率放大电路与电压放大电路有何异同？有何特殊要求？

9-16　何谓甲类放大、乙类放大和甲乙类放大？电路的工作点如何设置？

9-17　理想运算放大器的特性是什么？试与实际的运算放大器的特性参数作比较。

9-18　什么是“虚短”？什么是“虚断”？

9-19　试说明分压式偏置电路静态工作点的稳定原理？

三、分析计算题

9-20　放大电路如图9-22所示，$U_{CC}=12V$，当$R_L=3k\Omega$，$R_C=1.5k\Omega$，$R_B=240k\Omega$，晶体管$\beta=40$时，试求该电路的静态工作点。

9-21　共射放大电路的几种输出电压波形与输入电压波形的对应关系如图9-23a、b、c、d所示，请问各发生什么失真?

9-22　问图9-24a、b所示电路是否正确，应如何改正?

9-23　放大电路如图9-22所示，$U_{CC}=16V$，当$R_L=5k\Omega$，$R_C=5k\Omega$，$R_B=400k\Omega$，晶体管$\beta=40$时，试求该电路的静态工作点。若$r_{be}=0.8k\Omega$，分别求空载和带载时电压放大倍数，并求输入、输出等效电阻。

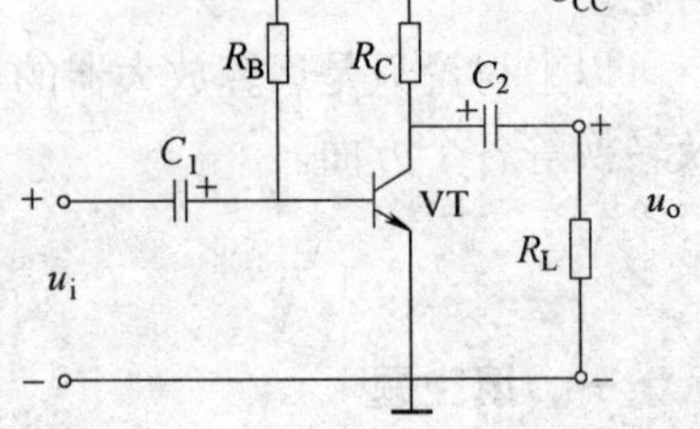

图9-22　习题9-20、9-23、9-24图

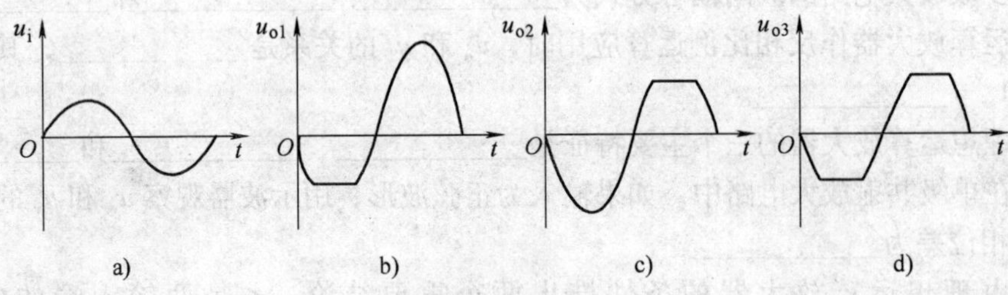

图9-23　习题9-21图

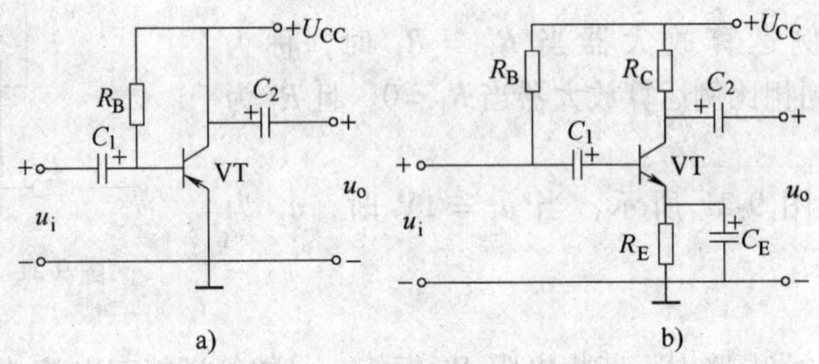

图9-24　习题9-22图

9-24　单管电压放大电路如图9-22所示，已知$U_{CC}=12V$，硅晶体管$\beta=40$，$r_{be}=1.2k\Omega$，$R_B=400k\Omega$，$R_C=5.1k\Omega$，$R_L=2k\Omega$，试求：

（1）电路的静态工作点。

（2）放大器空载时的电压放大倍数。

（3）放大器带载时的电压放大倍数。

（4）放大器的输入电阻。

（5）放大器的输出电阻。

（6）若输入正弦信号电压为10mV（有效值），问在负载上（带载）可获得的正弦信号电压的最大值为多少?

9-25　两级阻容耦合放大电路如图9-25所示，试求总的电压放大倍数。

9-26　图9-26所示的反相比例运算电路，其中 $R_1=10\text{k}\Omega$，$R_f=30\text{k}\Omega$，试计算它的电压放大倍数，并估算 R_2 的取值。

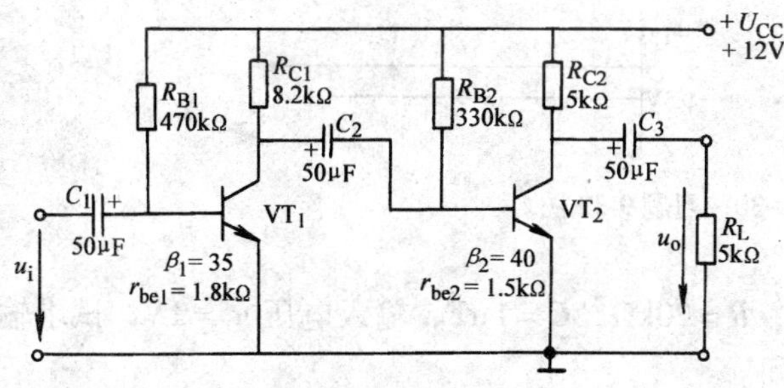

图9-25　习题9-25图

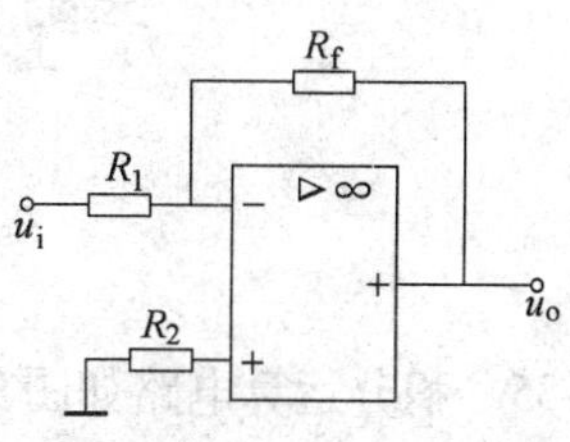

图9-26　习题9-26、9-27图

9-27　图9-26所示的反相比例运算放大电路，当 $R_f=100\text{k}\Omega$，$u_o=25u_i$ 时，求 R_1 的值。

9-28　图9-27所示的同相比例运算放大电路，取 $R_1=20\text{k}\Omega$，若希望它的电压放大倍数等于5，试估算电阻 R_f 和 R_2 各应取多大?

9-29　图9-27所示的同相比例运算放大电路，当 $R_f=100\text{k}\Omega$，$u_o=26u_i$ 时，求 R_1 的值。

9-30　试用集成运放组成电路实现如下输入输出关系：$u_o=u_i$。

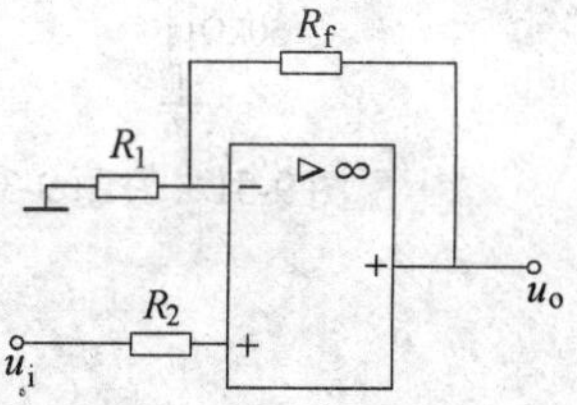

图9-27　习题9-28、9-29图

9-31　由运算放大器组成的加法电路如图9-28所示，试求输出电压 u_o。

9-32　在图9-29所示的加法运算电路中，已知 $R_1=R$，$R_2=2R$，$R_3=4R$，$R_f=4R$，$R_4=0.5R$。试求：

（1）$u_{i1}=u_{i2}=u_{i3}=0$ 时，$u_0=$?

（2）$u_{i1}=u_{i2}=0$，$u_{i3}=u_R$ 时，$u_0=$?

（3）$u_{i1}=u_{i2}=u_{i3}=u_R$ 时，$u_0=$?

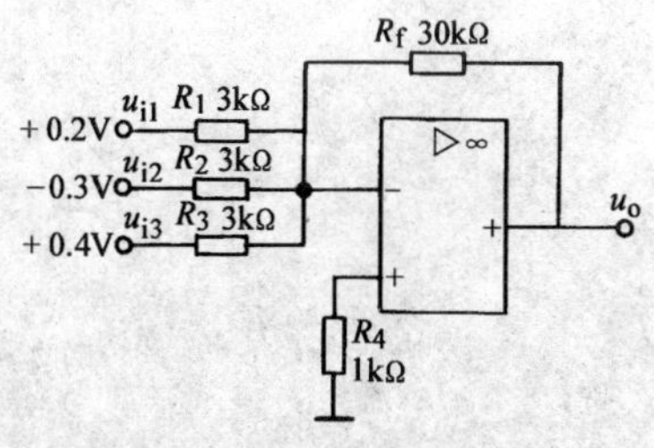

图9-28　习题9-31图

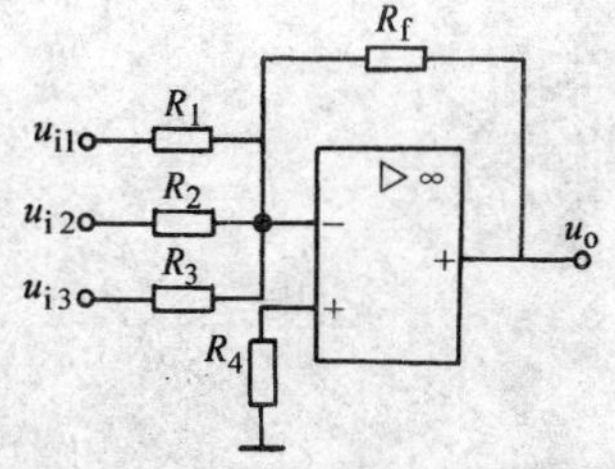

图9-29　习题9-32图

9-33　图9-30所示的电路，输入信号 u_{i1}、u_{i2} 的波形为已知，试画出与其对应的输出信号 u_o 的波形。

9-34　由理想运放构成的电路如图9-31所示。试计算输出电压 u_o 的值。

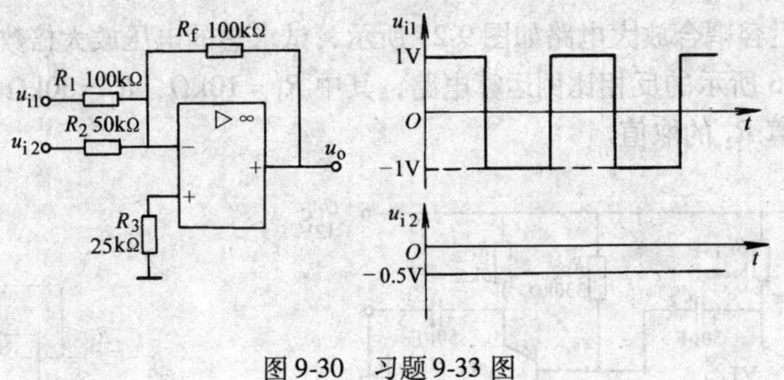

图 9-30　习题 9-33 图

9-35　积分运算电路如图 9-32 所示，$R=20\text{k}\Omega$，$C=1\mu\text{F}$，输入电压 $u_i=1\text{V}$，试求输出电压 u_o 由起始 0V 达到 −12V 所需的时间。

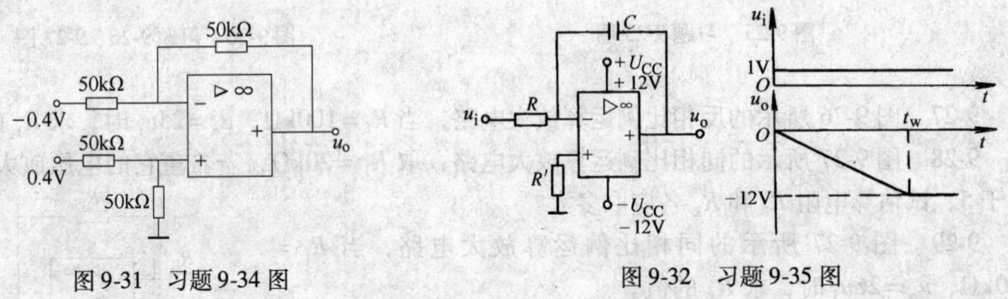

图 9-31　习题 9-34 图　　　　图 9-32　习题 9-35 图

第十章　数字电路基础

第九章所述的各种放大电路都属于模拟电路，这类电路所传送和处理的信号是连续变化的模拟信号。另外还有一种用来传送和处理数字信号的电路称为数字电路。

第一节　数字电路概述

一、数字信号与数字电路

数字信号是一种在时间和数量上都是离散的电信号，它具有不连续和突变的特性，因而也称为脉冲信号。

数字信号的波形称为脉冲波。凡是断续出现的电压或电流称为脉冲电压或脉冲电流。常见的脉冲波有矩形波、尖峰波、锯齿波、阶梯波、三角波等，如图 10-1 所示。

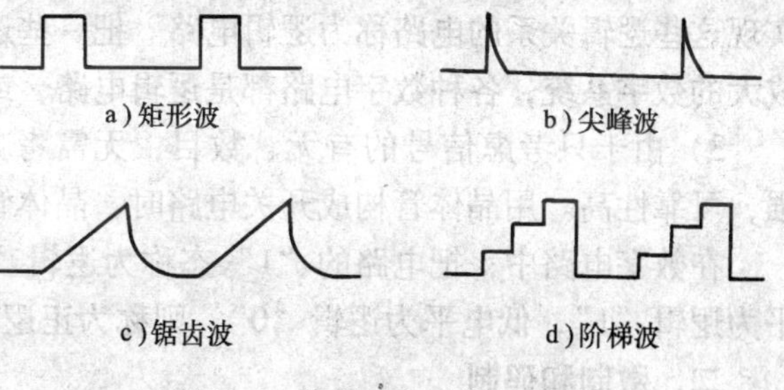

图 10-1　常见的几种脉冲波形

理想的矩形脉冲如图 10-2a 所示。矩形脉冲有正脉冲和负脉冲之分。脉冲跃变后的值比初始值高，称为正脉冲，反之称为负脉冲。

实际的矩形脉冲如图 10-2b 所示。图中脉冲从起始值开始突变的一边称为脉冲前沿，脉冲从峰值变为起始值的一边称为脉冲后沿。

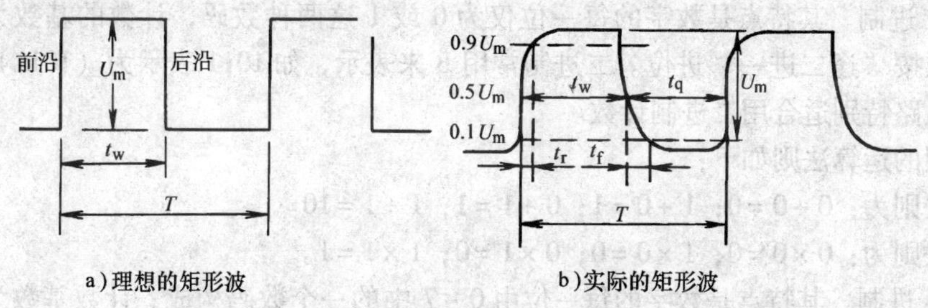

图 10-2　矩形脉冲波形的参数

在应用时，常要用到脉冲的几个主要参量：

（1）脉冲幅值 U_m　脉冲从起始值到最大值之间的变化量。

（2）脉冲宽度 t_w　指在 $0.5U_m$ 处自前沿到后沿之间的时间间隔，又称脉冲持续期。

（3）脉冲周期 T　周期性重复的脉冲，两个相邻脉冲前沿之间或后沿之间的时间间隔。

（4）脉冲频率 f　单位时间内脉冲信号重复出现的次数。显然，$f=1/T$。

脉冲波的底部与顶部的电位是不相等的，电位的相对高低常用电平表示。对于规定的零电平来说，高电位对应高电平，低电位对应低电平。正脉冲在持续期内为高电平；负脉冲在持续期内为低电平。

从上可知，数字信号具有如下特点：

1）只具有高电平和低电平两种状态。

2）如果赋予高、低两种电平代表1和0这两种数字的意义，则一组脉冲可以看成是1、0表示的一串数字量。

3）可以用高低电平表示自然界中的各种物理量的有无、强弱、高低的相互关系，只要按照一定的关系建立起某种逻辑关系式，就可以实现判断、推理、计算和记忆等。

数字电路是用来处理数字信号的，它利用脉冲的有无以及脉冲的多少代表某种特定的信息或数量。根据数字信号的特点，数字电路结构形式有以下特点：

1）高低电平的数字量可以用开关的通断来实现。因此，数字电路是一系列开关电路，这种电路容易实现，电路简单。

2）在研究自然界各种物理量的关系时，可以建立起符合某种逻辑关系的逻辑关系式。实现这些逻辑关系的电路称为逻辑电路。把一些逻辑电路按照一定的方式组合起来，可以构成大的数字系统，各种数字电路都是逻辑电路，或逻辑电路的组合。

3）由于只考虑信号的有无、数目，无需考虑信号的大小，因此数字电路抗干扰能力强，可靠性高。用晶体管构成开关电路时，晶体管工作在截止或饱和状态，这样功耗低。

在数字电路中，把电路的“1”态称为逻辑“1”，“0”态称为逻辑“0”。若规定高电平为逻辑“1”，低电平为逻辑“0”，则称为正逻辑；反之则称为负逻辑。本书采用正逻辑。

二、数制和码制

1. 数制

数制是指多位数码中每一位的构成方法和低位向高位的进位规则。

（1）十进制　其特点是数字的每一位都由0~9中的一个数码构成，计数的基数为十，超过9要向高位进位，即“逢十进一”。十进制常用D来表示，如412表示为$(412)_D$。

（2）二进制　其特点是数字的每一位仅为0或1这两种数码，计数的基数为二，低位向相邻高位按“逢二进一”进位。二进制常用B来表示，如1011表示为$(1011)_B$。数字信号和数字电路特别适合用二进制计数。

二进制的运算法则如下：

加法法则为：$0+0=0$；$1+0=1$；$0+1=1$；$1+1=10$。

乘法法则为：$0\times0=0$；$1\times0=0$；$0\times1=0$；$1\times1=1$。

（3）八进制　其特点是数字的每一位由0~7中的一个数码构成，计数基数为八，进位关系为“逢八进一”。

（4）十六进制　其特点是数字的每一位由0~9、A、B、C、D、E、F中的一个数码构成，计数基数为16，进位关系是“逢十六进一”。

在计算机上常用八进制和十六进制。

不同进制的数可以互相变换。几种数制之间的对应关系见表10-1。

2. 码制

数字系统的信息有两类：一类是数值信息；一类是文字图形符号，表示非数值的其他事物。对于后一类信息，常用按一定规律编制的各种代码来代表，这一规律称为码制。

表 10-1　几种数制之间的关系对照表

十进制数	二进制数	八进制数	十六进制数	十进制数	二进制数	八进制数	十六进制数
0	00000	0	0	11	01011	13	B
1	00001	1	1	12	01100	14	C
2	00010	2	2	13	01101	15	D
3	00011	3	3	14	01110	16	E
4	00100	4	4	15	01111	17	F
5	00101	5	5	16	10000	20	10
6	00110	6	6	17	10001	21	11
7	00111	7	7	18	10010	22	12
8	01000	10	8	19	10011	23	13
9	01001	11	9	20	10100	24	14
10	01010	12	A				

对数字系统而言，使用最方便的是按二进制数编制代码。如在用二进制数码表示一位十进制数的 0 ~ 9 这十个状态时，经常采用 8—4—2—1 的码制（又称 BCD 码）。用 8421 码制编制的代码见表 10-2。

还有一种格雷码（又称循环码、反射码）较常用，见表 10-3。其特点是任两相邻代码间只有一位数码不同，这对代码的转换和传输非常有利。

表 10-2　8421 码制代码表（十以内）

十进制数	代		码	
	D	C	B	A
0	0	0	0	0
1	0	0	0	1
2	0	0	1	0
3	0	0	1	1
4	0	1	0	0
5	0	1	0	1
6	0	1	1	0
7	0	1	1	1
8	1	0	0	0
9	1	0	0	1
权	8	4	2	1

表 10-3　格　雷　码

十进制数	格雷码	十进制数	格雷码
0	0000	8	1100
1	0001	9	1101
2	0011	10	1111
3	0010	11	1110
4	0110	12	1010
5	0111	13	1011
6	0101	14	1001
7	0100	15	1000

第二节　基本逻辑门电路

数字电路的基本单元是基本逻辑门电路。它们反映的是事物的基本逻辑关系。

一、三种基本逻辑关系

逻辑是指事物的条件与结果之间的因果关系。基本的逻辑关系有三种，即与逻辑、或逻辑和非逻辑。

与逻辑关系是当决定一个事件的条件全部具备时，此事件才能发生，又称逻辑与。例如，如图 10-3a 所示，由两个开关 S_1、S_2 串联控制灯泡 HL 的电路，只有当 S_1、S_2 都闭合时（条件全部具备），灯泡才亮（事件发生）。

或逻辑关系是在决定一个事件的诸条件中，有一个或一个以上具备，此事件就会发生，又称逻辑或。例如，如图 10-3b 所示，两个开关 S_1、S_2 并联控制灯泡 HL 的电路，只要 S_1 或 S_2 有一个闭合（具备任何一个条件），灯泡就亮（事件发生）。

非逻辑表示否定或相反的关系。如图 10-3c 所示，当开关 S 闭合时（条件具备），灯泡不亮（事件不发生）；而开关 S 断开时，灯泡发亮。

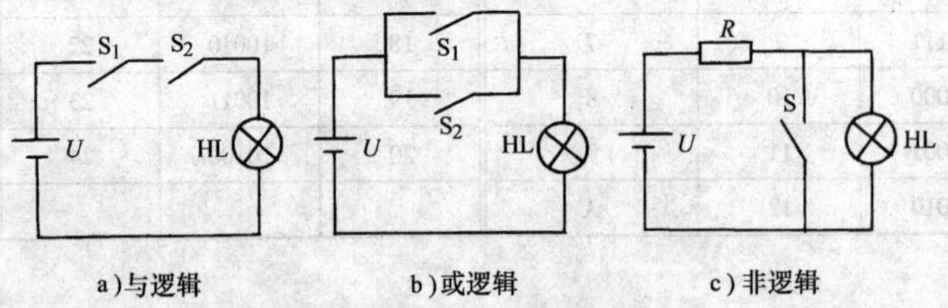

图 10-3　由开关组成的逻辑电路

能够实现与、或、非逻辑关系的电路分别称为与门、或门、非门电路。它们是组成各种逻辑电路的基本逻辑门。

二、逻辑门

1. 非门

图 10-4a 是由晶体管组成的非门电路，又称反相器。

当输入端 A 为 0V 低电平时，晶体管截止，输出端 Y 接近 U_{CC} 为高电平；当 A 端为 5V 高电平时，晶体管饱和，Y 端近于 0V 为低电平。可见，Y 端与 A 端的逻辑状态相反，A 为"1"态时，Y 为"0"态，A 为"0"态时 Y 为"1"态，即具有逻辑非的关系。逻辑非可概括为"入 0 出 1，入 1 出 0"。

图 10-4b 是非门逻辑符号，输出端上的小圆圈表示非的意思。

非门逻辑功能可以列表表示，见表 10-4，称为逻辑状态表。也可以用逻辑表达式来描述：

$$Y=\overline{A} \tag{10-1}$$

式中，$\overline{A}$ 读作"A 非"。

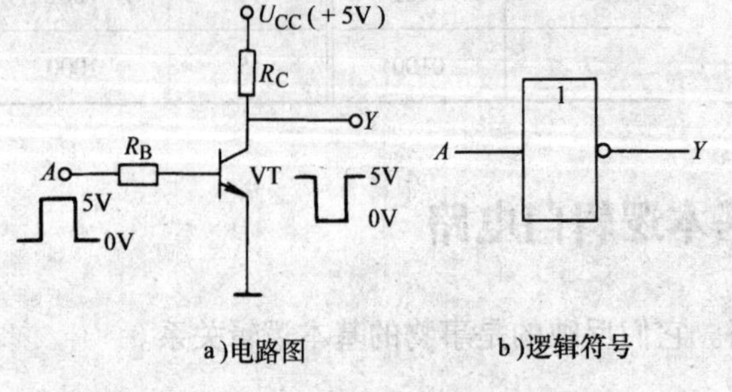

图 10-4　非门电路和非门逻辑符号

表 10-4　非门逻辑状态表

输入	输出
A	Y
1	0
0	1

2. 与门

图 10-5a 是由二极管组成的与门电路。A、B、C 是它的三个输入端，Y 是输出端。VD_A、VD_B、VD_C 是二极管，经限流电阻 R 接至电源 $+U_{CC}$。当输入端全为高电平时，例如三者均为 3V，则输出端电平近似等于 3V，也是高电平。若输入端中任一端或几端为 0V 低电平，例如 A 端为 0V，B、C 端为 3V 时，则 VD_A 优先导通并把输出端 Y 的电位箝制在 0V 低电平上。这时，VD_B、VD_C 因承受反向电压而截止，从而把 B、C 端与 Y 端隔离开来。

可见，图 10-5a 所示输出端与输入端之间的逻辑关系是：当 A、B、C 中任一端或几端为“0”态时输出便是“0”态；只有当输入全为“1”态时输出才为“1”态，即具有与逻辑关系。与逻辑可概括为：“有 0 出 0，全 1 出 1”。

与门的逻辑符号如图 10-5b 所示。

与门的逻辑功能也可以用逻辑状态表和逻辑表达式描述。与门逻辑状态表见表 10-5，与门逻辑表达式见式（10-2）。

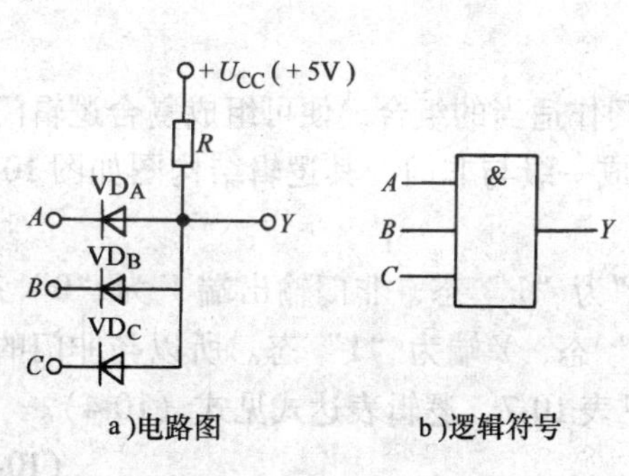

图 10-5　二极管与门电路及与门逻辑符号

表 10-5　与门逻辑状态表

输入			输出
A	B	C	Y
0	0	0	0
0	0	1	0
0	1	0	0
0	1	1	0
1	0	0	0
1	0	1	0
1	1	0	0
1	1	1	1

$$Y = A \cdot B \cdot C \tag{10-2}$$

式（10-2）与普通代数的乘式相似，故逻辑与又称逻辑乘。式中“·”即逻辑乘号（有的文献上用“×”或“∧”，也可省略而直书 ABC）。但需指出，逻辑乘与代数乘不同，其变量仅表示某种逻辑状态）（“1”态或“0”态）而不表示具体的数值。

3. 或门

如图 10-6a 所示是由二极管组成的或门电路。其电路结构与图 10-5a 相似，只是二极管连接方向相反并取负电源供电而已。当 A、B、C 端全是低电平时，输出端 Y 也是低电平；当输入端中任一端或几端是高电平时，Y 端便是高电平。

可见，图 10-6a 所示输出与输入之间的逻辑关系是：只要输入端中有一个或一个以上是“1”态，输出便是“1”态；只有输入全是“0”态时，输出才是“0”态，即具有或逻辑关系。或逻辑可概括为：“有 1 出 1，全 0 出 0”。

或门逻辑符号如图 10-6b 所示。

或门逻辑状态表见表 10-6，或门逻辑表达式见式（10-3）。

$$Y = A + B + C \tag{10-3}$$

式（10-3）与普通代数和式相似，故逻辑或又称逻辑加。当然，逻辑加与代数和仅是形式相似，二者的含义是不同的。

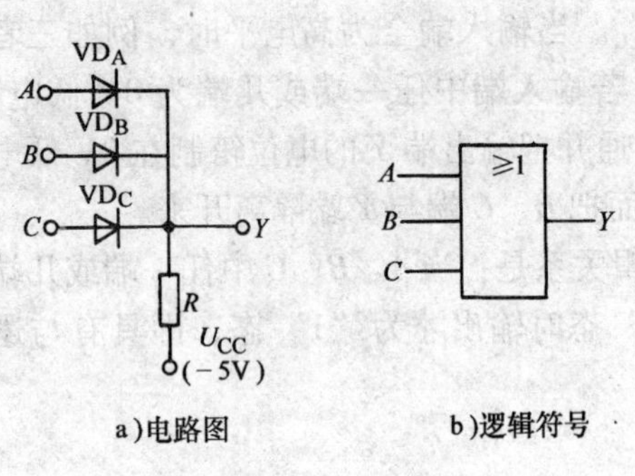

图 10-6　二极管或门电路及或门逻辑符号

表 10-6　或门逻辑状态表

输	入		输出
A	B	C	Y
0	0	0	0
0	0	1	1
0	1	0	1
0	1	1	1
1	0	0	1
1	0	1	1
1	1	0	1
1	1	1	1

4. 复合门

非门、与门、或门是基本逻辑门。把基本逻辑门作适当的组合，便可组成复合逻辑门。

（1）与非门　用一级与门和一级非门连接便组成一级与非门，其逻辑结构图如图 10-7a 所示。

显然，当输入端全为“1”态时，与门输出端 Y'为“1”态，非门输出端 Y 为“0”态。当输入端中有一端或几端为“0”态时，Y'端为“0”态，Y 端为“1”态。所以与非门的逻辑功能是：“全 1 出 0，有 0 出 1”。其逻辑状态表见表 10-7，逻辑表达式见式（10-4）。

$$Y = \overline{Y'} = \overline{ABC} \tag{10-4}$$

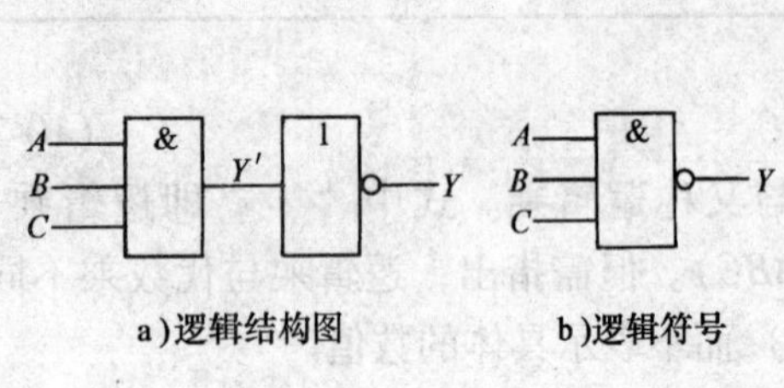

图 10-7　与非门逻辑结构图及逻辑符号

表 10-7　与非门逻辑状态表

输	入		输出
A	B	C	Y
0	0	0	1
0	0	1	1
0	1	0	1
0	1	1	1
1	0	0	1
1	0	1	1
1	1	0	1
1	1	1	0

通常是把与非门做成单独的逻辑组件，在电路中用图 10-7b 所示的逻辑符号表示。

（2）或非门　由一级或门与一级非门连接起来便组成一级或非门，其逻辑结构如图 10-8a 所示。如图 10-8b 所示是或非门逻辑符号。

根据或门和非门逻辑功能不难得出：当输入全为“0”态时输出为“1”态；当输入有一个或几个为“1”态时输出为“0”态。所以或非门的逻辑功能是：“全 0 出 1，有 1 出 0”。它的逻辑状态表见表 10-8，其逻辑表达式见式（10-5）。

$$Y = \overline{A + B + C} \tag{10-5}$$

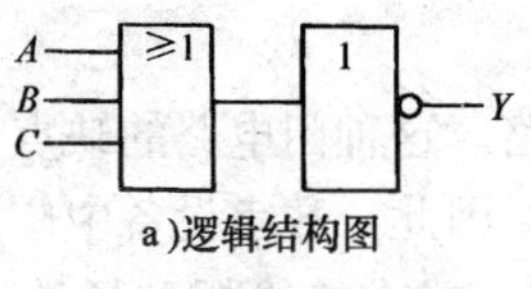

a)逻辑结构图

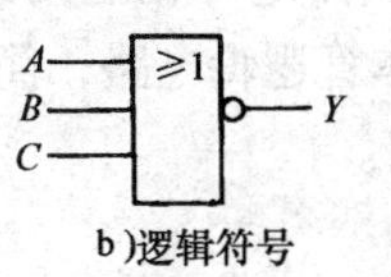

b)逻辑符号

图 10-8　或非门逻辑结构及逻辑符号

表 10-8　或非门逻辑状态表

输	入		输出
A	*B*	*C*	*Y*
0	0	0	1
0	0	1	0
0	1	0	0
0	1	1	0
1	0	0	0
1	0	1	0
1	1	0	0
1	1	1	0

（3）与或非门　把与、或、非门按顺序连接起来便组成与或非门，其逻辑结构图和逻辑符号如图 10-9 所示。

与或非门的逻辑功能是：*A*、*B* 和 *C*、*D* 任何一组全为“1”时 *Y* 为“0”，*A*、*B* 和 *C*、*D* 每一组都有“0”时 *Y* 为“1”。它的逻辑表达式为

$$Y = \overline{A \cdot B + C \cdot D} \tag{10-6}$$

与或非门的逻辑功能也可以用逻辑状态表来描述。

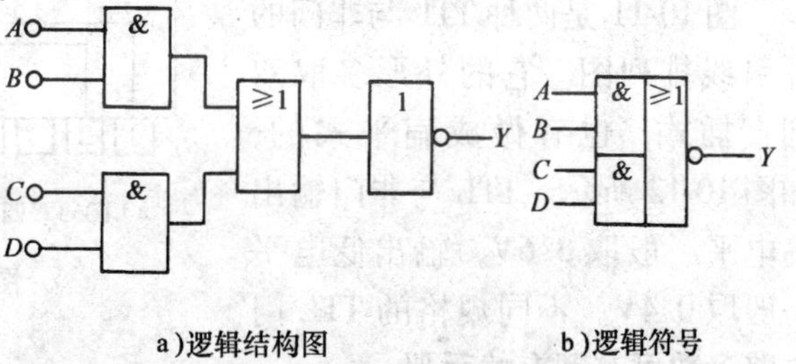

a)逻辑结构图　　b)逻辑符号

图 10-9　与或非门逻辑结构及逻辑符号

（4）异或门　异或门电路的逻辑功能是：当两个输入变量 A、B 的状态相同时（同为 1 或 0），输出为 0；当 A、B 状态相异时（一个为 0，另一个为 1）输出为 1。简言之，相同出 0，相异出 1。其逻辑表达式为

$$Y = A \cdot \overline{B} + \overline{A} \cdot B = A \oplus B \tag{10-7}$$

异或门的逻辑符号如图 10-10 所示。异或门的逻辑状态见表 10-9。

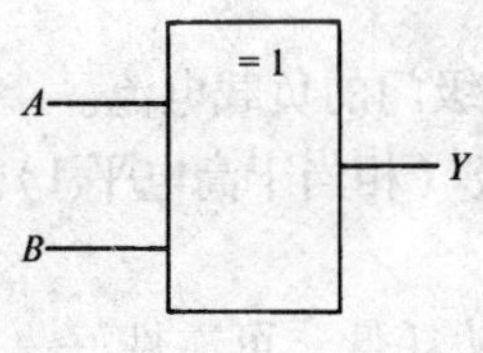

图 10-10　异或门逻辑符号

表 10-9　异或门逻辑状态表

输	入	输出
A	*B*	*Y*
0	0	0
1	1	0
0	1	1
1	0	1

由上可知，逻辑门电路都是由二极管、晶体管或 MOS 场效应晶体管所组成，并且都是利用其开关特性来实现其逻辑状态 0 和 1 的；逻辑门在任一时刻的输出变量值（0 或 1）仅仅取决于该时刻门电路的输入变量值（0 或 1）。

第三节　集成逻辑门

用二极管、晶体管组成的门电路称为分立元器件门电路。这种门电路的缺点是使用元器件多、体积大、工作速度低、可靠性差、带负载能力较弱。因此，数字设备中广泛采用集成电路。根据电路结构的不同，集成门电路可由晶体管组成，或由绝缘栅型场效应晶体管组成。前者的输入级和输出级均采用晶体管，故称为晶体管-晶体管逻辑电路，简称 TTL 电路。后者为金属-氧化物-半导体场效应管逻辑电路，简称 MOS 电路。

一、TTL 与非门

TTL 与非门是目前品种齐全，应用广泛的一类集成电路。产品代号以 T 起头，如 T1000、T2000、T3000、T4000 系列。其中 T4000 系列与国际市场 54/74LS 系列通用。

TTL 电路的特点是运行速度比较快，电源电压比较低（仅 5V），有较强的带负载能力。

图 10-11 是两种 TTL 与非门的外引线排列图。它的外形多取双列直插式，也有做成扁平式的，如图 10-12 所示。TTL 与非门输出高电平一般取 3.6V，输出低电平一般取 0.4V。不同规格的 TTL 门电路参数可查阅有关手册。

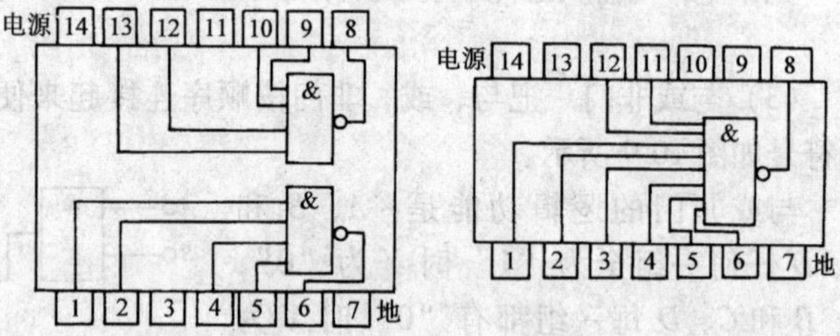

a）T063双四输入端与非门　　b）T060八输入端与非门

图 10-11　TTL 与非门外引线排列图

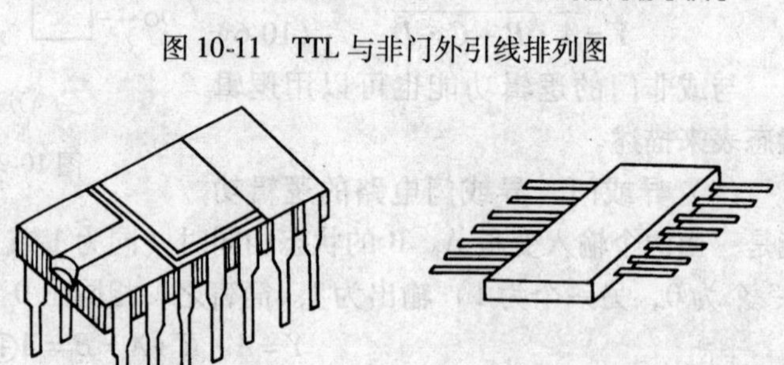

a）双列直插式　　b）扁平式

图 10-12　集成电路的外形

TTL 与非门有多个输入端。当输入信号的数目较少时，对多余输入端（即闲置端）的处理一般有以下方法：

1）将闲置端悬空（相当于 1 态），这样处理的缺点是易受干扰。

2）将闲置端与信号输入端并接，这样处理的优点是可以提高工作可靠性，缺点是增加前级门的负载电流。

3）通过一个数千欧的电阻将闲置端接到电源 U_{CC} 的正极（相当于高电平 1）。

二、CMOS 门

CMOS 门是以 MOS 管为核心的集成电路，它的优点是功耗低，可靠性好，电源电压范围宽，容易和其他电路接口；缺点是工作速度低。TTL 与 CMOS 电路性能比较见表 10-10。

常用的 CMOS 门电路除了非门、与非门外，还有 CMOS 传输门。

CMOS 传输门是一种受电压控制的传输信号的双向开关，它的逻辑符号如图 10-13 所示。当 $C=1$，$\overline{C}=0$ 时，传输门开启，信号可以在 A—Y 间传输；反之，当 $C=0$，$\overline{C}=1$ 时，传输门关断，信号不能通过。

市售的 CMOS 传输门有 CC4000 和 C000 两个系列。

表 10-10　TTL 和 CMOS 电路性能比较

性 能 名 称	TTL	CMOS
主要特点	高速	微功耗、高抗干扰能力
集成度	中	极高
电源电压/V	5	3 ~ 18
平均延迟时间/ns	3 ~ 10	40 ~ 60
最高计数频率/MHz	35 ~ 125	2
平均导通功耗/mW	2 ~ 22	0.001 ~ 0.01
输出高电平/V	3.4	电源电压
输出低电平/V	0.4	0

使用 CMOS 组件时应注意安全保护，多余的输入端不能悬空。工作频率不太高时，可将输入端并联使用；工作频率较高时应根据逻辑要求把多余的输入端接 U_{DD} 或 U_{SS}。CMOS 电路的输出端绝不能短路。

三、三态门

三态门是三状态与非门的简称。它的输出有三种逻辑状态；0 态、1 态和高阻态或称禁止状态。三态门的逻辑符号如图 10-14 所示。

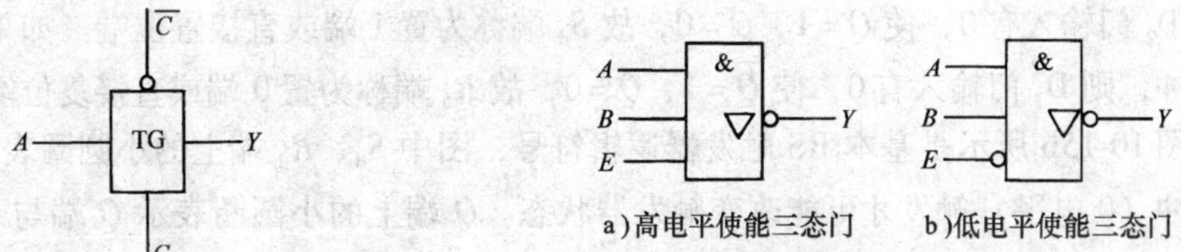

图 10-13　CMOS 传输门的逻辑符号　　　　图 10-14　三态门逻辑符号

图 10-14a 是高电平使能三态门。它的逻辑功能是：当使能端（或控制端）E 接高电平时，输入端 A、B 与输出端 Y 之间执行与非逻辑关系，称为三态门的工作状态；当 E 端接低电平时，输出端呈高阻态。三态门处于高阻态时，其输出端实际上相当于与所连接的电路断开。

图 10-14b 是低电平使能三态门。它的逻辑功能是：当使能端 E 为高电平时，三态门处于高阻状态；E 为低电平时，三态门处于工作状态。

三态门主要用途是构成计算机接口电路。

第四节　集成触发器

在数字控制系统和计算系统中需要具有记忆功能的各种逻辑部件。触发器是组成这类逻辑电路的基本逻辑单元。因为它有两种稳定工作状态，故又称为双稳态触发器。当受到外部信号触发时触发器可由一种稳定状态转换为另一种稳定状态；当外部信号消失后，触发器状态保持不变。所以触发器具有“记忆”功能。

根据逻辑功能不同，触发器可分为 RS 触发器、JK 触发器、D 触发器和 T 触发器。

一、RS 触发器

1. 基本 RS 触发器

基本 RS 触发器由两个与非门交叉组成，如图 10-15a 所示。图中 Q 和 $\overline{Q}$ 是两个输出端，S_d、R_d 是两个输入端。若使 S_d、R_d 端悬空（或接高电平），则 Q 端和 $\overline{Q}$ 端的状态将由接通电源时的某种偶然因素决定。如果 Q 端为 0 态时，反馈到 D_1 门使其输入有 0，使$\overline{Q}$为 1 态；$\overline{Q}=1$ 反馈到 D_2 门使其输入全 1，使 Q 端保持 0 态不变。结果，触发器稳定在 $Q=0$，$\overline{Q}=1$ 的状态。同理，如果接通电源时 Q 端为 1 态，则其反馈信号使 D_1 门输入全 1，$\overline{Q}$ 为 0 态；$\overline{Q}=0$ 反馈到 D_2 门输入端使其输入有 0，Q 端保持 1 态不变。

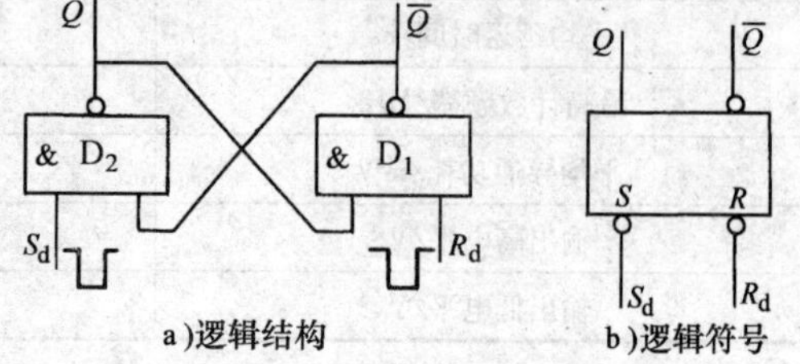

图 10-15　基本 RS 触发器

可见，Q 和 $\overline{Q}$ 端的状态相反，二者不可能同时稳定于 0 态或 1 态。这种触发器有两个稳定状态，故称为双稳态触发器。通常规定：$Q=0$，$\overline{Q}=1$ 时触发器为 0 态；$Q=1$，$\overline{Q}=0$ 时触发器为 1 态。

若要改变触发器的状态，可在 S_d 端或 R_d 端输入负的触发脉冲。如果在 S_d 端输入负脉冲，则 D_2 门输入有 0，使 $Q=1$，$\overline{Q}=0$，故 S_d 端称为置 1 端或直接置位端。如果在 R_d 端输入负脉冲，则 D_1 门输入有 0，使 $\overline{Q}=1$，$Q=0$，故 R_d 端称为置 0 端或直接复位端。

如图 10-15b 所示是基本 RS 触发器逻辑符号，图中 S_d、R_d 端上的小圆圈表示触发器须用负脉冲（0 电平）触发才可能改变触发器状态。$\overline{Q}$ 端上的小圆圈表示 $\overline{Q}$ 端与 Q 端状态相反。

触发器从一种稳定状态变为另一种稳定状态称为状态翻转。当 S_d、R_d 端输入不同的变量组合时，触发器的状态有以下几种情况：

1）当 $S_d=R_d=1$ 时，触发器状态不变。例如触发器原状态是 $Q=0$，$\overline{Q}=1$，则 D_1 门输入有 0 出 1，D_2 门输入全 1 出 0，触发器仍保持 $Q=0$，$\overline{Q}=1$ 状态不变。这表明输入端为高电平时不能改变输出端状态。

2）当 $S_d=0$，$R_d=1$ 时，D_2 门有一个输入端为 0 态，故其输出为 $Q=1$；由于 D_1 门输入全为 1 态，故其输出为 $\overline{Q}=0$。此时触发器处于置 1 状态（置位态）。

3）当 $S_d=1$，$R_d=0$ 时，D_1 门有一个输入端为 0 态，故其输出为 1 态；由于 D_2 门输入全为 1 态，故其输出为 0 态。此时触发器处于置 0 状态（复位态）。

上述 2）、3）两项表明，在直接置位端加负脉冲（$S_d=0$）可以置位（置 1）；在直接复位端加负脉冲（$R_d=0$）可以复位（置 0）。当负脉冲过后 S_d 和 R_d 都保持 1 态（高电平），触发器状态将保持不变。这一性能就是触发器的“记忆”功能，或称为存储功能。

4）当 $S_d=R_d=0$ 时，D_1 门和 D_2 门都因输入有 0 出 1 而暂时为 1 态。但当 S_d、R_d 端负脉冲同时消失时，D_1、D_2 门输入端均恢复为 1 态，其输出形成不稳定状态。触发器稳定于何种状态将由某种偶然因素决定。所以，这种输入状态是不允许的，必须禁止，称为禁止输入组合。

基本 RS 触发器逻辑状态表见表 10-11。表中 Q_n 代表输入信号作用前触发器的状态（原态），Q_{n+1} 代表输入信号作用后触发器的状态（新态）。×号表示状态不定。

表 10-11 基本 RS 触发器逻辑状态表

S_d	R_d	Q_{n+1}	S_d	R_d	Q_{n+1}
1	1	Q_n	1	0	0
0	1	1	0	0	×

2. 同步 RS 触发器

基本 RS 触发器状态的翻转无法从时间上加以控制。只要 S_d 端或 R_d 端一出现负脉冲信号，触发器状态立即翻转。在实际应用中常需要用一个像时钟一样准确的控制信号来控制同一电路中各个触发器的翻转时刻。这样的控制信号通常称为时钟脉冲（简称 CP 脉冲）。具有时钟脉冲控制信号的 RS 触发器称为钟控 RS 触发器，又称同步 RS 触发器。

图 10-16 是同步 RS 触发器逻辑图和逻辑符号。它由四个与非门组成，其中 D_1 门和 D_2 构成基本 RS 触发器，D_3 门和 D_4 门组成导引电路。S_d 和 R_d 分别是直接置 1 端和直接置 0 端，用来预置触发器的原始状态。触发器工作时使其悬空。S 端和 R 端分别是置 1 端和置 0 端（S、R 端采用正脉冲触发），统称信号输入端，用来输入触发信号。CP 端是时钟脉冲输入端。时钟脉冲是一系列正脉冲，用以控制触发器翻转的时刻。所谓同步，是指触发器的状态只有在时钟脉冲作用时才可能翻转。

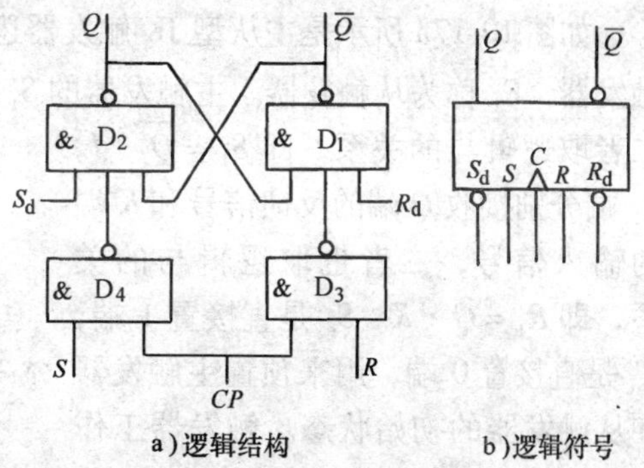

a）逻辑结构　　b）逻辑符号

图 10-16 同步 RS 触发器

在时钟脉冲到来之前，$CP=0$，D_3 门和 D_4 门被关闭。不论 R 端和 S 端状态如何，D_3 门和 D_4 门输出均为 1。R 端和 S 端的输入信号不能通过 D_3 门和 D_4 门去控制触发器的状态。因此，$CP=0$ 时触发器状态不变。

时钟脉冲到来时，$CP=1$，D_3 门和 D_4 门均被打开，R 端和 S 端的输入信号就能够通过导引门去触发基本 RS 触发器。具体情况如下：

1）$S=0$，$R=0$ 时，不论 CP 端状态如何，导引门 D_3 和 D_4 输出均为 1，基本 RS 触发器保持原状态不变。所以，同步 RS 触发器的状态不变。

2）$S=0$，$R=1$ 时，在时钟脉冲到来时，$CP=1$，D_3、D_4 门开启。其中 D_3 输入全为 1 态，输出为 0 态；D_4 输入有 0（$S=0$），输出为 1 态。根据基本 RS 触发器逻辑功能可知：此时触发器输出端 $Q=0$，$\overline{Q}=1$，即同步 RS 触发器置 0。

3）$S=1$，$R=0$ 时，在时钟脉冲作用期间，$CP=1$，D_3 门输出为 1，D_4 门输出为 0，故使 $Q=1$，$\overline{Q}=0$，即同步 RS 触发器置 1。

上述 2）、3）两项表明，同步 RS 触发器具有置 0 和置 1 功能。当 CP 脉冲过后，$CP=0$，导引门 D_3、D_4 重又关闭，触发器状态保持不变。

4）$S=1$，$R=1$ 时，时钟脉冲作用期间，$CP=1$，D_3、D_4 门输出都是 0 态，将迫使 Q

和 $\overline{Q}$ 都暂时为 1 态。当 CP 脉冲过后，导引门 D_3、D_4 关闭（即 D_3、D_4）输出都是 1 态）。此时触发器的状态将由某种偶然因素决定，而稳定于 0 态或 1 态。也就是说同步 RS 触发器的状态难以确定（不定态）。因此，$S=1$，$R=1$ 是一对禁止输入组合，使用时应避免出现这种情况。

同步 RS 触发器的逻辑功能见表 10-12。表中 Q_n 表示 CP 脉冲到来前触发器的状态（原态），Q_{n+1}表示 CP 脉冲到来后触发器的状态（新态）。

表 10-12　同步 RS 触发器逻辑状态表

S	R	Q_{n+1}	S	R	Q_{n+1}
0	0	Q_n	1	0	1
0	1	0	1	1	×

二、JK 触发器

如图 10-17a 所示是主从型 JK 触发器逻辑图。它由两个同步 RS 触发器组成。F_1 称为主触发器，F_2 称为从触发器。主触发器的 S_1 端，分别接收 $\overline{Q}$ 端的反馈信号和 J 端的输入信号，二者取逻辑与的关系，即 $S_1=\overline{Q}\cdot J$。R_1 端分别接收 Q 端的反馈信号和 K 端的输入信号，二者也取逻辑与的关系，即 $R_1=Q\cdot K$。S_d 是直接置 1 端，R_d 是直接置 0 端，用来预置主触发器和从触发器的初始状态。触发器工作时，应使 $S_d=R_d=1$。时钟脉冲 CP 除直接控制主触发器外，还经过非门 D，以$\overline{CP}$去控制从触发器。在未加时钟脉冲时，$CP=0$，$\overline{CP}=1$。此时主触发器被封锁，保持原状态不变，而从触发器的状态则由 Q 和 $\overline{Q}$ 的原状态决定。在时钟脉冲作用时，$CP=1$，$\overline{CP}=0$。此时主触发器 F_1 的状态由 S_1、R_1 端的状态决定；从触发器 F_2 被封锁，其状态不变。时钟脉冲下降沿到来时，$CP=0$，$\overline{CP}=1$。F_2 接收 Q_1 和 $\overline{Q}_1$ 的状态作为输入信号。由同步 RS 触发器的逻辑功能可知，Q 和 $\overline{Q}$ 的状态将与 Q_1 和 $\overline{Q}_1$ 状态一致。此时 F_1 已经被封锁，即使再有新的输入信号加至 S_1 和 R_1 端也不能改变 F_1 和 F_2 的状态。

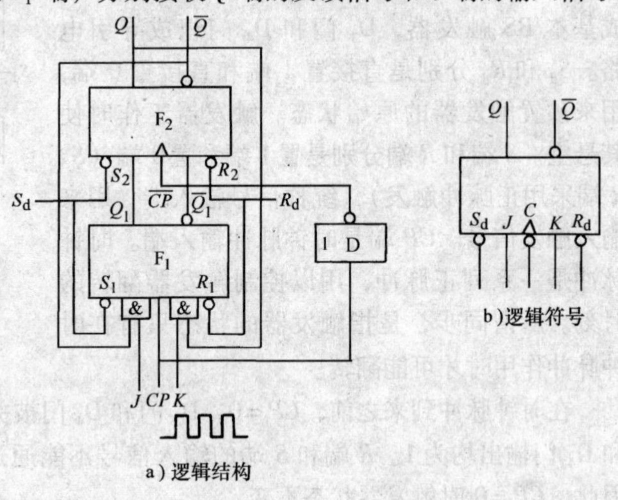

图 10-17　主从型 JK 触发器

由此可见，主从型 JK 触发器工作时有如下特点：

1）从触发器的状态随主触发器的状态而定。若 F_1 为 1 态，则 F_2 随之为 1 态；若 F_1 为 0 态，则 F_2 随之为 0 态。主从之名由此而来。

2）JK 触发器状态转换分两步完成。CP 脉冲上升沿（由 0 变 1）到来时，输入信号存入主触发器并控制主触发器的输出状态（新态）；CP 脉冲下降沿（由 1 变 0）到来时，从触发器接收主触发器输出状态的触发而输出 0 态或 1 态。这种工作方式称为下降沿触发。

此外，在 $CP=1$ 期间，通常要求 J、K 端输入状态应保持不变。

主从型 JK 触发器的逻辑符号如图 10-17b 所示。CP 端上的小圆圈表示触发器状态在时钟脉冲下降沿到来时触发。

下面分四种情况讨论主从 JK 触发器的逻辑功能。

1）$J=0$，$K=0$ 时，主触发器导引门被封锁。因此不论时钟脉冲到来与否，也不论来自 Q 端和 $\overline{Q}$ 端的反馈信号如何，都不能改变 F_1 和 F_2 的原来状态。也就是触发器具有保持原状态不变的功能，即 $Q_{n+1}=Q_n$。

2）$J=1$，$K=0$ 时，时钟脉冲到来前，$CP=0$，$\overline{CP}=1$，触发器状态不变。时钟脉冲上升沿到来时，$CP=1$，$\overline{CP}=0$。若触发器原状态为 0，即 $Q=0$，$\overline{Q}=1$，则 $S_1=\overline{Q}\cdot J=1$，$R_1=Q\cdot K=0$。因此主触发器翻转为 1 态，即 $Q_1=1$，$\overline{Q}=0$。若触发器原状态为 1，则 $S_1=0$，$R_1=0$，主触发器仍保持 1 态，$Q_1=1$，$\overline{Q}_1=0$。时钟脉冲下降沿到来时，$CP=0$，$\overline{CP}=1$，主触发器被封锁，从触发器则根据 $S_2=Q_1=1$，$R_2=Q_1=0$ 而输出 1 态，即 $Q=1$，$\overline{Q}=0$。所以，$J=1$，$K=0$ 时具有置 1 功能，即 $Q_{n+1}=1$。

3）$J=0$，$K=1$ 时，与 $J=1$，$K=0$ 情况类似。当时钟脉冲上升沿到来时，不论触发器原状态如何，主触发器输出必定是 $Q_1=0$，$\overline{Q}_1=1$。从触发器被 $\overline{CP}=0$ 封锁，保持原状态不变。时钟脉冲下降沿到来时，主触发器被 $CP=0$ 封锁，从触发器状态为 $Q=0$，$\overline{Q}=1$。故有置 0 功能，即 $Q_{n+1}=0$。

以上 2)、3) 两项表明，当 $J=\overline{K}$ 时触发器状态总是与 J 端状态一致，即 $Q_{n+1}=J$。这种工作方式称为置位功能。

4）$J=1$，$K=1$ 时，触发器将在时钟脉冲控制下翻转。若原状态为 0 态，则反馈到输入端的信号状态是：$S_1=\overline{Q}\cdot J=1$，$R_1=Q\cdot K=0$。时钟脉冲作用后触发器翻转为 1 态。同时反馈到输入端的信号状态变为 $S_1=0$，$R_1=1$。因此第二个时钟脉冲作用后，触发器又翻转为 0 态。以后每来一个时钟脉冲，触发器状态就翻转一次。如果在 CP 端输入一串脉冲，则触发器状态翻转次数等于 CP 端输入的脉冲数。这时 JK 触发器就具有计数的功能，其输出状态为 $Q_{n+1}=\overline{Q}_n$。

主从型 JK 触发器的逻辑状态表见表 10-13。

表 10-13　JK 触发器逻辑状态表

J	K	Q_n	Q_{n+1}	逻辑功能	J	K	Q_n	Q_{n+1}	逻辑功能
0	0	0	0	维持原态	1	0	0	1	置 1
0	0	1	1		1	0	1	1	
0	1	0	0	置 0	1	1	0	1	翻转
0	1	1	0		1	1	1	0	

JK 触发器具有多种逻辑功能，而且 J、K 端可以是任何变量组合。因此是一种性能优良用途广泛的触发器。实用的主从型 JK 触发器常做成单 JK 或双 JK 集成组件。

三、D 触发器

把主从型 JK 触发器的 J 端通过一级非门与 K 端相连，触发器的两个输入端 J、K 合二为一，并定为 D 端，这样就构成了只有一个输入端的 D 触发器，如图 10-18 所示。

显然，$D=1$ 时，$J=1$，$K=0$，时钟脉冲下降沿到来后触发器状态转换为 1 态，或仍保持1态；$D=0$ 时，$J=0$，$K=1$，时钟脉冲下降沿到来后触发器翻转为0态，或仍保持0态。可见，D触发器在接收一个时钟脉冲后，其输出状态与时钟脉冲到来前 D 端的状态一致，即 $Q_{n+1}=D_n$。其逻辑状态表见表10-14。逻辑符号如图10-19a所示。

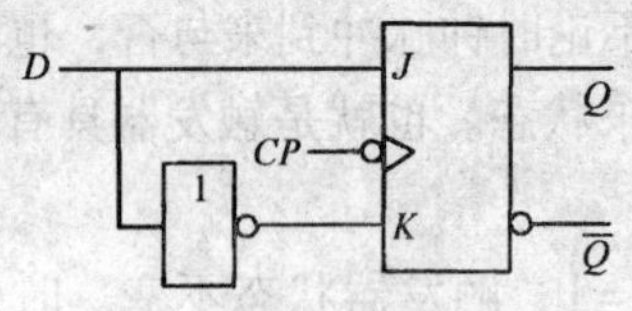

图10-18　JK触发器转换成D触发器

表10-14　D触发器逻辑状态表

D	Q_{n+1}	逻辑功能
0	0	置0
1	1	置1

显然用JK触发器构成的D触发器，也是在 CP 下降沿时触发。但也有一种在上升沿触发的D触发器，称为维持阻塞D触发器。其逻辑符号如图10-19b所示，在 CP 控制端没有标注小圆圈，以表示上升沿触发。它经常被用来构成移位寄存器。

四、T触发器

把主从型JK触发器的 J、K 端连接起来，便构成T触发器，如图10-20所示。图10-21是它的逻辑符号。

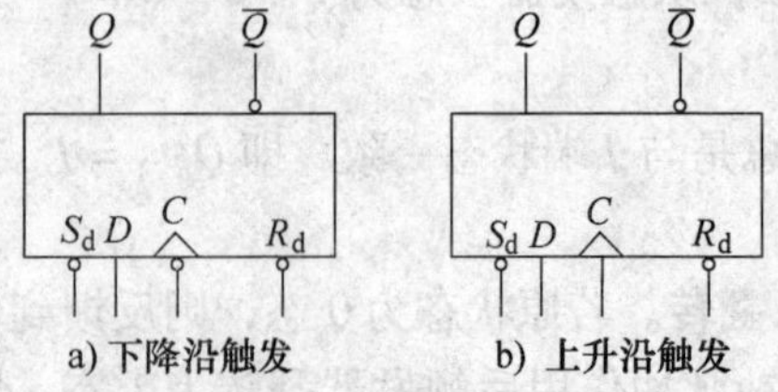

图10-19　D触发器逻辑符号

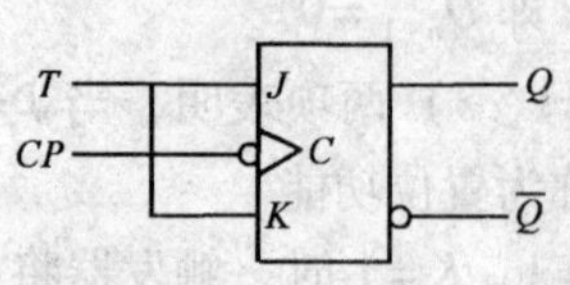

图10-20　JK触发器转换成T触发器

T触发器的逻辑功能是：$T=1$ 时，每来一个时钟脉冲，触发器状态翻转一次，为计数工作状态；$T=0$ 时保持原状态不变。即具有可控计数功能。表10-15是T触发器的逻辑状态表。

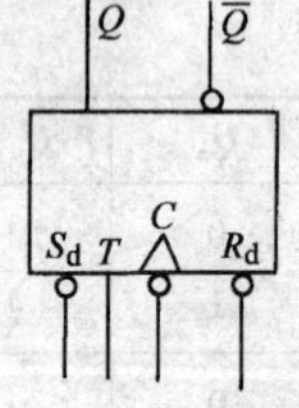

图10-21　T触发器逻辑符号

表10-15　T触发器逻辑状态表

T	Q_{n+1}	逻辑功能
0	Q_n	维持原态
1	$\overline{Q}_n$	计数

第五节　基本数字部件

数字系统是由一些能够对数字信号进行处理和运算的基本数字部件组成的。常见的基本数字部件有加法器、计数器、寄存器、译码器和数字显示器等。其中加法器和译码器等部件是由门电路组成的组合逻辑电路。组合逻辑电路的一个明显特点是，电路的输出状态仅仅取决于当时的输入信号，只要输入信号发生变化，输出状态也随之改变。而计数器和寄存器等部件却是以触发器为基础组成的时序逻辑电路。时序逻辑电路的特点是，电路的输出状态不仅仅取决于当时的输入信号，而且与电路原来的状态有关。

一、二进制加法器

加法器在数字系统中是最基本的运算单元电路，任何复杂的二进制算术运算，均可归结为加法运算来实现。

1. 半加器

在两个二进制数相加时，如果只考虑相同权位上的两个数码相加，而不考虑相邻低权位上的进位数码，称为半加。实现半加运算的电路称为半加器。

半加器由异或门和与门组成，其逻辑结构如图 10-22 所示。半加器的逻辑符号如图 10-23 所示。

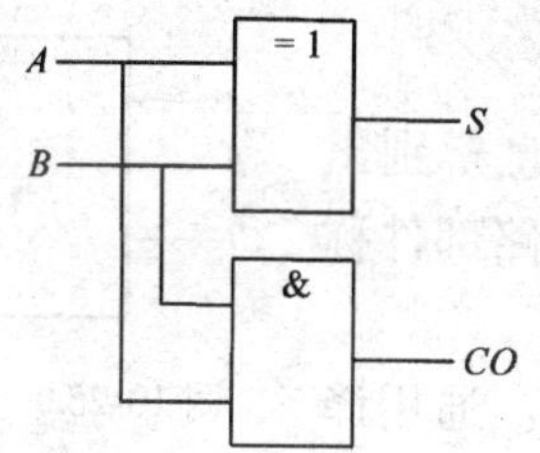

图 10-22 半加器的逻辑结构

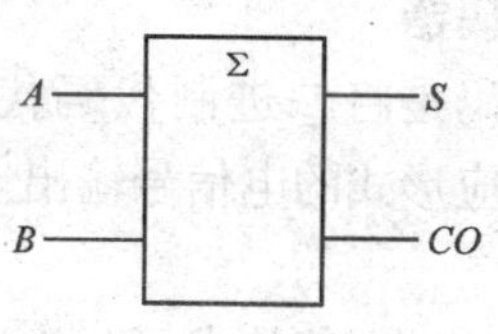

图 10-23 半加器的逻辑符号

A、*B* 为数据输入端，*CO* 和 *S* 是输出端。当 *A*、*B* 同为 0 时，*S* = 0，*CO* = 0；当 *A*、*B* 同为 1 时，*S* = 0，*CO* = 1；而当 *A*、*B* 相异时，*S* = 1，*CO* = 0。半加器的逻辑状态见表 10-16。

表 10-16 半加器逻辑状态表

输入		输出		输入		输出	
A	*B*	*CO*	*S*	*A*	*B*	*CO*	*S*
0	0	0	0	1	0	0	1
0	1	0	1	1	1	1	0

从逻辑状态表可以看出，若将同位相加的二个二进制数从 *A*、*B* 端输入，则输出端 *CO* 和 *S* 的状态恰好反映了二进制数 *A*、*B* 相加运算的结果。其中 *S* 称为本位输出端。*CO* 称为进位端。

2. 全加器

全加器可以实现二个同位的二进制数和低位进位数相加。它由两个半加器和一个或门组成。逻辑结构如图 10-24 所示。它有两个输入端，其中 *A*、*B* 为本位两个二进制数的输入端，*CI* 为低位向本位进位的输入端。*S* 与 *CO* 分别为本位和的输出端与进位输出端。

全加器的逻辑状态见表 10-17。它表达了两个同位的加数与一个来自低位的进位数作相加运算的结果。全加器的逻辑符号如图 10-25 所示。

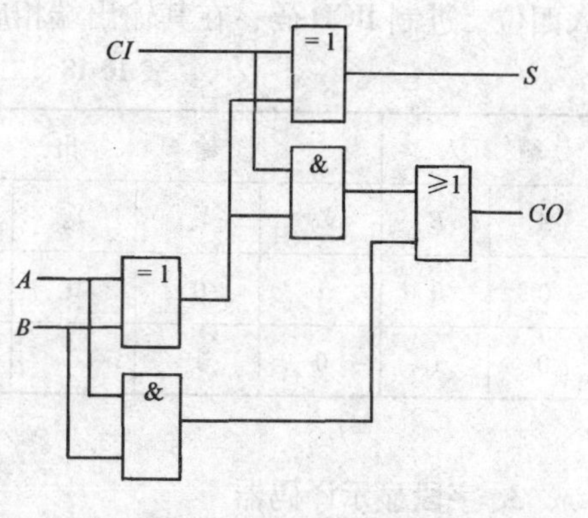

图 10-24 全加器逻辑结构图

表 10-17　全加器逻辑状态表

输入			输出		输入			输出	
CI	*A*	*B*	*CO*	*S*	*CI*	*A*	*B*	*CO*	*S*
0	0	0	0	0	1	0	0	0	1
0	0	1	0	1	1	0	1	1	0
0	1	0	0	1	1	1	0	1	0
0	1	1	1	0	1	1	1	1	1

由半加器和全加器组成的多位二进制加法器都有中规模集成电路供选用，如 CT7483、74LS183 和 CC4008 等。

二、译码器

所谓译码是将二进制代码代表的特定数字或其他信息辨别出来，并以相应形式的电信号输出。完成这一功能的数字电路部件称为译码器。

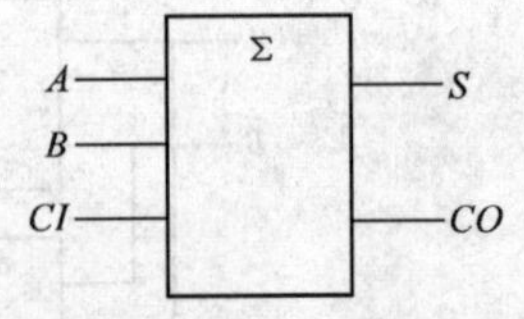

图 10-25　全加器的逻辑符号

译码器按其功能特点可分为通用译码器和显示译码器。通用译码器是将代码转换成电路输出状态的译码器，其代表产品是二～四线译码器和四～十线译码器；而显示译码器是能将数字或文字的代码译出，并驱动显示器显示出数字文字符号的一种功能器件，这两种译码器的应用都十分广泛。

1. 二～四线译码器

二～四线译码器的输入端为 2 个，输出端为 $2^2=4$ 个，图 10-26 为二～四线译码器逻辑电路。由图可得二～四线译码器的输入与输出关系见表 10-18。二～四译码器的典型产品有 74LS139、T156 等。

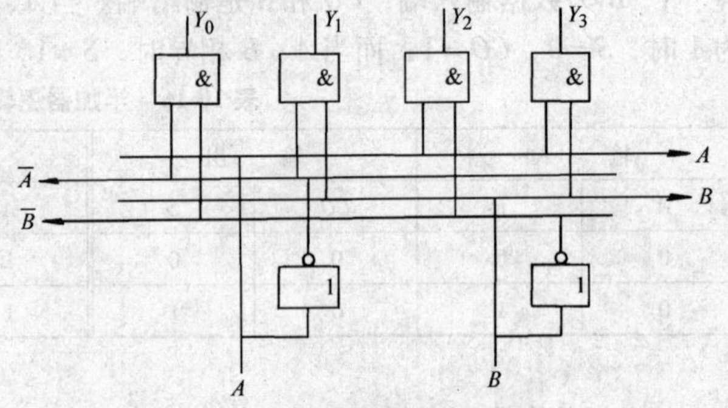

图 10-26　二～四线译码器逻辑电路

2. 四～十线译码器

四～十线译码器可将四位二进制 BCD 码译成十进制数，即从输入端输入四位二进制 BCD 码，在其输出端相应输出代表 0～9 中某个数的电路状态。

表 10-18　二～四线译码器输入与输出关系

输入		输出				输入		输出			
A	*B*	Y_0	Y_1	Y_2	Y_3	*A*	*B*	Y_0	Y_1	Y_2	Y_3
0	0	1	0	0	0	1	0	0	0	1	0
0	1	0	1	0	0	1	1	0	0	0	1

3. 字段显示译码器

数码显示的一种常见方式是分段显示。分段式数码由分布在同一平面上的若干段发光字形线段组成，如图 10-27 所示。为了将代码所表示的十进制数字显示出来，必须通过译码器使其对应的数字段点亮。例如，8421 码的 0011 代码，对应十进制数为 3，则译码器应使 a、c、d、g、h 五段点亮，因此译码器应有确定的几个输出端有信号输出，这是字段显示译码器的主要特点。字段译码器有七段和八段译码器等。

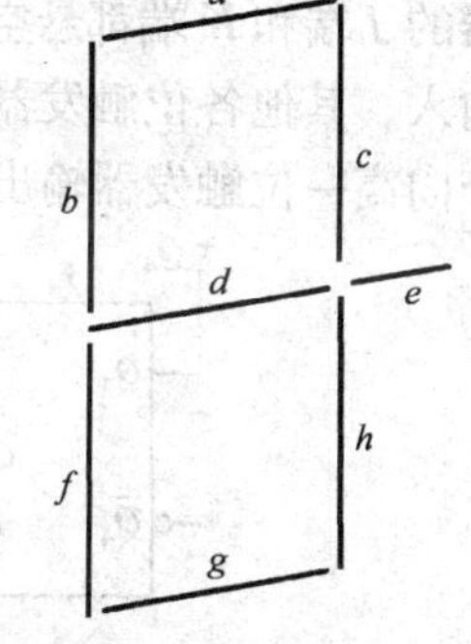

图 10-27　分段式字形分布

8421 十进制编码八段译码器的字段控制要求见表 10-19。七段译码器的字段控制要求，只比八段的少了一段，其他完全相同。

中规模集成译码器八段的有 C302 和 C305 等，七段的有 T337、C306 等。

常用的数字显示器件有辉光数码管、荧光数码管、发光二极管（LED）、显示器和液晶显示器（LCD）等。

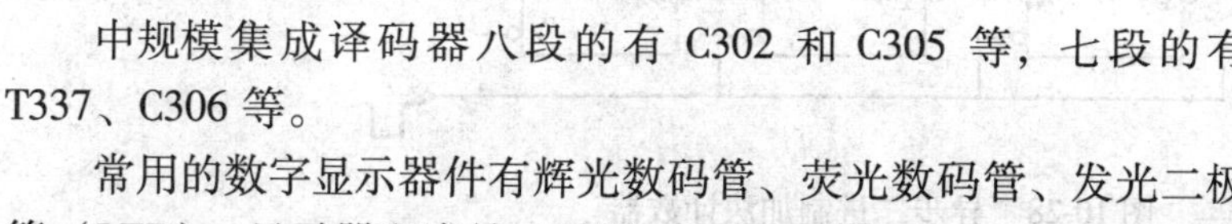

表 10-19　八段译码器的段控制要求

代码 Q_4	代码 Q_3	代码 Q_2	代码 Q_1	十进制数 \ 字段	a	b	c	d	e	f	g	h
0	0	0	0	0				×	×			
0	0	0	1	1	×	×		×	×	×	×	
0	0	1	0	2		×			×			×
0	0	1	1	3		×			×	×		
0	1	0	0	4	×					×	×	
0	1	0	1	5			×		×	×		
0	1	1	0	6			×		×			
0	1	1	1	7		×		×	×	×	×	
1	0	0	0	8					×			
1	0	0	1	9					×	×		

注：×表示该段灭。

三、编码器

所谓编码，就是以若干个 0 和 1 按一定的编排规则组成不同的代码来代表被传送的数字或符号，也可以说是赋予每个代码以一定的含义。编码是译码的反过程。执行编码功能的器件称为编码器。

四、计数器

计数器是一种累计脉冲个数的逻辑部件。计数器不仅用于计数，而且还用于定时、分频和程序控制等，用途极为广泛。

计数器可按多种方式来分类。按计数过程数字增减趋势可分为加法计数器、减法计数器以及加减均可的可逆计数器。按照进制方式不同，可分为二进制计数器、十进制计数器以及任意进制计数器。根据各个计数单元动作的次序，可将计数器分为同步计数器和异步计数器两大类。

1. 异步二进制加法计数器

图 10-28 是用四个主从型 JK 触发器组成的四位二进制加法计数器逻辑图。图中各级触发器的 J 端和 K 端都悬空，相当于 1，均处于计数状态。计数脉冲从最低位触发器 F_1 的 CP 端输入，其他各位触发器的 CP 端依次接在比其低一位的触发器的 Q 端上，通过低位触发器逐个向高一位触发器输出进位脉冲而使触发器逐级翻转。所以这种计数器称为异步计数器。

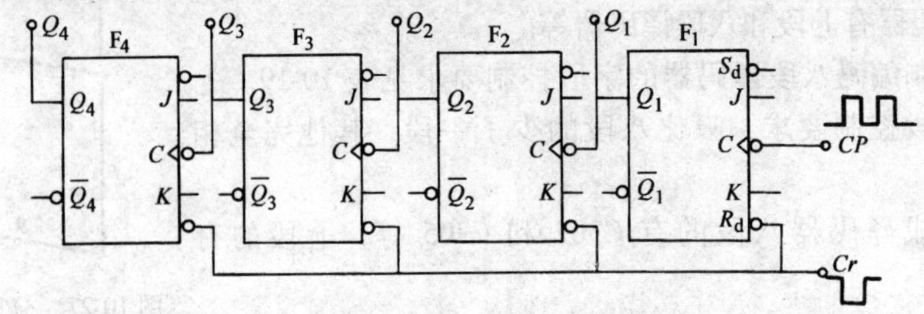

图 10-28　异步二进制加法计数器

四个触发器的直接置 0 端 R_d 接在一起，作为计数器的清零端 Cr。计数之前，先在 Cr 端加一个置 0 负脉冲，使各个触发器全部处于 0 态。即 F_4、F_3、F_2、F_1 的状态为“0000”。

当第一个计数脉冲下降沿到来时，触发器 F_1 翻转，由 0 变为 1。这时，Q_1 端由 0 变为 1 的正跳变不能使触发器 F_2 翻转；其他触发器也因为没有触发脉冲的输入，均保持 0 态。计数器呈现“0001”状态。

第二个计数脉冲下降沿到来时，F_1 翻转为 0。这时 Q_1 端由 1 变为 0 所产生的脉冲下降沿触发 F_2 并使之翻转，由 0 变为 1。但 Q_2 端由 0 变为 1 的正跳变不能使 F_3 翻转。计数器的状态为“0010”。

如此继续输入计数脉冲，每输入一个计数脉冲，F_1 翻转一次；每输入二个计数脉冲，F_2 翻转一次；每输入四个计数脉冲，F_3 翻转一次；每输入八个计数脉冲，F_4 翻转一次。所以，输入第八个计数脉冲后，计数器的状态为“1000”；输入十五个计数脉冲后，计数器的状态则为“1111”。

计数器的状态与输入脉冲数的关系，见表 10-20。

表 10-20　二进制加法计数器的状态表

输入脉冲序号	Q_4	Q_3	Q_2	Q_1	输入脉冲序号	Q_4	Q_3	Q_2	Q_1
0	0	0	0	0	8	1	0	0	0
1	0	0	0	1	9	1	0	0	1
2	0	0	1	0	10	1	0	1	0
3	0	0	1	1	11	1	0	1	1
4	0	1	0	0	12	1	1	0	0
5	0	1	0	1	13	1	1	0	1
6	0	1	1	0	14	1	1	1	0
7	0	1	1	1	15	1	1	1	1

显然，输入第十六个脉冲后，四个触发器将依次由 1 翻转为 0，计数器处于“0000”的状态。这时，Q_4 向高位输出一个进位脉冲。可见，一个四位二进制计数器共有 $2^4=16$ 个状

态，可以累计 $2^4-1=15$ 个脉冲，即逢十六进一。所以四位二进制计数器可以组成一位十六进制计数器。

各级触发器的状态也可用波形图表示，如图 10-29 所示。

由图 10-29 所示波形可看出，每个触发器状态波形的频率为其相邻低位触发器状态波形频率的二分之一，即对输入脉冲进行二分频。所以，相对于计数输入脉冲而言，F_1、F_2、F_3、F_4 的输出脉冲分别是二分频、四分频、八分频、十六分频。因此，这种计数器也可以作为分频器使用。显然，N 位二进制计数器具有 2^n 分频功能。

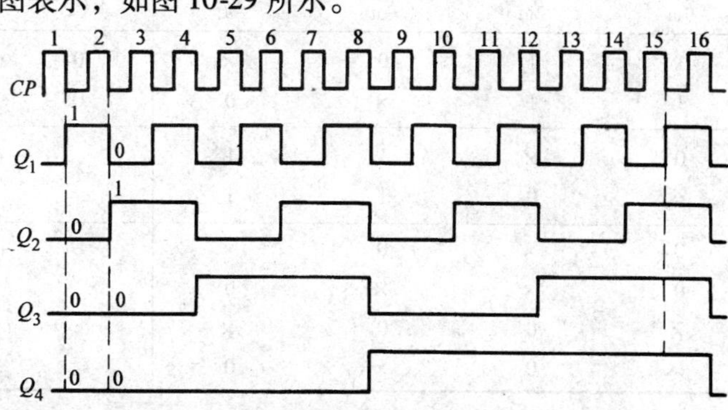

图 10-29　四位二进制加法计数器的状态波形图

2. 集成计数器

集成计数器属于中规模集成电路。下面简要介绍 T210 的逻辑功能。

T210 的全称为 T210 型二—五—十进制计数器。图 10-30 是 T210 的逻辑结构和引脚排列图。图中 R_{01}、R_{02} 为置 0 控制端，当它们均为 1 时，计数器置 0，处于“0000”状态。S_{91}、S_{92} 为置 9 控制端，当它们同时为 1 时，计数器置 9，处于“1001”状态。用于计数时，R_{01}、R_{02} 和 S_{91}、S_{92} 均至少有一个为低电平。T210 的逻辑功能见表 10-21。

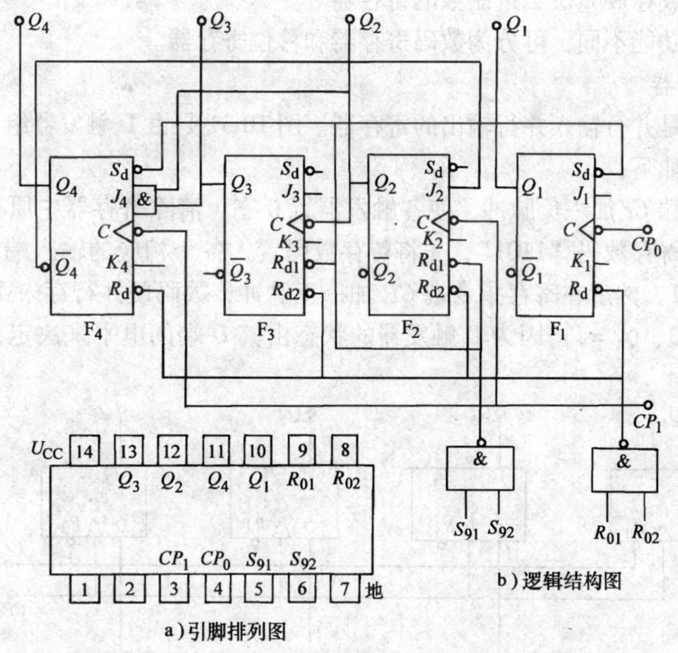

图 10-30　T210 的逻辑结构与引脚排列

表 10-21　T210 的逻辑功能表

控制端				输出端			
R_{01}	R_{02}	S_{91}	S_{92}	Q_4	Q_3	Q_2	Q_1
1	1	0	×	0	0	0	0
1	1	×	0	0	0	0	0
0	×	1	1	1	0	0	1
×	0	1	1				
0	×	0	×	计数			
0	×	×	0				
×	0	0	×				
×	0	×	0				

由逻辑电路图可见，四个 JK 触发器分成两组，由 CP_0 输入，Q_1 输出，而其余三个触发器不用时，为二进制计数器；由 CP_1 输入，$Q_4Q_3Q_2$ 输出，为五进制计数器；将 Q_1 接 CP_1，由 CP_0 输入，$Q_4Q_3Q_2Q_1$ 输出，则为 8421 码十进制计数器。

在二、五、十进制的基础上，利用反馈控制置 0 或置 9 的方法，将 Q_4、Q_3、Q_2、Q_1 与 R_{01}、R_{02} 及 S_{91}、S_{92} 作适当连接，便可以得到二～十等九种进制的计数器的一位。

五、寄存器

在数字系统中，经常需要一种逻辑部件把参与运算的数码或运算结果暂时存放起来，然后根据需要取出来进行必要的处理和运算，这种用来暂存一下数码的逻辑部件称为寄存器。凡是具有记忆功能的触发器都能寄存数码。一个触发器只能存放一位二进制数码，因此 n 个触发器就可以组成存放 n 位二进制数的寄存器。

寄存器按其功能不同，可分为数码寄存器和移位寄存器。

1. 数码寄存器

数码寄存器是并行输入并行输出的寄存器。图 10-31 是由 D 触发器组成的四位数码寄存器，其工作原理如下：

首先在清零端 Cr 加一负脉冲，使各触发器置 0 态，清除寄存器中原有数码，准备接收新的数码。若要寄存数码“1101”，先将待存数码置入各个相应的输入端，使 $D_4=1$、$D_3=1$、$D_2=0$、$D_1=1$，然后在寄存指令端 CP 加一正脉冲，数码便并行存入寄存器，而使 $Q_4=1$、$Q_3=1$、$Q_2=0$、$Q_1=1$。因为 D 触发器的状态由其 D 端的电平来决定，所以事先不用清零也可以。

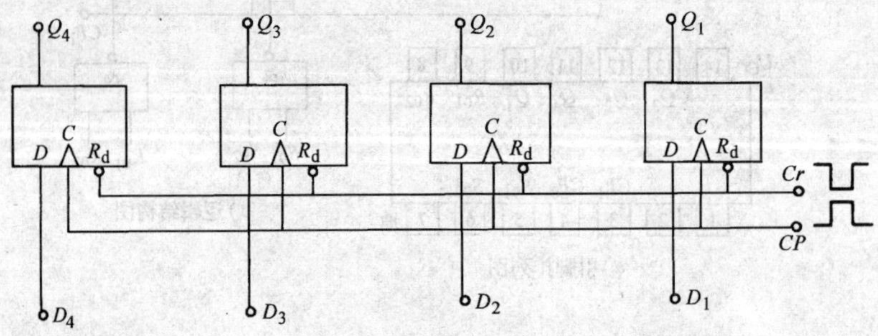

图 10-31　四位数码寄存器

常用的中规模集成数码寄存器有四位、八位等多种类型。例如四位数码寄存器有 T451、T3175 等，八位数码寄存器有 T4373、T4377 等。

2. 移位寄存器

移位寄存器除了具有存放数码的功能外，还具有使数码在寄存器中单向移位（左移或右移）或双向移位（既能左移也能右移）的功能。所谓移位，就是每当来一个移位脉冲，触发器的状态便向左或右的邻位触发器转移，而使寄存的数码在移位脉冲的控制下依次进行移位。移位是一种重要的逻辑功能，在进行二进制加法运算、乘法运算以及在一些输入输出电路中都需要这种移位功能。下面以左移位寄存器为例来说明移位寄存器的工作原理。

图 10-32 是由 D 触发器组成的四位左移位寄存器，左面触发器的输入端 D 依次接到右面邻近触发器的输出端 Q，待存数码 N 由右边最低位触发器 F_1 的输入端 D_1 输入。若寄存的数码为“1101”，则可按移位脉冲（即时钟脉冲）的工作节拍从高位到低位依次送到 D_1 端。设寄存器的初始状态为“0000”。第一个待存数码为 1，所以 $D_1=1$，当第一个移位脉冲的上升沿到来时，F_1 翻转为 1，其他触发器状态不变，寄存器的状态变为“0001”。第二个待存数码为 1，所以 $D_1=1$，而 $D_2=Q_1=1$，当第二个移位脉冲的上升沿到来时，寄存器变为“0011”状态。第三个待存数码为 0，所以 $D_1=0$，而 $D_2=1$、$D_3=1$，在第三个移位脉冲作用下，寄存器变为“0110”状态。第四个待存数码是 1，所以 $D_1=1$，而 $D_2=0$，$D_3=1$，$D_4=1$，在第四个移位脉冲作用下，寄存器变为“1101”状态。由此可见，经过四次移位就把一串数码 1101 从右向左移入寄存器中。上述移位过程的示意图如图 10-33 所示。

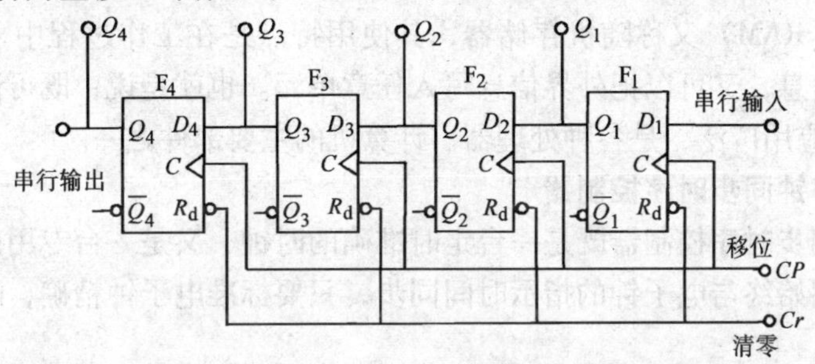

图 10-32　用 D 触发器组成的四位左移寄存器

如果从 $Q_4 \sim Q_1$ 端取出数码，称为并行输出。若从 Q_4 端取出数码，则为串行输出，这时，需要再输入四个移位脉冲，所存的数码“1101”便从 Q_4 端逐位取出。

综上所述，寄存器存放数码的方式有并行输入和串行输入两种。并行输入方式就是将数码从对应的输入端同时输入到寄存器中，而串行输入方式则将数码从一个输入端逐位输入到寄存器中。从寄存器中取出数码也有并行输出和串行输出两种方式。并行输出的数码在对应的输出端上同时出现；而串行输出的数码在末位输出端逐位出现。

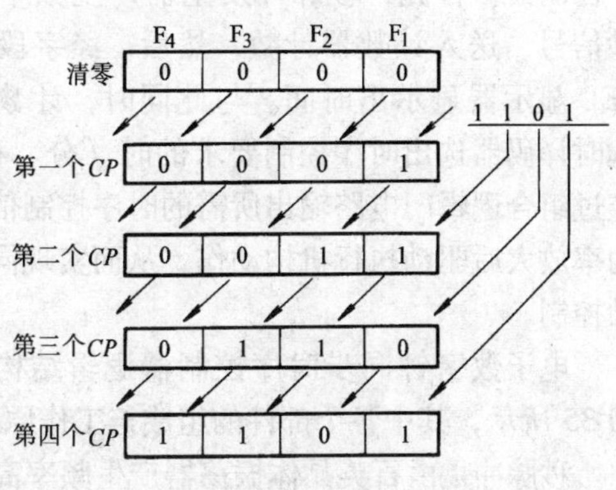

图 10-33　移位示意图

集成移位寄存器是由触发器再加上一些控制门组成的中规模集成电路，常用的有四位和八位的移位寄存器。例如，T453为四位双向移位寄存器，在其几个控制端上加不同的电平，可以分别实现左移、右移、并行置数、保持存数和清除五种功能，使用起来非常方便。

第六节　数字电路应用举例

数字电路的应用很广，本节仅举两个例子，介绍数字系统的概貌。

一、半导体存储器

存储器是用来存储二进制数字信息的大规模集成电路，是进一步完善数字系统功能的重要部件。它实际上是大量寄存器按一定规律结合起来的整体。存储器犹如一个由许多房间组成的大旅店，每个房间有一个号码（称为地址码），每个房间内存储有一定内容（一个二进制数码，又称为一字）。根据其功能特点，半导体存储器可以分为两大类，即只读存储器（ROM）和读写存储器（RAM）。

1. 只读存储器

只读存储器（ROM）是指二进制数码存入存储器后不能用简单方法更改。也就是说，在工作时它的存储内容是固定不变的，因此只能读出，不能随便写入。

ROM的种类很多，若按数据的写入方式可以分为固定ROM、可编程ROM和可擦可编程ROM三种，特别是后者在使用中十分灵活，用途较广。

2. 读写存储器

读写存储器（RAM）又称随机存储器，其使用特点是在工作过程中，既可以从存储器的任意单元读取信息，又可以把外界信息写入任意单元。也就是说，既可读出，又可写入。

ROM、RAM应用广泛，是各种处理器、计算机的主要部件之一。

二、电子数字钟同步时序控制器

电子数字钟同步时序控制器既是一台走时准确的时钟，又是一台专用的时序控制器。而且各时序执行时间始终与电子钟的指示时间同步，只要标准电子钟精确，时序控制就能准确地进行。

电子数字钟同步时序控制器的结构框图，如图10-34所示。它由秒脉冲发生器、计数器、字段译码器、LED显示器、选时译码器、组合逻辑门电路、执行机构等七大部分组成。前面四大部分组成电子钟，后面三大部分组成同步时序控制器。首先，秒脉冲发生器产生频率为1Hz的秒信号，送入计数器计数，然后，经字段译码器和LED显示器显示出时间。与此同时，计数器又通过选时译码器选出时序控制要求的时（分、秒）信号，经过组合逻辑门电路输出所需的时序控制信号，再经功率放大后驱动执行机构动作，从而实现同步时序自动控制。

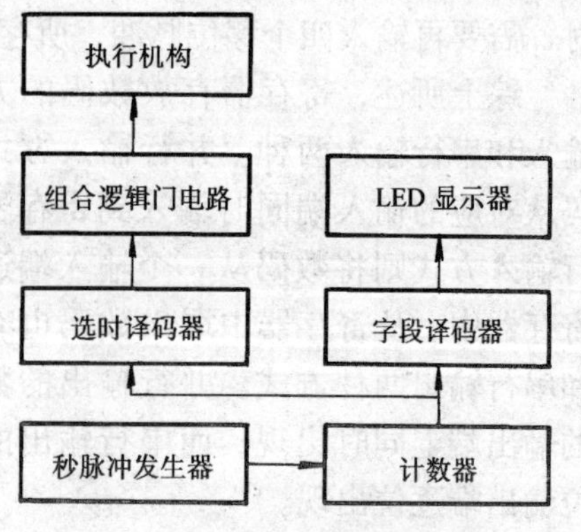

图10-34　电子数字钟同步时序控制器的结构框图

电子数字钟同步时序控制器逻辑结构图，如图10-35所示，其中各个部件的组成与工作原理如下：

秒脉冲是由石英晶体振荡器产生频率高度稳定的32 768Hz的基准频率信号，再经十五级二分频获得的。

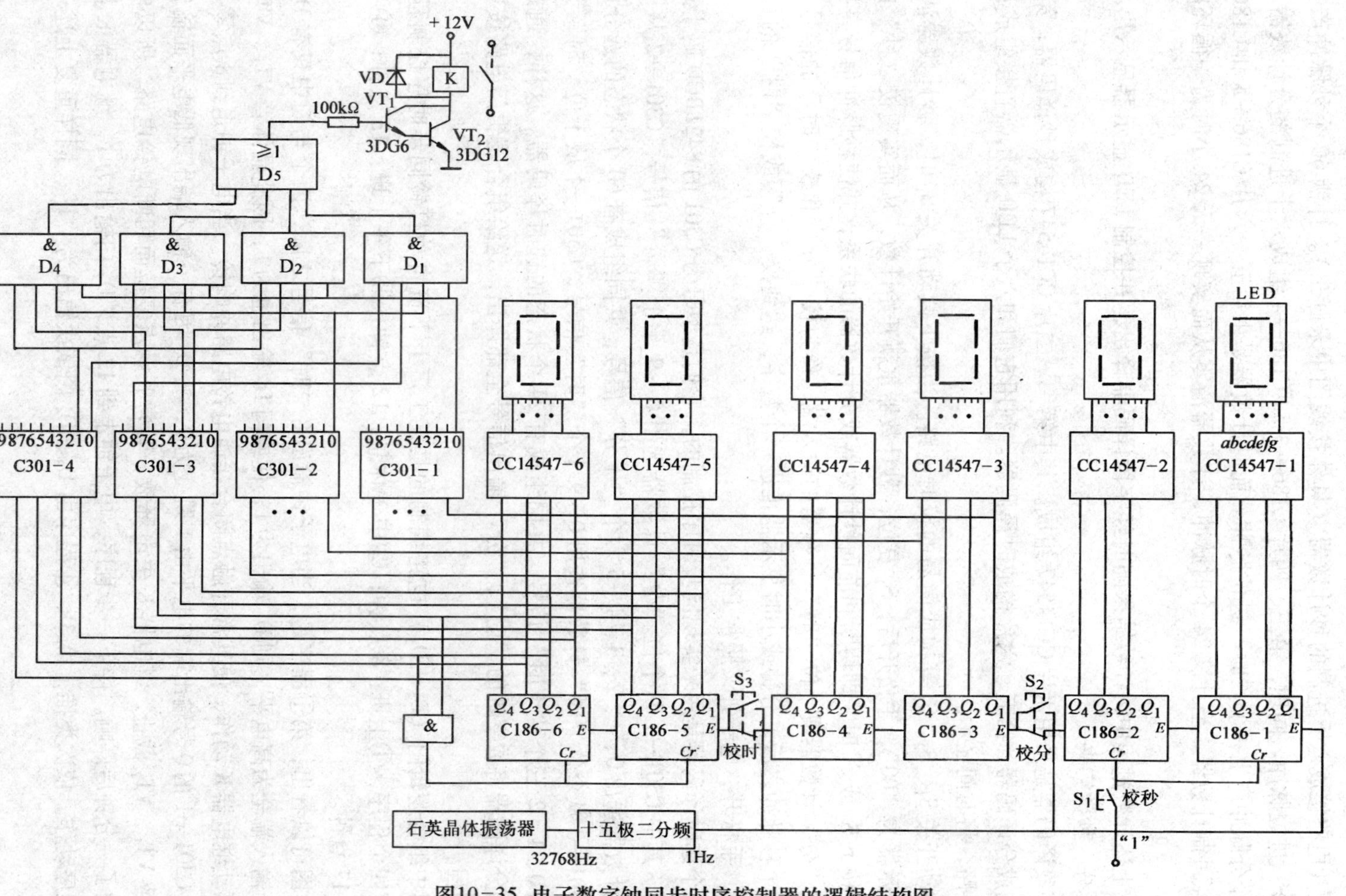

图10-35 电子数字钟同步时序控制器的逻辑结构图

计数器是由六块 C186 任意进制计数器组成的。秒计数器和分计数器均为 60 进制计数器，将第一片 C186—1 接成十进制计数器，第二片 C186—2 接成六进制计数器，再按要求将这两片电路接成六十进制的秒计数器（具体接线图中未画出）。计满 60 个秒脉冲产生一个“分”进位脉冲。同理，第三、四片 C186—3 和 C186—4 组成六十进制的分计数器。计满 60 个分脉冲产生一个“时”进位脉冲。而时计数器是由第五、六片 C186—5 和 C186—6 接成 24 进制计数器。当计满 24 个时脉冲，计数器清零从而实现一天 24 小时为一循环的计时。

在上述计数过程中，计数结果随时经字段译码器译出，并控制 LED 显示器显示出相应的时、分、秒数字来。

字段译码器是采用六片 CC14547 组成。其中第一、二片 CC14547 构成秒译码器；第三、四片构成分译码器；第五、六片构成时译码器。利用它们和六个 LED 显示器直接组成译码显示电路，将时间显示。

微动开关 S_1、S_2、S_3 等构成简易的校时电路。当按下微动开关 S_1 时，秒计数器清零，使秒显示器为“00”，手松开后，S_1 复位，秒计数器重新开始计数，从而实现校“秒”的目的。当按下 S_2 或 S_3 时，即切断和前面秒计数器或分计数器的联系，并使秒脉冲信号直接加到个位“分”计数器或个位“时”计数器的输入端，作为校“分”和校“时”的信号，在每来一个秒脉冲之后，分钟或小时显示器推进一个数字，达到校“分”或校“时”的目的。校对后，手松开，电子钟又照常工作。

四个选时译码器是用来实现同步时序控制的，它们是型号为 C301 的 8421BCD 码十进制译码器。其中 C301—1 从个位“分”计数器选出 0 ~ 9 十个“分”信号，C301—2 从十位“分”计数器选出 0、1、2、3、4、5 六个“十分”信号，共同组成有 60 个状态的选分译码器。C301—3 从个位“时”计数器选出 0 ~ 9 十个“时”信号，C301—4 从十位“时”计数器选出 0、1、2 三个“十时”信号，共同组成有 24 个状态的选时译码器。这样，通过选时、选分译码器将数字钟的“时”、“分”输出信号全部译出，送给组合逻辑门电路按要求进行编程。

图中组合逻辑门（D_1 ~ D_5）电路编制的是某工厂上下班自动打铃同步时序控制程序。一共有四个程序，①上班：8 点钟；②中午休息：12 点钟；③下午上班：13 点钟；④下午下班：17 点钟。

由图可以看出，第①程序是，当电子钟输出 8 “时”信号之际，四个与门中只有 D_1 门的四个输入端全为高电平，则 D_1 输出为 1，使或门 D_5 输出也为 1，因此晶体管 VT_1、VT_2 导通，驱动继电器 K 动作，使其常开触点闭合接通电铃电路并响铃。当电子钟走到 8 点零 1 分之际，C301—1 的 0 号输出端的电平由 1 跳变为 0，故 D_1 因有一输入端出现低电平而输出为 0，导致 VT_1、VT_2 截止，继电器 K 失电释放，其常开触点复位而切断电铃电路，所以电铃持续响了一分钟后停响。待下一步程序，电子钟走到 12 点，D_2 门输出为 1，继电器 K 执行第②程序动作。依次类推，第③、④程序由 D_3、D_4 门依次输出为“1”，同样重复上述通电过程。

如若需要实现其他方面的同步时序控制，可参照上例方法编程。如在某种场合需要将时序精确到 10s 甚至 1s，可根据上述原理加接选秒译码器，那么在选秒译码器的输出端即可得 10s 或 1s 的时间控制信号。

习 题

一、填空题

10-1 逻辑电路中三种基本逻辑是________、________和________。

10-2 逻辑代数中的“0”和“1”是代表两种不同的__________，而不只表示值的大小。

10-3 码制是指____。

10-4 用8421BCD码表示的十进制的数码9为______________________________。

10-5 与逻辑关系是指____。

10-6 与非功能的逻辑表达式为____。

10-7 或非门的逻辑功能是____。

10-8 异或门的逻辑功能是____。

10-9 触发器的两个稳态是____________和____________。

10-10 在基本RS触发器的基础上，增加两个控制门和一个控制信号，便可构成______________________________。

10-11 JK触发器的全功能有________、________、________和________四种。

10-12 边沿触发器分为____________触发和____________触发两种。

10-13 计数器按各个计数单元动作的次序不同可分为________计数器和________计数器。

10-14 计数器按计数过程数字增减趋势的方式来分类，可分为____________________、____________________和____________________三种类型。

10-15 *N*位二进制计数器具有____________________分频功能。

10-16 寄存器按其功能不同，可分为____________和____________两种。

10-17 计数器的功能是统计输入____________的个数。

二、简答题

10-18 什么叫数字信号？数字电路的用途是什么？

10-19 什么是二进制？二进制中的0和1与逻辑门电路中的0和1含义是否相同？

10-20 什么是半加、半加器？什么是全加、全加器？

10-21 什么是计数器？异步计数器与同步计数器有什么区别？

10-22 某数控机床用一个20位的二进制计数器，它最多能计多少个脉冲？

10-23 什么是编码？什么是BCD码？什么是8421码？试用8421码表示十进制数105。

10-24 什么是数码寄存器？什么是移位寄存器？

10-25 试问数码输入寄存器的方式有几种？从寄存器中取出数码的方式又有几种？

10-26 什么是译码？什么是译码器？

10-27 组合逻辑电路和时序逻辑电路各自特点如何？各举例说明之。

三、分析作图题

10-28 根据图10-36所示逻辑符号和输入波形，分别画出相应的输出波形。

10-29 某与非门电路的两个输入量A和B的状态波形如图10-37所示，试画出其输出变量Y的状态波形。

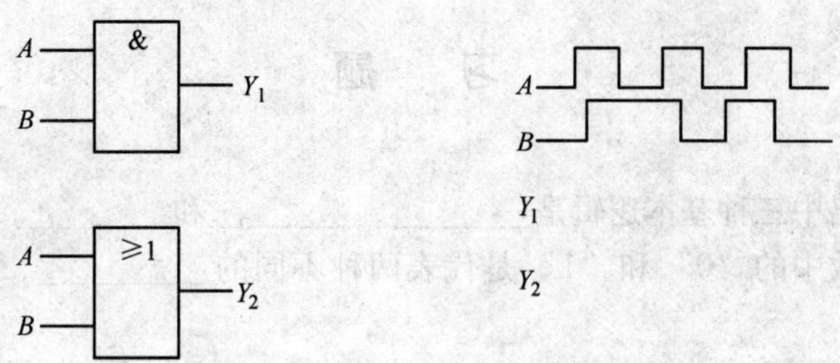

图 10-36　习题 10-28 图

10-30　某或非门电路的两个输入量 A 和 B 的状态波形如图 10-38 所示，试画出其输出变量 Y 的状态波形。

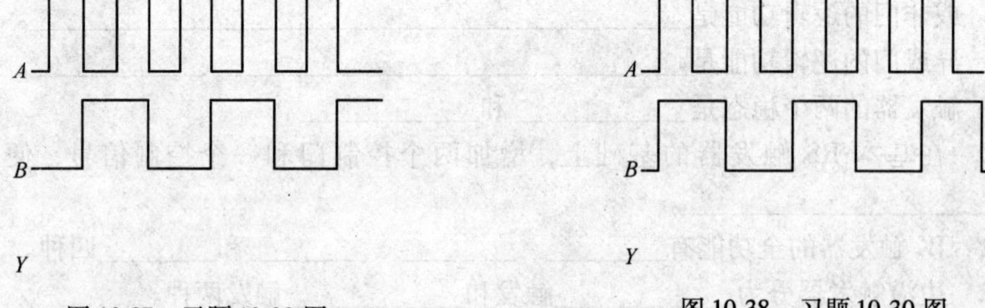

图 10-37　习题 10-29 图　　　　图 10-38　习题 10-30 图

10-31　异或门逻辑符号和输入波形如图 10-39 所示，画出相应的输出波形。

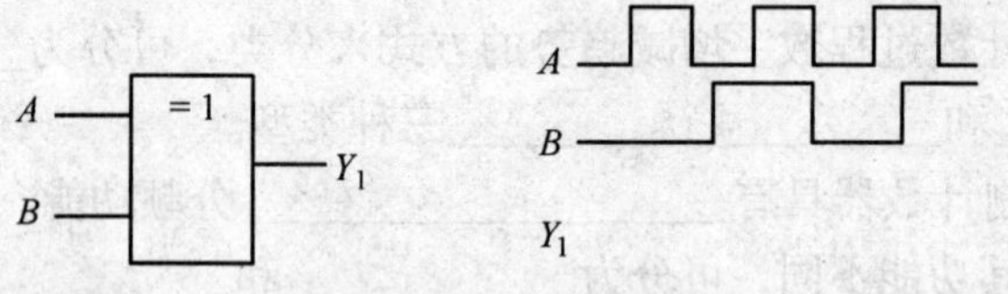

图 10-39　习题 10-31 图

10-32　由与非门构成的基本 RS 触发器的输入波形如图 10-40 所示，试画出在输入波形下输出 Q、$\overline{Q}$端的波形。设初态为 0 态。

10-33　同步 RS 触发器的 CP、S、R 端状态波形如图 10-41 所示。试画出 Q、$\overline{Q}$端的状态波形。设初始状态为 0 态。

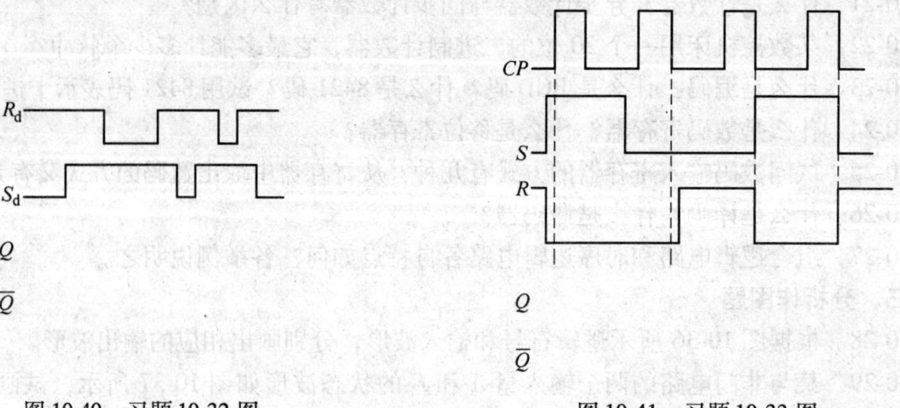

图 10-40　习题 10-32 图　　　　图 10-41　习题 10-33 图

10-34　主从 JK 触发器的 CP、J、K 端状态波形如图 10-42 所示。试画出 Q、$\overline{Q}$端的状态波形（下降沿触发）。设初始状态为 0 态。

10-35　某 D 触发器（下降沿触发）输入波形如图 10-43 所示，试画出输出 Q、$\overline{Q}$端波形。设初始状态为 0 态。

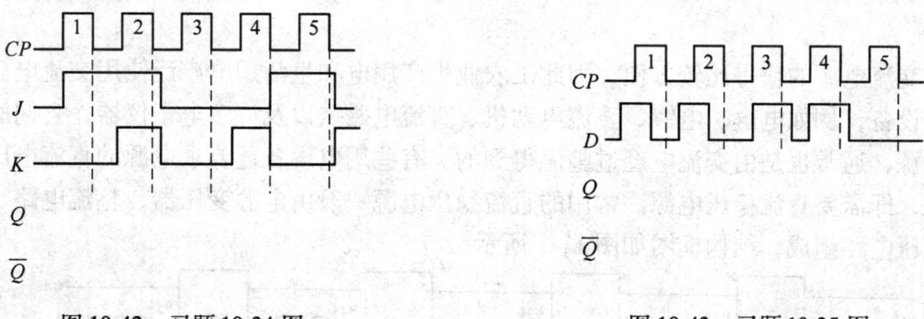

图 10-42　习题 10-34 图　　　　图 10-43　习题 10-35 图

10-36　某 D 触发器（上升沿触发）输入波形如图 10-44 所示，试画出输出 Q、$\overline{Q}$端波形。设初始状态为 0 态。

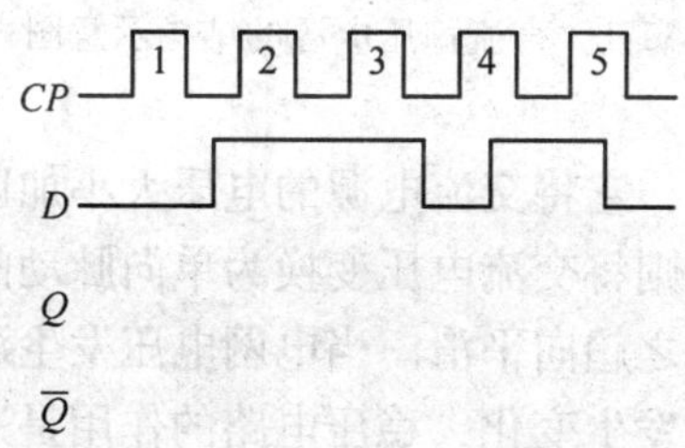

图 10-44　习题 10-36 图

第十一章　直流稳压电源

由于交流电源的获得比较方便，因此工农业生产用电和生活用电广泛使用交流电。有些直流用电设备，例如电解、电镀、直流电动机、直流电磁铁以及许多电子仪器，它们所需要的直流电源，通常也是由交流电经过整流得到的。有些用电设备还要求电源的直流电压能够保持稳定，即需要直流稳压电源。常用的直流稳压电源一般由电源变压器、整流电路、滤波电路和稳压电路组成，结构框图如图 11-1 所示。

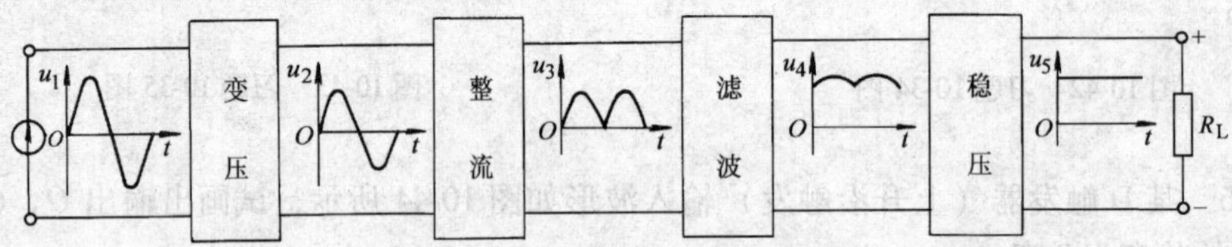

图 11-1　直流稳压电源的结构示意图

电源变压器也称整流变压器，它将交流电源的电压大小加以改变，为整流电路提供大小合适的交流输入电压。整流电路则将交流电压变换为单向脉动的直流电压。滤波电路的作用是降低直流电压的脉动程度，使之趋向平滑。当电网电压发生波动或负载大小改变时，整流滤波电路输出的直流电压也随之发生变化，稳压电路的作用是通过电路的自动调节而使输出电压保持恒定。

第一节　单相整流电路

根据所用交流电源的相数，整流电路可分为单相整流、三相整流与多相整流。从整流所得的电压波形看，又可分为半波整流与全波整流。

一、单相半波整流电路

1. 工作原理

单相半波整流电路如图 11-2 所示。图中 TR 是整流变压器，VD 是整流二极管，R_L 是直流负载电阻。变压器二次电压 u_2 作为整流电路的交流输入电压，加在二极管与负载相串联的电路上。设输入电压为

$$u_2 = \sqrt{2}U_2\sin\omega t$$

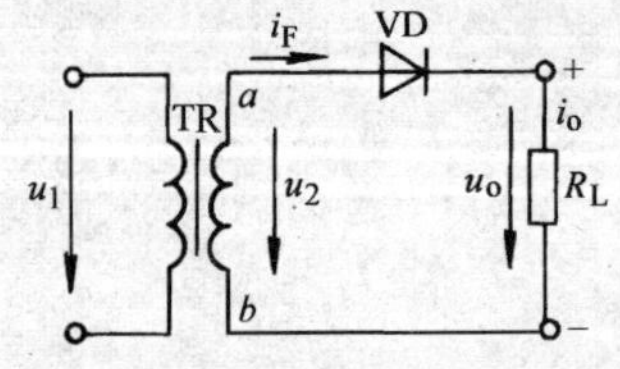

图 11-2　单相半波整流电路

式中，U_2 为变压器二次电压的有效值。当 u_2 为正半周时，电源 a 端电位高于 b 端，二极管 VD 承受正向电压而导通，电流自电源 a 端经二极管 VD 通过负载 R_L 回到电源 b 端。若略去二极管正向导通时的管压降不计，则加在负载 R_L 上的电压为 u_2 的正半周电压。当 u_2 为负半周时，则 b 端电位高于 a 端，二极管承受反向电压而截止，电路电流为零，这时，R_L 两端电压即输出电压 u_o 等于零，所以 u_2

的负半周电压全部加在二极管上。电路电流和电压的波形如图 11-3 所示。

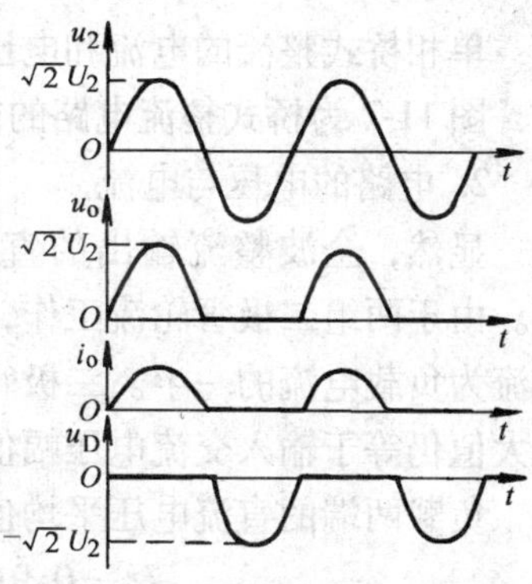

图 11-3 单相半波整流波形

由于整流输出电压仅为输入正弦交流电压的半波，故称为半波整流。半波整流输出电压即负载 R_L 两端的电压为

$$u_o = \sqrt{2}U_2\sin\omega t \qquad (0 \leqslant \omega t < \pi)$$
$$u_o = 0 \qquad (\pi \leqslant \omega t \leqslant 2\pi)$$

2. 电路的电压与电流

整流输出电压的大小以其平均值表示。由图 11-4 可见，设输出的半波电压 u_o 在一周期内的平均值为 U_o，则可得

$$U_o = \frac{1}{T}\int_0^{\frac{T}{2}} \sqrt{2}U_2 \sin\omega t\mathrm{d}t = \frac{\sqrt{2}}{\pi}U_2 = 0.45U_2 \tag{11-1}$$

上式表明，半波整流电路输出的直流电压平均值，等于输入的交流电压有效值的 0.45 倍。

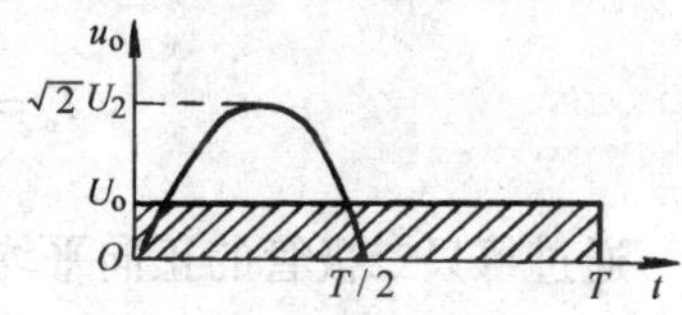

图 11-4 半波电压的平均值

因此，通过负载的直流电流平均值为

$$I_o = \frac{U_o}{R_L} = 0.45\frac{U_2}{R_L} \tag{11-2}$$

通过二极管的正向电流平均值等于通过负载的电流，即

$$I_F = I_o \tag{11-3}$$

二极管截止时所承受的最大反向电压等于变压器二次电压的幅值，即

$$U_{DRM} = \sqrt{2}U_2 = 3.14U_o \tag{11-4}$$

单相半波整流电路结构简单，所用整流器件少。但半波整流设备利用率低，而且输出电压脉动较大，一般仅适用于整流电流较小（几十毫安以下）或对脉动要求不严格的直流设备。

二、单相桥式整流电路

1. 工作原理

单相桥式全波整流电路如图 11-5 所示。四个二极管作为整流器件接成电桥形式。电桥的一组对角顶点 a、b 接交流输入电压；另一组对角顶点 c、d 接至直流负载。其中二极管 VD_1 和 VD_2 的负极接在一起的共负极端 c 为整流电源输出端的正极，而 VD_3 和 VD_4 的正极接在一起的共正极端 d 为其负极。

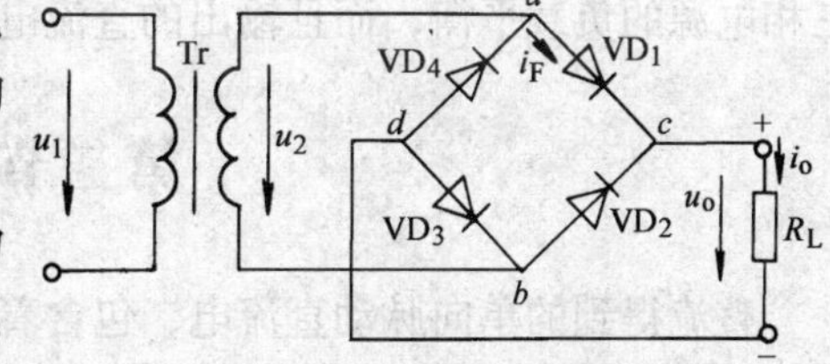

图 11-5 单相桥式整流电路

桥式整流电路工作原理如下：当交流电压 u_2 为正半周时，a 端电位高于 b 端，二极管 VD_1 和 VD_3 因正向偏置而导通，而二极管 VD_2、VD_4 因反向偏置而截止，这时，电流自电源 a 端流经 VD_1、负载 R_L 和 VD_3 回到电源 b 端；当 u_2 为负半周时，b 端电位高于 a 端，二极管 VD_2、VD_4 导通，VD_1、VD_3 截止，电流自电源 b 端流经 VD_2、R_L 和 VD_4 回到电源 a 端。由此可见，在交流电压 u_2 的一个周期内，二极管 VD_1、VD_3 和 VD_2、VD_4 轮流导通半个周期，通过负载 R_L 的是两个半波的电流，而且电流方向相同，故称为全波整流。输出直流电压的脉动程度比半波整

流降低了。

单相桥式整流的电流和电压波形如图 11-6 所示。

图 11-7 为桥式整流电路的简化画法，其中二极管符号的箭头指向为整流电源的正极。

2. 电路的电压与电流

显然，全波整流输出的直流电压为半波整流的两倍。由于两组二极管轮流工作，所以通过各个二极管的电流为负载电流的一半。二极管截止时承受的反向电压最大值仍等于输入交流电压幅值。有关计算公式如下：

负载两端的直流电压平均值为

$$U_{\mathrm{o}}=0.9U_2 \tag{11-5}$$

通过负载的直流电流平均值为

$$I_{\mathrm{o}}=\frac{0.9U_2}{R_{\mathrm{L}}} \tag{11-6}$$

通过每只二极管的正向平均电流为

$$I_{\mathrm{F}}=\frac{1}{2}I_{\mathrm{o}} \tag{11-7}$$

每个二极管承受的最大反向电压为

$$U_{\mathrm{DRM}}=\sqrt{2}U_2=1.57U_{\mathrm{o}} \tag{11-8}$$

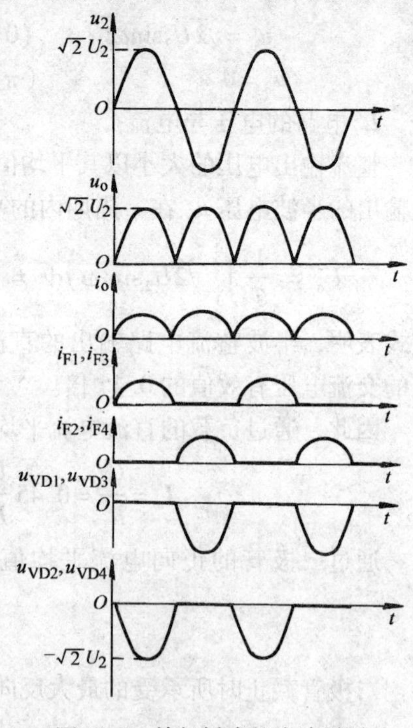

图 11-6　单相桥式整流波形图

单相桥式整流电路适用于中、小功率的整流。

注意：桥式整流电路的四个二极管的正负极不能接反。交流电压和直流负载分别应接的对角顶点也不许接错。否则，可能发生电源短路，不仅烧坏整流管，甚至烧坏电源变压器。

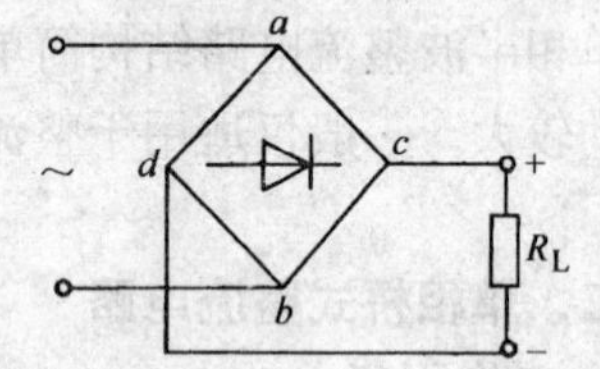

图 11-7　单相桥式整流电路简化图

单相整流电路只用三相供电线路中的一相电源，如果电流较大，将使三相负载严重不平衡，影响供电质量。因此，大功率整流（几千瓦以上）一般采用三相整流电路。三相整流不仅可以做到三相电源的负载平衡，而且输出的直流电压脉动较小。

第二节　滤波电路

整流得到的单向脉动直流电，包含着多种频率的交流成分。为了滤除或抑制交流分量以获得脉动更小的直流电，必须加装滤波器。

滤波器通常由电容器和电感器组成。在滤波电路中，利用电容和电感的储能特性，对脉动电压或电流进行补偿，可以降低它的脉动程度。容抗和感抗都是频率的函数，电流的频率愈高，电容器的容抗愈小，电感器的感抗愈大。所以，将电容与负载并联，可以旁路交流分量；而将电感与负载串联，则能抑制交流分量，均可达到滤波的目的。

下面介绍几种常用的滤波电路。

一、电容滤波

单相半波整流电容滤波电路如图 11-8 所示。滤波电容 C 与负载电阻 R_L 相并联，因此，负载两端电压等于电容器 C 两端电压，即

$$u_o = u_C$$

由于电容器的滤波作用，输出电压的波形如图 11-9 所示。

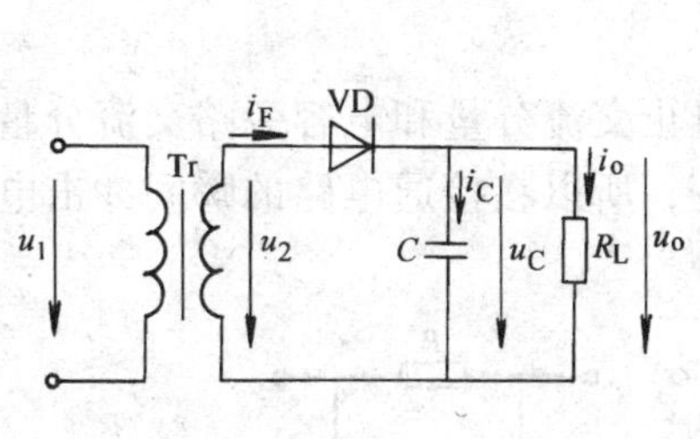

图 11-8　单相半波整流电容滤波电路

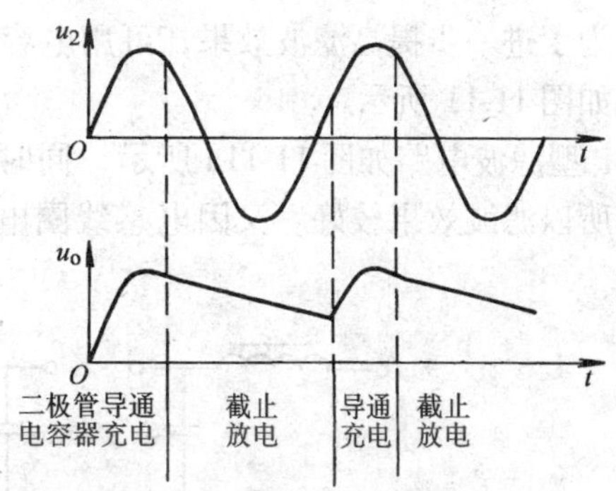

图 11-9　单相半波整流电容滤波电压波形图

设起始时电容器两端电压为零。当 u_2 由零进入正半周时，二极管导通，电容 C 被充电，其两端电压 u_C 将随 u_2 的上升而逐渐增大，直至达到 u_2 的最大值。在此期间，电源经二极管向负载提供电流。

当 u_2 从最大值开始下降时，由于电容器两端电压不会突变，将出现 $u_2 < u_C$ 的情况。这时，二极管则因反向偏置而提前截止，电容器通过 R_L 放电为负载提供电流，通过负载的电流方向与二极管导通时的电流方向相同。在 R_L 和 C 足够大的情况下，放电过程持续时间较长，直至交流电压 u_2 正向上升至 $u_2 > u_C$ 时，二极管再次导通，重复上述过程。

由于二极管的正向导通电阻很小，所以电容充电很快，u_C 紧随 u_2 升高。当 R_L 较大时，电容器放电较慢，负载两端的电压徐徐下降，甚至几乎保持不变。因此，输出电压不仅脉动程度减小，其平均值也可得到提高。

滤波电容一般在几百微法以上，电容愈大，滤波效果愈好。为了获得比较平滑的直流电压，半波整流可按 $R_LC \geqslant (3 \sim 5)T$ 来选择滤波电容，其中 T 为交流电的周期。

电容滤波输出电压的大小与负载有关。空载时（$R_L \to \infty$），电容没有放电回路，其输出直流电压可达 $\sqrt{2}U_2$，即为交流输入电压的 1.4 倍。接入负载后，输出电压约等于 u_2。若负载电阻 R_L 愈小，则电容器放电加快，输出电压愈低。所以电容滤波只适用于负载电流较小并且负载基本不变的场合。

二、电感滤波

电感滤波电路如图 11-10 所示，电感 L 与负载电阻 R_L 串联，利用通过电感的电流不能突变的特性来实现滤波。当电感电路电流增大时，电感产生的自感电动势阻止电流的增加；而电流减小时，自感电动势则阻止电流的减小。因此，当脉动电流从电感线圈中通过时，将会变得平滑些。不仅如此，当负载变化引起输出电流变化

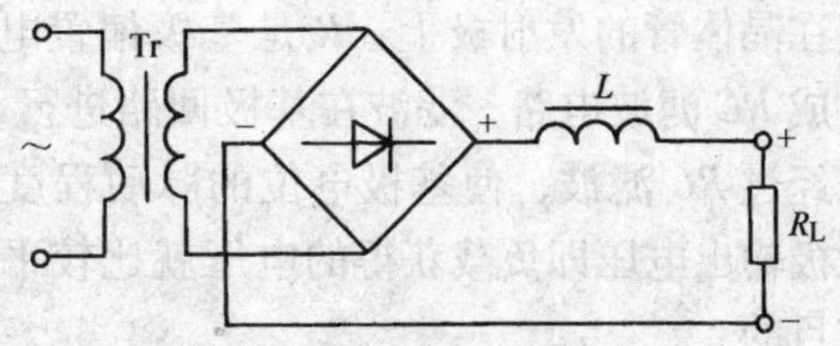

图 11-10　电感滤波电路

时，电感线圈也能抑制负载电流的变化。所以电感滤波适用一些大功率整流设备和负载电流变化较大的场合。

显然，L 愈大，滤波效果愈好。但电感量较大时（几亨至几十亨），电感器的铁心粗大笨重、线圈匝数较多，因此，在小型电子设备中很少采用电感滤波。

三、复式滤波器

为了进一步提高滤波效果，可用电容和电感组成复式滤波器。常见的有 Γ 型和 Π 型两种，如图 11-11 所示。

Γ 型滤波电路如图 11-11a 所示，同时利用电感阻止交流分量和电容旁路交流分量的特性，所以滤波效果较好。又因电感线圈电流不能突变，所以在接通电路的瞬间冲击电流较小。

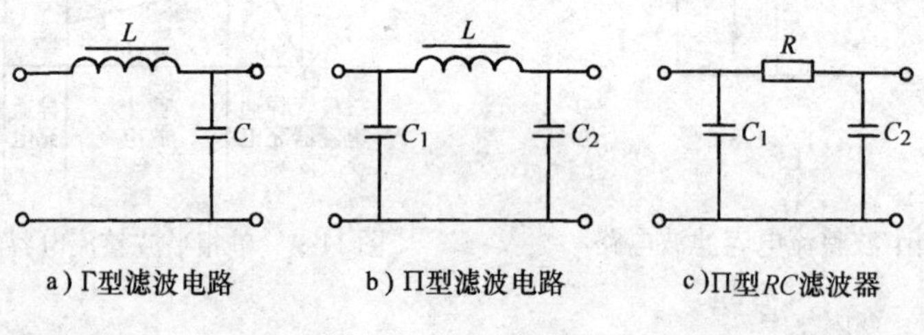

图 11-11　复式滤波器

Π 型滤波器如图 11-11b 所示。由于再并联一个电容器，所以滤波性能更好一些，因此在许多电子设备中得到广泛应用。考虑到冲击电流，C_1 的电容量应比 C_2 小。

对于负载电流较小和负载比较稳定的场合，为了简单经济，可用适当的电阻 R 代替电感 L 组成 Π 型 RC 滤波器，如图 11-11c 所示。虽然电阻本身并无滤波作用，但因 R、C 元件对交直流呈现不同的阻抗，若适当选择 R、C 参数，使交流分量主要降在电阻 R 上，而直流分量主要降落在电容 C 上，也可取得一定的滤波效果。RC_2 值愈大，滤波效果愈好。但 R 增大时，功率损耗也增加。此外，电阻 R 在降低交流分量的同时，也产生直流压降，致使输出的直流电压降低。不过，有时根据电路的需要，在利用电阻 R 作为整流电路的降压限流元件时，又可达到滤波的目的。

四、有源滤波

上述电感、电容和电阻所组成的无源滤波器，对于小功率或较大电流和较高电压的大功率电源设备均可适用，但其体积和重量一般较大。在小型电子设备中，为了减小电源体积，减轻设备重量，可采用有源器件组成的有源滤波电路。

由晶体管组成的有源滤波电路如图 11-12 所示。负载接在晶体管的发射极上，R 是基极偏置电阻，又与电容 C 组成 RC 滤波电路。滤波在基极回路进行，输入电压 u_i 首先经过 RC 滤波，使基极电位的脉动程度降低，这样，发射极输出电压即负载获得的电压就比较平滑，从而达到滤波目的。

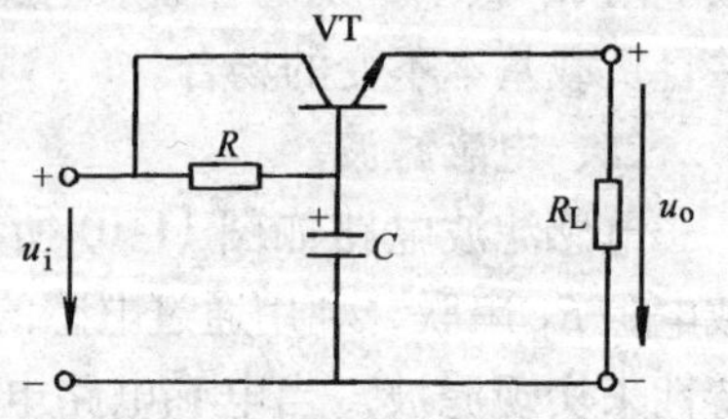

图 11-12　晶体管有源滤波电路

由于基极电流很小，故偏置电阻 R 的取值可以很大，电容 C 的取值可相应减小。这样，滤波电容和电阻的体积皆可减小。

由于集成电路的发展，现多采用运算放大器和 RC 电路组成的有源滤波电路。

第三节　稳 压 电 路

交流电压经过整流滤波后，所得到的直流电压虽然脉动程度已经很小，但当电网电压波动或负载变化时，其直流电压的大小也将随之发生变化。因此，为使输出的直流电压基本保持恒定，通常在整流滤波电路之后，需要再加一级直流稳压电路。

一、稳压管并联型稳压电路

最简单的硅稳压管并联型稳压电路如图 11-13 所示。稳压管 VS 与负载 R_L 并联，R 为限流电阻，用以保护稳压管，同时又与稳压管相配合对输出电压进行调节并使之稳定。稳压电路的输入电压 U_i 是由整流滤波电路提供的直流电压，而输出电压 U_o 即稳压管的稳定电压 U_z。

稳压电路的工作原理如下。例如，当交流电网电压升高导致输入电压 U_i 增大时，输出电压 U_o 也将升高。从稳压管的反向特性曲线可知，当加在稳压管上的反向电压稍有增加时，其工作电流就显著增大。这时，电路电流增大，在电阻 R 上的电压降增加，以抑制输出电压的升高，使得负载两端电压基本保持不变。反之，当电网电压降低时，通过稳压管与电阻 R 的调节作用，将使电阻 R 上的电压降减小，以抑制输出端电压的降低而使负载电压基本不变。

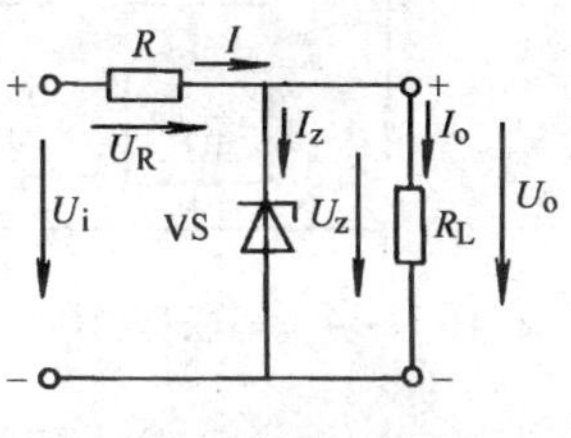

图 11-13　稳压管并联型稳压电路

如果电网电压不变而负载发生变化时，该电路也能起到稳压作用。当负载加大（即负载电流变大）必然引起 I_R 的增加，即 U_R 增加，从而使 $U_z = U_o$ 减小，I_z 减小，I_z 的减小，必然使 I_R 减小，U_R 减小，从而使输出电压 U_o 增加。这样，电阻 R 上的电压降基本不变，输出端电压便趋向稳定。

这一稳压过程可概括如下：

$$I_L\uparrow \rightarrow I_R\uparrow \rightarrow U_R\uparrow \rightarrow U_z\downarrow (U_o\downarrow) \rightarrow I_z\downarrow \rightarrow I_R\downarrow$$

$$\rightarrow U_R\downarrow \rightarrow U_o\uparrow$$

为使稳压电路正常工作，输入电压 U_i 必须高于稳压管的稳定电压 U_z。通过稳压管的工作电流也必须在最大稳定电流与最小稳定电流之间。因此，必须适当选择限流电阻 R 的阻值。

并联型稳压电路结构简单，在负载电流变动较小时，稳压效果较好。但其输出电压只能等于稳压管的稳定电压，允许电流变化的幅度也受到稳压管稳定电流的限制。因此，并联型稳压电路只适用于功率较小和负载电流变化不大的场合。

二、晶体管串联型稳压电路

1. 电路结构

串联型稳压电路的结构框图如图 11-14 所示，其中包含取样电路、基准电压、比较放大和调整环节四个部分。

晶体管串联型稳压电路如图 11-15 所示。其中 R_1、R_p、R_2 组成的分压器是取样电路，从输出端取出部分电压 U_{B2} 作为取样电压加至晶体管 VT_2 的基极。稳压管 VS 以其稳定电压 U_z 作为基准电压，加在晶体管 VT_2 的发射极上。R_3 是稳压管的限流电阻。晶体管 VT_2 组成比较放大电路，它将取样电压 U_{B2} 与基准电压 U_z 加以比较和放大，再去控制晶体管 VT_1 的基极电位。由图 11-15 可见，输入电压 U_i 加在晶体管 VT_1 与负载 R_L 相串联的电路上，因此，改变 VT_1 集射极间的电压降 U_{CE1}，便可调节 R_L 两端的电压 U_o。也就是说，稳压电路的输出电压 U_o 可以通过晶体管 VT_1 加以调节，所以 VT_1 称为调整管。由于调整元件是晶体管，而且在电路中与负载相串联，故称为晶体管串联型稳压电路。电阻 R_4 是 VT_1 的基极偏置电阻，也是 VT_2 的集电极负载电阻。

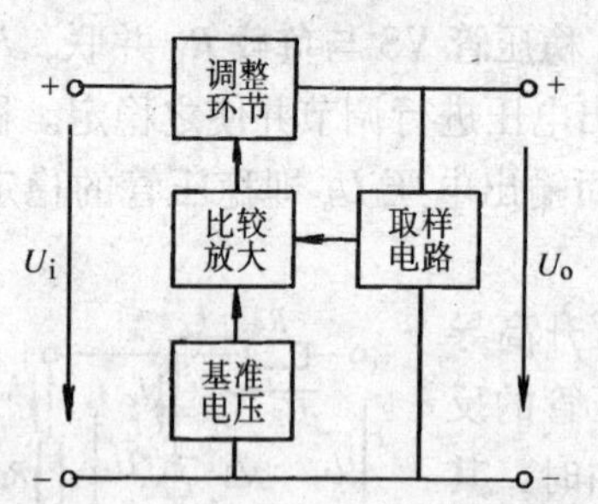

图 11-14　串联型稳压电路结构框图

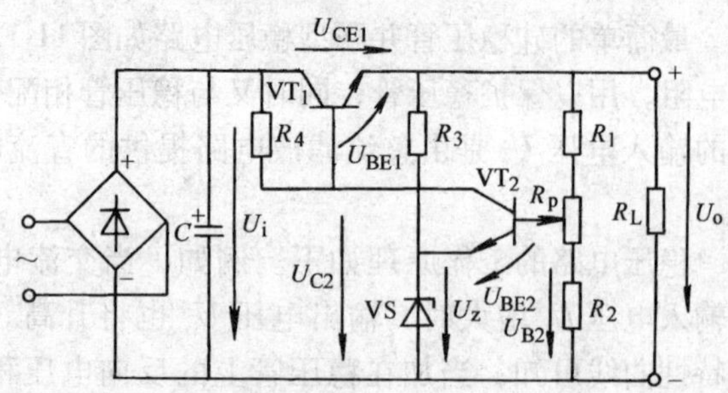

图 11-15　晶体管串联型稳压电路

2. 工作原理

稳压电路工作原理简述如下。例如当电网电压降低或负载电阻减小而使输出端电压 U_o 有所下降时，其取样电压 U_{B2} 相应减小，VT_2 基极电位下降。但因 VT_2 发射极电位即稳压管的稳定电压 U_z 而保持不变，所以发射结电压 U_{BE2} 减小，导致 VT_2 集电极电流减小而集电极电位 U_{C2} 升高。由于放大管 VT_2 的集电极与调整管 VT_1 的基极接在一起，故 VT_1 基极电位升高，导致 VT_1 集电极电流增大而管压降 U_{CE1} 减小。因为 VT_1 与 R_L 串联，所以，输出电压 U_o 基本不变。上述稳压过程简述如下：

$$\text{当 } U_o\downarrow \text{ 时} \rightarrow U_{B2}\downarrow \rightarrow U_{BE2}\downarrow \rightarrow I_{C2}\downarrow \rightarrow U_{C2}\uparrow$$
$$U_o\uparrow \leftarrow U_{CE1}\downarrow \leftarrow I_{C1}\uparrow \leftarrow U_{BE1}\uparrow$$

同理，当电网电压或负载发生变化引起输出电压 U_o 增大时，通过取样、比较放大、调整等过程，将使调整管的管压降 U_{CE1} 增加，结果抑制了输出端电压的增大，输出电压仍基本保持不变。

调节电位器 R_p，可对输出电压进行微调。

在稳压电路的工作过程中，要求调整管始终处在放大状态。通过调整管的电流等于负载电流，因此必须选用适当的大功率管作调整管，并按规定安装散热装置。为了防止短路或长期过载烧坏调整管，在直流稳压器中一般还设有短路保护和过载保护等环节。

三、集成稳压器

随着半导体集成电路的发展，集成稳压器应运而生。集成稳压器的电路结构绝大多数为串联型稳压电路。按照输出电压是否可调，可分为固定和可调两种形式。

1. 三端电压固定式集成稳压器

（1）型号规格　三端电压固定式集成稳压器只引出三个接线端——输入端、输出端和输入、输出的公共端。组成稳压电路的所有元器件都集成在一块芯片上，工作时不用外接任何附加元器件，使用安装也和晶体管一样方便。其封装形式有金属壳封装和塑料封装两种，如图 11-16 所示。

三端电压固定式集成稳压器有 W7800（正电压输出）和 W7900（负电压输出）系列，输出电压为 5V、6V、8V、12V、15V、18V 和 24V，共七个档次。输出电压值由型号中的后两位数字表示。例如，W7805 表示输出电压 +5V，W7912 表示输出电压 −12V。在保证充分散热的条件下，输出电流有 0.1A、0.5A 和 1.5A 三个档次。

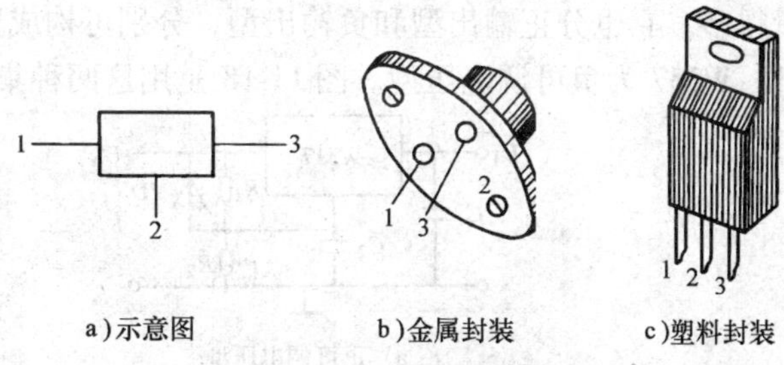

图 11-16　三端电压固定式集成稳压器的封装与管脚排列

W7800 系列电路是晶体管串联型稳压电路，除了取样环节、基准电压、比较放大和调整环节外，还有起动电路和保护电路。保护电路比较健全，有限流型过电流保护、过电压保护和过热保护。由于集成稳压器的性能稳定、安全可靠、使用方便、价格低廉，所以得到广泛应用。

（2）应用电路　图 11-17a 为固定正电压输出电路。图中电容 C_1 用于减小输入电压的脉动，C_2 的作用是削弱电路的高频噪声。

如图 11-17b 所示为固定负电压输出电路。

如图 11-17c 所示为同时输出两组正、负固定电压的电路，可用 W7800 和 W7900 共同组成。

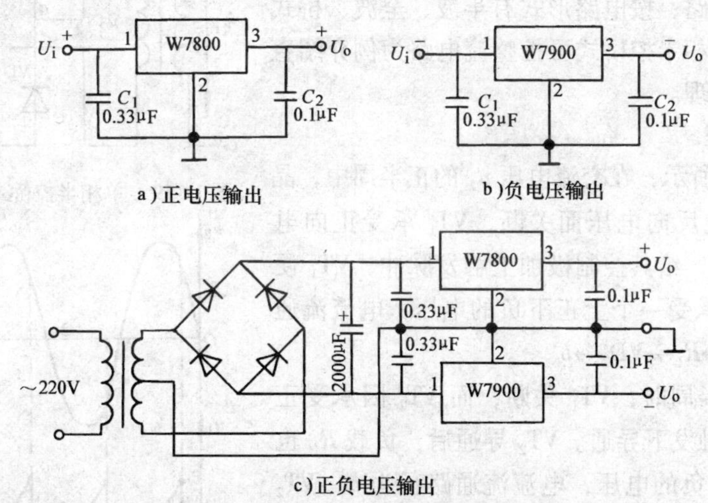

图 11-17　三端电压固定式集成稳压器接线图

使用三端电压固定式集成稳压器，应注意区分输入端与输出端。假若接错，将使调整管的发射结承受过高的反向电压而可能导致击穿。W7800 及 W7900 系列集成稳压器，属于功耗较大的集成电路，必须装配散热器才能正常工作。如果散热不良，稳压器内部的过热保护电路将对输出电压进行限制，使稳压器中止工作。

三端电压固定式集成稳压器，原为固定输出电压设计的，但如外接某些元器件后，也可以改变输出电压，并使输出电压可调。

2. 可调式集成稳压器

这一类集成稳压器的输出电压在小范围内是可调的，有一定的灵活性，但价格较固定式贵得多。它也分正输出型和负输出型，分别可构成正电源和负电源。如 W317 为正可调电压型，W337 为负可调电压型。图 11-18 是用这两种集成稳压器构成正负电源的电路连接。

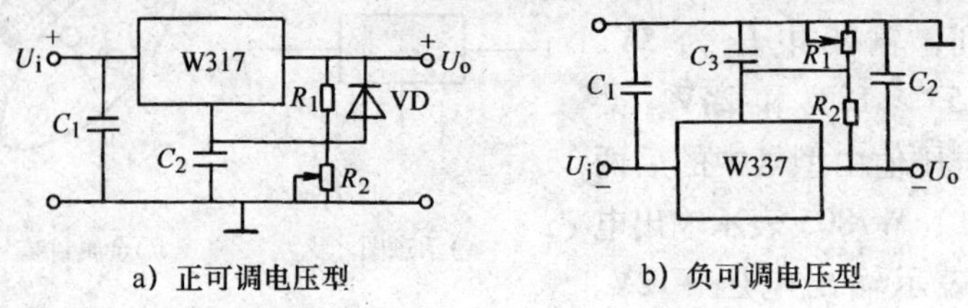

图 11-18　可调式集成稳压器接线图

目前，线性集成稳压器正在朝大电流方向发展，以适应直流稳压电源大容量的需要。如 42055 系列三端电压固定式集成稳压器的最大输出电流可达 20A，42015 系列可达 10A。

第四节　调 压 电 路

一、直流调压电路

可调直流电压可以通过可控整流电路获得。可控整流指的是将交流电变换为电压大小可以调节的直流电的过程。

可控整流电路按相数可分为单相可控整流电路和三相可控整流电路；按电路形式有半波、全波、桥式之分。下面以单相半控桥式可控整流电路为例介绍直流电压的调节原理。

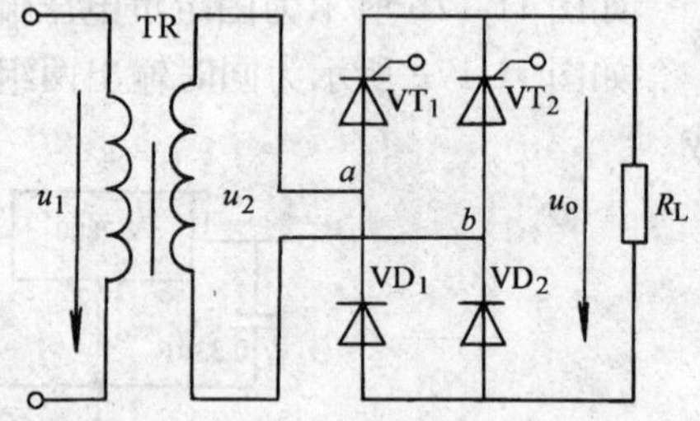

图 11-19　单相半控桥式可控整流电路

1. 工作原理

如图 11-19 所示，在交流电压 u_2 的正半周中，晶闸管 VT_2 因承受反向电压而关断，VT_1 承受正向电压，当 $\omega t=\alpha$ 时，给其控制极加上触发脉冲，VT_1 便导通，负载 R_L 承受一个上正下负的电压，电流流通路径为 $a \to VT_1 \to R_L \to VD_2 \to b$。

在 u_2 为负半周时，VT_1 关断，而 VT_2 因承受正向电压可在 u_G 触发下导通。VT_2 导通后，负载 R_L 也承受一个上正下负的电压，电流流通路径为 $b \to VT_2 \to R_L \to VD_1 \to a$。所以在 u_2 的整个周期内，负载两端电压的波形如图 11-20 中的 u_o 所示。

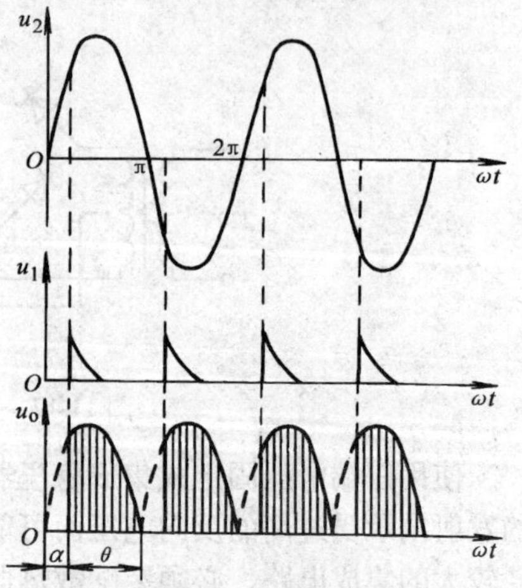

图 11-20　单相半控桥式可控整流电路负载两端电压的波形

2. 负载的电压和电流

由图 11-20 可见，u_o 是一个不完整的全波整流电压（阴影部分）。只要改变控制角 α 的大小，便可调节输出直流电压 u_o 的大小。该电路输出电压的平均

值为

$$U_o = 0.9U_2 \frac{1+\cos\alpha}{2} \tag{11-9}$$

电压的可控范围为（0～0.9）U_2。

输出电流的平均值为

$$I_o = \frac{0.9U_2}{R_L} \frac{1+\cos\alpha}{2} \tag{11-10}$$

3. 晶闸管上的电压和电流

晶闸管和二极管承受的最大反向电压，以及晶闸管可能承受的最大正向电压均等于 u_2 的最大值（$\sqrt{2}U_2$），即

$$U_M = \sqrt{2}U_2 \tag{11-11}$$

流过每个晶闸管和二极管的电流的平均值等于负载电流的一半，即

$$I_T = \frac{1}{2}I_o \tag{11-12}$$

二、交流调压电路

工业上许多场合需要控制交流供电电压。交流调压是应用电子电路来控制交流电的幅度（或有效值），或用控制交流电的通断率来调节供电。交流调压的方法很多，如晶闸管移相调压、阶梯调压及低频脉冲宽度控制调压。下面只介绍晶闸管移相控制调压。

图 11-21 是单相交流调压电路示意图，用两只晶闸管反向并联组成主电路，接电阻性负载。

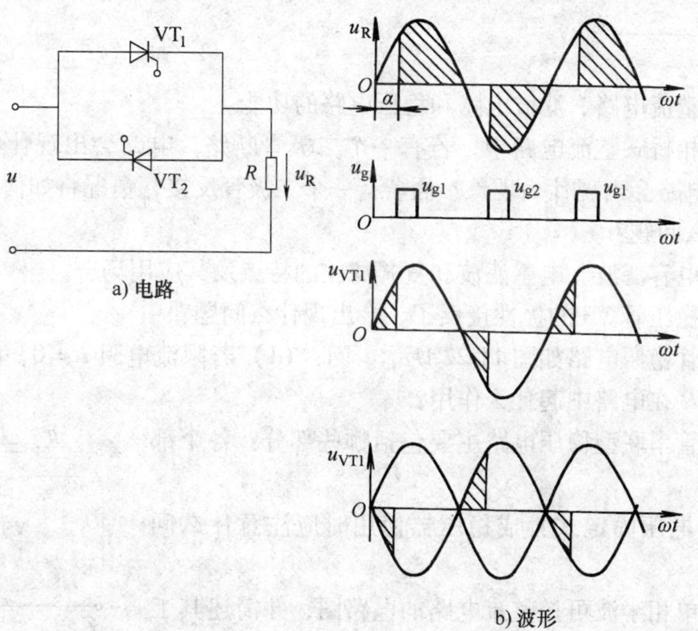

图 11-21　单相交流调压电路及波形

当电源电压为正半波时，在 $\omega t = \alpha$ 时刻触发晶闸管 VT_1，VT_1 导通，于是有电流 i 流过负载，电阻得电，有电压 u_R。当 $\omega t = \pi$ 时，电源电压过零，$i = 0$，VT_1 自行关断，$u_R = 0$。

在电源的负半波 $\omega t=\pi+\alpha$ 时，触发 VT_2 导通，负载电阻得电，u_R 变为负值。在 $\omega t=2\pi$ 时，$i=0$，VT_2 自行关断，$u_R=0$。下个周期重复上述过程，在负载电阻上就得到可控的交流电压波形（阴影部分）。通过改变 α 可得到不同的输出电压的有效值，从而达到交流调压的目的。

若采用双向晶闸管代替两个反向并联的晶闸管来作调压元件则更方便。

习　题

一、填空题

11-1　直流稳压电源一般由________、________、________和________四部分组成。

11-2　单相半波整流电路中，$U_o=$________U_2。

11-3　能实现整流的器件是____________。

11-4　在单相半波整流电路中，若负载两端的直流输出电压为45V，则电源变压器二次绕组的电压有效值是________。

11-5　单相桥式整流电路中，$U_o=$________U_2。

11-6　若单相桥式整流电路的输出电压为18V，则电源变压器二次绕组的电压有效值是________。

11-7　常用滤波元件是____________和____________。

11-8　单相半波整流电容滤波电路中，$U_o=$________U_2（空载时）。

11-9　能实现可控整流的器件是________。

11-10　单相半控桥式可控整流电路输出电压的平均值为 $U_o=$____________，其电压的可调范围为____________。

二、简答题

11-11　简述整流电路、滤波电路和稳压电路的功能。

11-12　在单相桥式整流电路中，若有一个二极管断路，电路会出现什么现象？若有一个二极管短路，电路会出现什么现象？假若有一个二极管反接，情况将如何？如果输出端短路，又会出现什么问题？

11-13　比较电容滤波、电感滤波和复式滤波的特点及其应用场合。

11-14　如果稳压管VS的极性接反了，会出现什么问题？

11-15　稳压管稳压电路如图11-22所示，问：（1）若限流电阻 $R=0$，电路会出现什么问题？（2）电阻 R 在电路中起什么作用？

11-16　晶体管串联型稳压电路主要包括哪些部分？各个部分起什么作用？

11-17　三端电压固定式集成稳压器使用时应注意什么问题？

11-18　画出单相半波可控整流电路的电路图，并简述其工作原理，并画出输出电压的波形图。

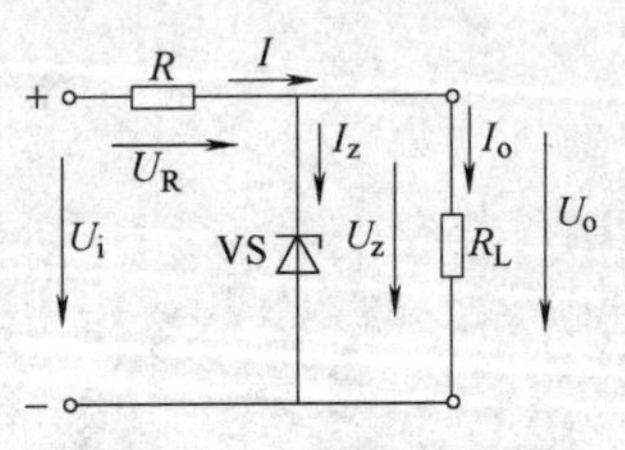

图11-22　习题11-15图

11-19　什么叫控制角和导通角？

三、分析计算题

11-20　单相半波整流电路如图11-23所示，按图中所给条件，试求：

1）负载两端的直流电压平均值 U_o 的大小。

2）流过二极管的平均电流 I_D 和二极管承受的最大反向电压 U_{RM}。

11-21　有一直流负载的电阻为 12Ω，工作电流为 2A。若采用单相桥式整流电路，试求需要的变压器二次电压值。

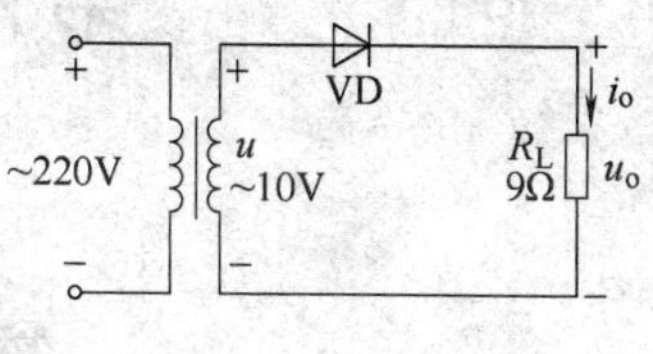

图 11-23　习题 11-20 图

11-22　有一电阻性直流负载的额定电压为 12V，额定电流为 600mA，由单相 220V 交流电源供电，若采用单相桥式整流电路，试确定变压器的电压比。

11-23　单相桥式整流电路如图 11-24 所示，按图中所给条件，试求：

1）负载两端的直流电压平均值 U_o 的大小。

2）二极管的平均电流 I_D 和二极管承受的最大反向电压 U_{RM}。

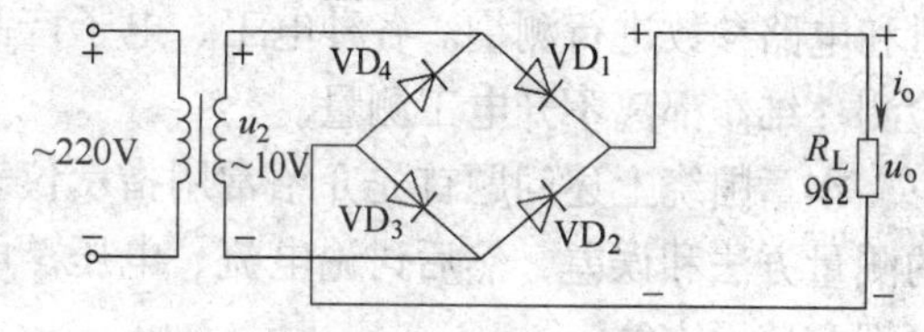

图 11-24　习题 11-23 图

11-24　有一电阻性负载，其阻值为 6Ω，要求它的直流电压在 0～60V 范围内调节。如果采用单相桥式半控整流电路，由变压器供电，试绘出电路图。并计算直流电压为 30V 和 60V 时的导通角、通过晶闸管的电流及变压器二次绕组的电压有效值。

11-25　一台 220V、10kW 的电炉，采用单相晶闸管交流调压，现使其工作在 5kW，试求电路的控制角 α、工作电流及电源侧功率因数。

第四篇　电工测量基础

第十二章　电 工 测 量

电工测量的主要任务是应用适当的电工仪器、仪表对电流、电压、功率、电阻等各种电量和电路参数进行测量。各种电工、电子产品的生产、调试、鉴定和各种电气设备的使用、检测、维修都离不开电工测量。

本章围绕上述问题首先介绍常用指示仪表的基本构造、原理及分类、型号、标志和基本的测量方法和误差，然后讨论电流、电压、电功率的测量方法，最后简单介绍万用表的基本原理和使用方法。

第一节　常用指示仪表的基本结构和原理

一、指示仪表的基本结构和原理

目前，用于电工测量的仪表大部分仍是“电磁机械式仪表”，一般又称为指示仪表。当被测量接入这种仪表后，仪表的指针在电磁力的作用下发生偏转，并用偏转角的大小反映被测量的数。其中，能够使接受电量后产生偏转运动的机构称为测量机构。测量机构是仪表的核心，没有它就不可能达到测量的目的。同一种测量机构配合不同的测量线路，可以组成测量多种电量的仪表。任何一个指示仪表都是由测量机构和测量线路两个基本部分组成。

各种指示仪表的测量机构主要由驱动装置、反作用装置和阻尼装置三部分组成。

1. 驱动装置

驱动装置的作用主要是利用仪表中通入电流后产生的电磁作用力驱动指针偏转。驱动力矩与通入的电流之间存在一定的关系。

2. 反作用装置

如果仅有驱动力矩，那么仪表的指针只能是满偏或停在零位，不能反映被测量的大小。要使指针能按被测量的大小产生相应的偏转，必须有反作用力矩与驱动力矩相平衡。反作用力矩可利用弹簧力、电磁力或重力产生。

3. 阻尼装置

由于转动部分有惯性，仪表在测量时指针从零位偏转到平衡位置时不会立即停止，而要在平衡位置左右经过一定时间的振荡才能静止下来。为了在测量时使指针能很快地稳定在平衡位置以缩短测量的时间，还需有一个与转动方向相反的阻尼力矩。常见的有空气阻尼、液体阻尼和电磁阻尼等。

指示仪表除驱动装置、反作用装置和阻尼装置外，还有由指针和刻度盘构成的读数装置和使可动部分能随被测量的大小而偏转的支承装置以及起保护作用的外壳和装在外壳上的调节螺丝（校正器）等。

二、三种常见测量机构形式

1. 磁电系仪表

磁电系仪表是由磁电系测量机构和分流或分压等测量变换器组成的。其测量机构动作是依据永久磁铁磁场对载流导体的作用力而工作的，如图 12-1 所示。在永久磁铁两极 N 和 S 之间有一个由细漆包导线绕在铝框架上的方形线圈，其两边端部固定着两个半轴（带轴尖），半轴上各固定着一个游丝弹簧用来把被测电流引入可动线圈，并同时提供反作用力矩。处于磁极极掌面与圆柱形铁心间气隙中的线圈有效工作边可以在圆弧形气隙中转动。由于圆弧形气隙的宽度均匀而狭小，使气隙中的磁力线呈均匀且为经向分布（辐射形），如图 12-2 所示。这种均匀辐射形磁场保证电流线圈受到的转动力矩不会随它的偏转位置而改变。

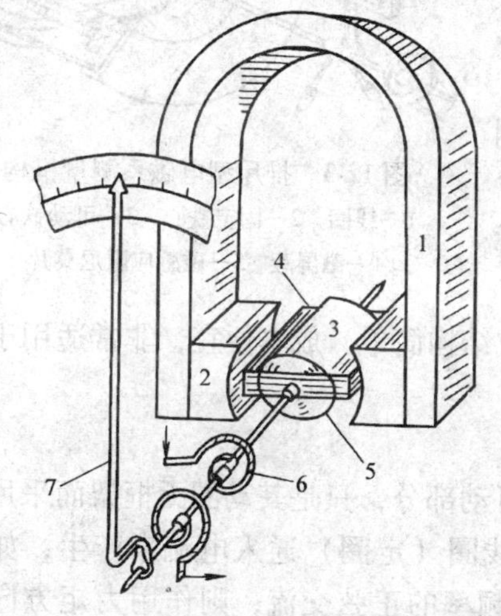

图 12-1　磁电系仪表的测量机构
1—永久磁铁　2—极掌　3—铁心　4—铝框
5—线圈　6—游丝　7—指针

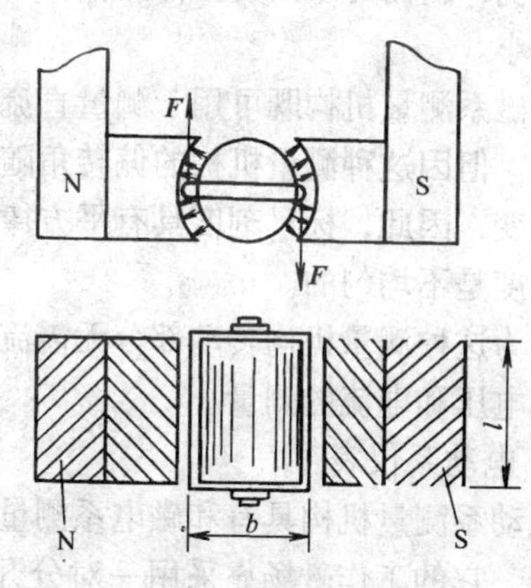

图 12-2　载流线圈与磁场的相互作用

磁电系测量机构中，当通入电流 I 时，测量机构指针偏转角度 α 为

$$\alpha = M/W = BSNI/W = S_1 I$$

式中，M 为可动线圈的转矩；W 为游丝反作用系数，其大小取决于游丝的材料性质和尺寸；B 为气隙中的磁感应强度；S 为动线圈框架的有效面积；N 为动线圈的匝数；S_1 为常数，测量机构的灵敏度。

可见，指针偏转角度 α 与电流 I 大小成正比。因此，仪表就可以用偏转角来衡量被测电流的大小，并通过指针在标尺上直接示出电流的数值，标尺的刻度是均匀的。

注意到磁电系仪表测量机构中，由于永久磁铁的磁场方向不能改变，所以只有通入直流电才能产生稳定的偏转。这种测量机构不能直接用于测量交流量。若加上变换器以后，才可以用于交流电量以及非电量的测量。

2. 电磁系仪表

电磁系测量机构是利用处在磁场中的软铁片受磁化后被吸引或被磁化铁片间的推斥作用而产生偏转。现时应用比较广泛的是推斥型，也有部分表头为了增大偏角或改善标尺特性而采用吸引和推斥结合的综合形式。推斥型电磁系测量机构如图 12-3 所示。图中，固定部分是一个圆形线圈绕于空心圆柱形支架上，空心圆柱支架内壁固定着一个软铁片（称为固定铁心）；装在可动转轴上是一个可随转轴转动的软铁片（称为可动铁心）；反作用力矩仍来自于游丝或张丝弹簧。线圈通入被测电流后产生工作磁场用来磁化以上两片彼此靠近的软铁片。当两铁片磁化时其磁化极性方向一致，因此相互产生推斥力而使可动铁心运动。由于推斥力方向不受线圈电流方向改变而改变，因此这种表头是交直流两用的。

电磁系仪表测量机构中指针偏转角度为

$$\alpha = k(NI)^2$$

式中，k 为系数，其大小由线圈和游丝来确定；N 为线圈的匝数；I 为正弦交流电的有效值。

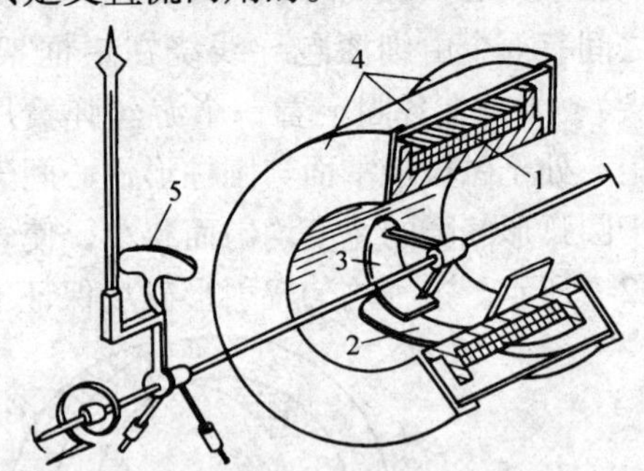

图 12-3 推斥型电磁系测量机构

1—线圈 2—固定铁心 3—可动铁心 4—磁屏蔽 5—磁感应阻尼翼片

可见，电磁系测量机构的偏转角与被测电流的平方成比例，因而可以用其指针的偏转角来衡量被测电流的大小。

电磁系测量机构既可用于测量直流，也可用于测量交流。但因这种测量机构的偏转角随被测电流的平方而改变，因此，标尺刻度具有平方律的特性，即标尺的刻度是不均匀的。

因为这种测量机构转动部分无需流入电流，因此结构简单，成本便宜，非常适用于工业上交流电压和电流的测量。

3. 电动系仪表

电动系测量机构具有和磁电系测量机构相似的可动部分，只是其动圈无框架而采用空气阻尼器。它的工作磁场靠采用一对分开放置的静止线圈（定圈）通入电流来产生，如果可动线圈和固定线圈（定圈）都通以直流或通以同一频率的正弦交流，则作用力矩方向将保持不变。定圈分为两个部分以便于安装动圈，且能使工作磁场较为平行而均匀；动圈的电流由游丝或张丝引入。如图 12-4 所示是电动系仪表结构示意图。

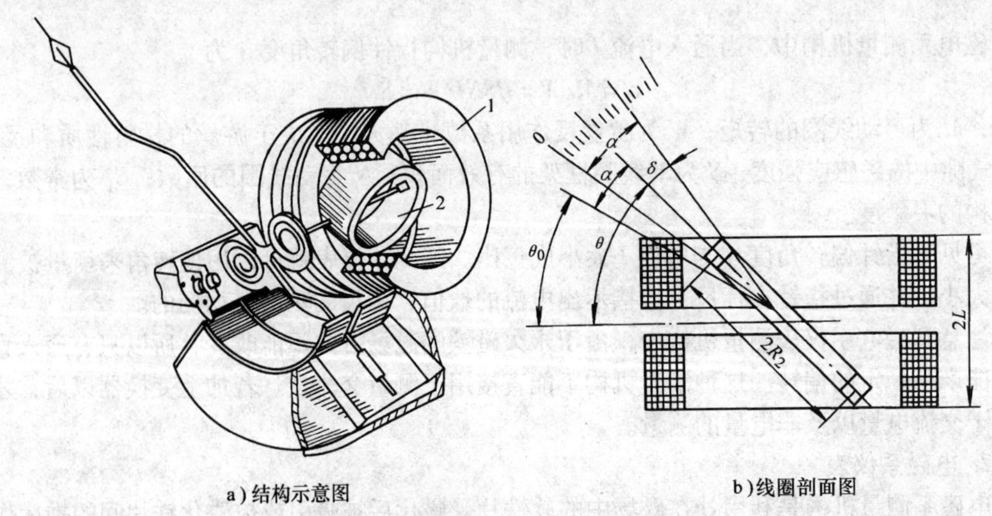

a）结构示意图 b）线圈剖面图

图 12-4 电动系仪表结构示意图

1—固定线圈 2—可动线圈

电动系仪表测量机构中指针偏转角度为

$$\alpha = KI_1I_2\cos\varphi$$

式中，K 为系数，其大小由线圈和游丝确定；I_1 为固定线圈中流过的电流；I_2 为可动线圈中流过的电流；φ 为固定线圈与可动线圈两电流相位差。

可见，电动系测量机构的偏转角与被测电流 I_1、I_2 的乘积大小有关。若将可动线圈与固定线圈串联起来流过同一电流，偏转角度和电流平方成正比。

电动系测量机构可以交直流两用，而且还可以用来测量非正弦电流。

第二节　电工指示仪表的分类和误差

一、电工指示仪表的分类和符号

（1）按工作原理分类　有磁电系仪表、电磁系仪表和电动系仪表等，见表12-1。

表 12-1　指示仪表按工作原理分类

工　作　原　理	仪表类型	代　表　符　号
永久磁铁对载流线圈的作用	磁电系	
通电线圈对铁片的作用	电磁系	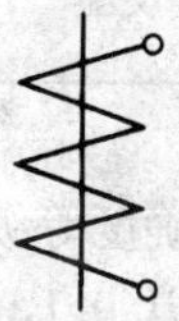
两个通电线圈的互相作用	电动系	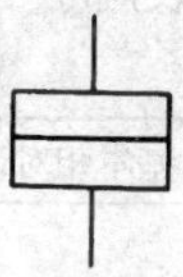

（2）按被测电工量分类　有电流表、电压表、功率表及欧姆表等类型，见表 12-2。

表 12-2　常用指示仪表按被测量的种类分类

被测量	仪表名称	仪表符号	被测量	仪表名称	仪表符号
电流	电流表	Ⓐ	电压	电压表	Ⓥ
	毫安表	(mA)		千伏表	(kV)
	微安表	(μA)		毫伏表	(mV)
	检流表	(↑)			

（续）

被测量	仪表名称	仪表符号	被测量	仪表名称	仪表符号
功率	功率表	(W)	电阻	欧姆表	(Ω)
	千瓦表	(kW)		兆欧表	(MΩ)

（3）按使用方法分类　有安装式和便携式仪表。安装式仪表是固定安装在开关板或电气设备的面板上的仪表。便携式仪表是可以携带和移动的仪表。

（4）按被测电流种类分类　有直流仪表、交流仪表和交直流两用仪表，见表12-3。

表12-3　电工仪表按被测电流种类分类

被测电流种类	仪表名称	符　号
直流	直流表	⎓
交流	交流表	～
直流、交流	交直流两用表	≂

（5）按准确度等级分类　有0.1、0.2、0.5、1.0、1.5、2.5、5.0等七个准确度等级类型的仪表。通常0.1、0.2级仅用作计量标准仪表，0.5、1.0级仪表用于实验室，1.5、2.5、5.0级仪表用于一般工程测量，见表12-4。

表12-4　指示仪表的准确度和基本相对误差

准确度等级	基本相对误差（%）	符号	准确度等级	基本相对误差（%）	符号
0.1	±0.1	(0.1)	1.5	±1.5	(1.5)
0.2	±0.2	(0.2)	2.5	±2.5	(2.5)
0.5	±0.5	(0.5)	5.0	±5.0	(5.0)
1.0	±1.0	(1.0)			

在指示仪表的面板上，除标有仪表类型、电流类型、准确度等级的符号外，还标有仪表的绝缘耐压强度和规定放置位置符号，见表12-5。

表 12-5　指示仪表的绝缘耐压强度和规定放置位置符号

符　号	意　义	符　号	意　义
2kV	仪表耐压试验电压 2kV	→	仪表水平放置
↑	仪表垂直放置	60°	仪表倾斜 60°放置

二、电工指示仪表的测量误差和量程选择

1. 仪表的误差和准确度

各种电工测量仪表，不论其质量多高，它的测量结果与被测量的实际值之间总是存在一定的差值，这种差值被称为仪表误差。

（1）仪表误差的分类　根据误差产生的原因，仪表误差分为下述两大类：

1）基本误差。仪表在正常工作条件下（指规定温度、放置方式、没有外电场和外磁场干扰等），因仪表结构、工艺等方面的不完善而产生的误差叫基本误差。基本误差是仪表的固有误差。

2）附加误差。仪表离开了规定的工作条件而产生的误差，叫附加误差。附加误差实际上是一种因工作条件改变造成的额外误差。

（2）误差的表示

1）绝对误差。仪表指示值 A_x 和被测量的实际值 A_0 之间的差值，叫做绝对误差 ΔA，即

$$\Delta A = A_x - A_0 \tag{12-1}$$

在计算 ΔA 值时，常用标准表指示值作为被测量的实际值。

2）相对误差。绝对误差 ΔA 与被测量的实际值 A_0 比值的百分数，叫做相对误差 γ，即

$$\gamma = \Delta A / A_0 \times 100\% \tag{12-2}$$

（3）指示仪表的准确度　指示仪表在正常条件下进行测量可能产生的最大绝对误差 ΔA_m 与仪表的最大量程（满标值）A_m 之比称为指示仪表的准确度，通常用百分数表示，即

$$\pm K\% = \Delta A_m / A_m \times 100\% \tag{12-3}$$

根据式（12-3）在知道仪表最大读数 A_m 后，可算出不同准确度等级仪表所允许的最大绝对误差。

例 12-1　计算准确度为 1.0 级、量程为 250V 的电压表允许的最大绝对误差。

解：由式（12-3）得最大绝对误差：

$$\Delta A_m = \pm KA_m / 100 = \pm (1.0 \times 250) / 100\text{V} = \pm 2.5\text{V}$$

例 12-2　分别计算用准确度为 1.0 级、量程为 10A 的电流表和准确度为 0.5 级、量程为 100A 的电流表测量 8A 电流时的最大相对误差。

解：用准确度 1.0 级、量程为 10A 的表测量时，

最大绝对误差：$\Delta A_1 = \pm KA_m / 100 = (\pm 1.0 \times 10) / 100\text{A} = \pm 0.1\text{A}$

最大相对误差：$\gamma_1 = \Delta A_1 / A_x \times 100\% = \pm 0.1/8 \times 100\% = \pm 1.25\%$

用准确度 0.5 级，量程为 100A 的电流表测量时，

最大绝对误差：$\Delta A_{m2}=\pm KA_{m}/100=\pm(0.5\times100)/100=\pm0.5\text{A}$

最大相对误差：$\gamma_{2}=\Delta A_{m2}/A_{x}\times100\%=\pm0.5/8\times100\%=\pm6.25\%$

上例说明，仪表准确度提高后，测量结果的相对误差却反而增大了。所以忽视对仪表量程的合理选择而片面追求仪表准确度级别是不对的。为保证测量结果的准确性，通常应使被测量的值为仪表量程的一半以上。

2. 测量误差

测量误差是指测量结果与被测量的实际值之间的差异。测量误差产生的原因，除了上述仪表本身的基本误差和附加误差的影响外，还因测量方法的不完善，测试人员操作技能和经验的不足，以及人的感官差异等因素造成。

根据误差的性质，测量误差一般分为以下三类：

（1）系统误差　这是一种遵循一定规律，在测量过程中保持不变的误差。造成系统误差的原因有测量设备的误差和测量方法的误差两个方面。

（2）偶然误差　偶然误差是一种大小和符号都不固定的误差，主要由外界环境的偶发性的变化引起。

（3）疏失误差　疏失误差是一种严重歪曲测量结果的误差，主要由测量时的粗心和疏忽造成。

第三节　电流、电压和电功率的测量

一、电流的测量

测量电流用的仪表称为电流表。要测量一个电路的电流，必须将电流表与待测电路串联。为了减小由于电流表本身内阻对被测电路工作状态的影响，从而减小测量误差，要求电流表本身的内阻要尽量小，小到与负载电阻相比可以忽略不计。

1. 直流电流的测量

直流电流的测量一般使用磁电系电流表，磁电系测量机构中的游丝要导入和导出被测电流。游丝一般只能流过几十毫安的电流，如果被测电流超过测量机构的容许值，则必须采用分流器加以分流，如图12-5所示。这样磁电系测量机构与分流器并联就构成了磁电系电流表。设分流器电阻为 R_{s}，磁电系测量机构的内阻为 R_{c}，被测电流为 I_{x}，则流过测量机构动圈的电流为

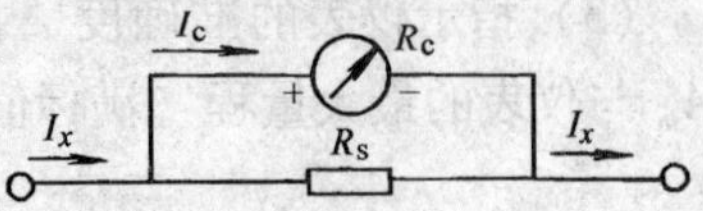

图12-5　磁电系电流表的原理电路

$$I_{c}=\frac{R_{s}}{R_{c}+R_{s}}I_{x} \tag{12-4}$$

一般分流器电阻 R_{s} 比测量机构的内阻小得多，故绝大部分被测电流从分流器流走。通过测量机构的电流 I_{c} 只是被测电流 I_{x} 的极少一部分。

$$I_{x}/I_{c}=(R_{c}+R_{s})/R_{s} \tag{12-5}$$

当 R_{c} 和 R_{s} 数值一定时，被测电流 I_{x} 与流过测量机构的电流 I_{c} 之比是一定的。因此，只要将仪表标尺刻度放大 I_{x}/I_{c} 倍，即可用测量机构的偏转角直接反映被测电流 I_{x} 的大小。I_{x}/I_{c} 称为仪表量程的扩大倍数，用 n 表示，即

$$n=I_{x}/I_{c}=(R_{c}+R_{s})/R_{s}=R_{c}/R_{s}+1$$

故 $$R_s = R_c/(n-1) \tag{12-6}$$

式（12-6）说明，电流表的量程扩大 n 倍，所并入分流器的电阻应是测量机构内阻的 $1/(n-1)$。

例 12-3 有一磁电系测量机构，它的满偏电流为 500μA，内阻为 200Ω。如果把它改制成量程为 10A 的电流表，应并联一多大的分流电阻？

解： 量程扩大倍数为

$$n = I_x/I_c = 10/500\times10^{-6} = 20000$$

分流电阻为

$$R_s = R_c/(n-1) = 200/(20000-1)\Omega = 0.01\Omega$$

实际应用中常要求一只电流表具备几种量程，以扩大仪表的使用范围。由前面讨论可知，并联几个大小不同的分流电阻，就能得到多量程的电流表，如图 12-6 所示。

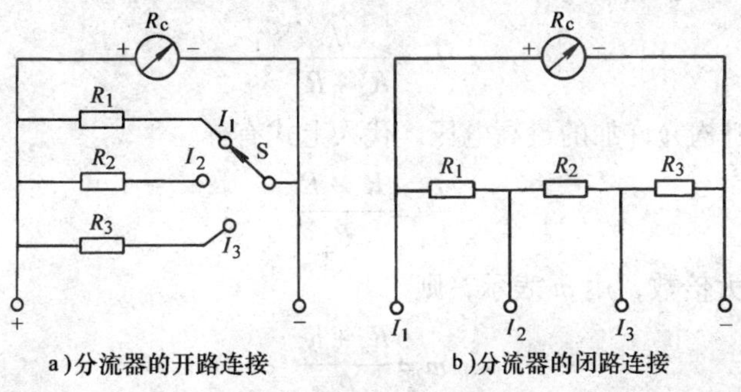

a）分流器的开路连接　b）分流器的闭路连接

图 12-6　多量程直流电流表原理电路图

2. 交流电流的测量

交流电流的测量一般使用电磁系仪表，进行精密测量时使用电动系仪表，由于这两种仪表的线圈绕组既有电阻又有电感，若用并联分流器的办法扩大其量程，分流器很难做得准确，因此一般不并联分流器，而是将固定线圈绕组分成几段，用绕组的串、并联来实现。例如图 12-7 所示为 TA 型 5A、10A 双量程交流电流表，当两组绕组串联时量程为 5A，当两组绕组并联时量程为 10A。

当被测电流很大时，可利用以变压器为原理的电流互感器进行测量。

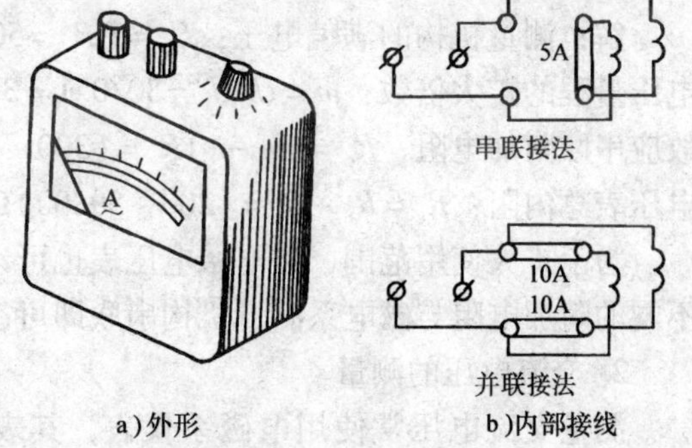

a）外形　b）内部接线

图 12-7　双量程交流电流表

二、电压的测量

测量电压用的仪表称为电压表。为了测量电压，电压表应和被测电路并联，为了避免因电压表的接入使被测电路发生变化而增加误差，电压表本身的电阻要尽量大，或者说与负载电阻相比要大得多。

1. 直流电压的测量

测量直流电压一般采用磁电系电压表，方法是将测量机构的正负两端分别与被测电压的正负端并联。当被测电压为 U，测量机构的电阻为 R_c 时，流过测量机构的电流为

$$I_c = U/R_c$$

我们知道，磁电系测量机构的偏转角 α，可以反映流过它的电流的大小。既然流过测量机构的电流与被测电压成正比，偏转角 α 也就可以反映被测电压的大小，标尺可以按电压刻度，这就成了一只最简单的电压表。

由于磁电系测量机构允许通过的电流是很小的，所以它只能直接测量很低的电压。例如一只满偏电流 100μA 的磁电系表头，内阻为 450Ω，用它直接作为电压表时，所能测量的最高电压 $U_c = I_c R_c = 100\mu A \times 10^{-6} \times 450\Omega = 45mV$。

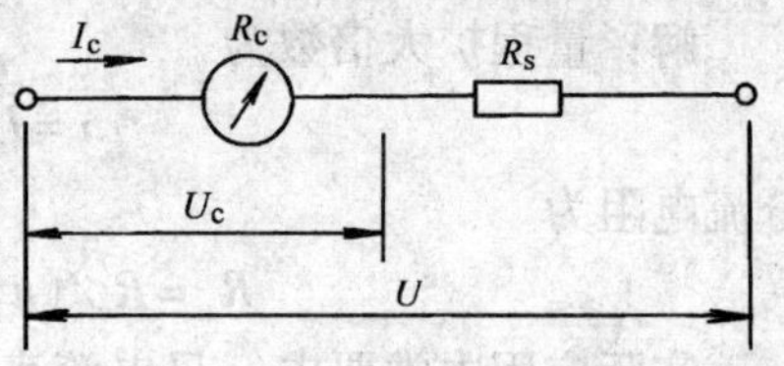

图 12-8　用附加电阻扩大电压表量程

显然，这是不能满足测量较高电压要求的。为了扩大量程，一般采用附加电阻和测量机构串联，如图 12-8 所示。流过测量机构的电流为

$$I_c = \frac{U}{R_c + R_s}$$

而 $U_c = I_c R_c$ 是测量机构允许加的最高电压，代入上式有

$$\frac{U}{U_c} = \frac{R_c + R_s}{R_c}$$

U/U_c 是电压量程扩大倍数，用 m 表示，则

$$m = \frac{R_c + R_s}{R_c}$$

故

$$R_s = (m-1)R_c \tag{12-7}$$

式（12-7）表明，当电压量程扩大的 m 倍数时，需要串入的附加电阻是表头内阻的（$m-1$）倍。

例 12-4　一个满偏电流 500μA，内阻 200Ω 的磁电系测量机构，要制成 30V 量程的电压表，应串联多大的附加电阻？该电压表的总内阻是多少？

解：测量机构的满偏电压：$U_c = I_c R_c = 500 \times 10^{-6} \times 200V = 0.1V$

电压量程的扩大倍数：$m = U/U_c = 30/0.1 = 300$

故应串联附加电阻：$R_s = (m-1)R_c = (300-1) \times 200\Omega = 59800\Omega$

电压表总内阻：$R_c = R_c + R_s = (200 + 59800)\Omega = 60000\Omega$

为了扩大使用范围，磁电系电压表也可以制成多量程的，只要按照所需量程的需求选择不同的附加电阻与磁电系测量机构串联即可。如图 12-9 为具有三个量程的磁电系电压表。

2. 交流电压的测量

测量交流电压常使用电磁系仪表，其表头内的固定线圈用细导线绕制而成，匝数较多，它与磁电式电压表一样串有附加电阻以扩大量程。测量 600V 以上的高压时，一般采用以变压器为原理的电压互感器。

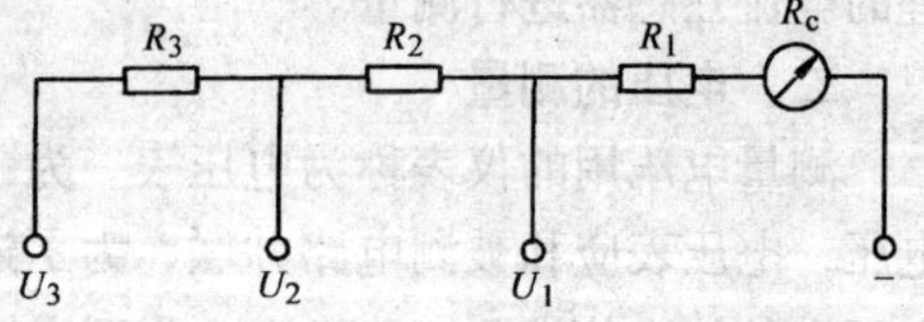

图 12-9　多量程磁电系电压表电路图

三、电功率的测量

电功率由电路中的电压和电流决定，因此用来测量电功率的仪表必须具有两个线圈，一个用来反映电压，一个用来反映电流。功率表通常用电动系仪表制成，其固定线圈为电流线

圈，可动线圈串有一定的附加电阻，称为电压线圈，如图 12-10 所示。

1. 直流功率的测量

直流功率可以用电压表和电流表间接测量求得，也可用功率表直接测得。功率表的接线方法如图 12-11 所示，电流线圈应与负载串联，电压线圈（包括附加电阻）应与负载并联。还要注意电流线圈和电压线圈的始端标记“*”，接线时应将这两端接于电源的同一端，使通过两个接线端电流的参考方向同为流进或同为流出，否则指针将要反转。

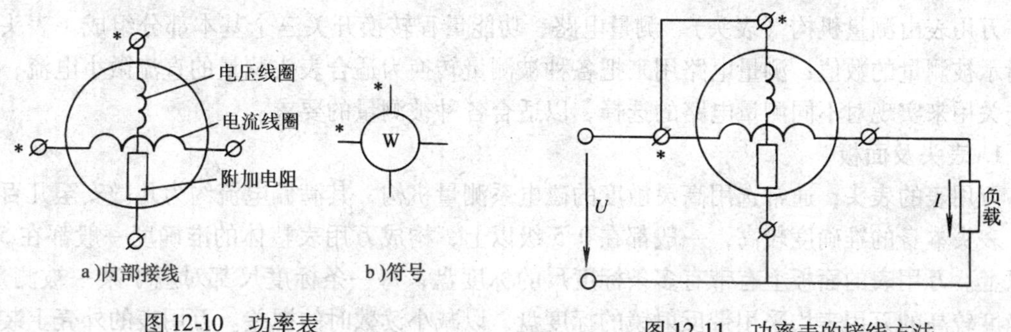

图 12-10　功率表

图 12-11　功率表的接线方法

由于电动系仪表的偏转角 α 与两个线圈的电流乘积成正比，而通过电流线圈的电流即为负载电流 I，通过电压线圈的电流与负载电压成正比，因此电动系功率表的偏转角 α 与 IU 的乘积成正比，即与负载的电功率成正比。只要测得指针的偏转格数，就可算出被测量的电功率数值。

功率表每一格所代表的瓦数称为分格常数，可按下式计算：

$$C = U_m I_m / \alpha_m (\text{W/格}) \tag{12-8}$$

式中，U_m 为功率表的电压量程，I_m 为电流量程，α_m 为功率表盘的满刻度格数。测量时若指针偏转 α 格，则被测量功率为

$$P = C\alpha \tag{12-9}$$

例 12-5　某功率表的满标值为 1250，现选用电压为 250V、电流为 10A 的量程，读数指针偏转的刻度值为 400，求被测的功率为多少？

解：功率表的分格常数

$$C = (U_m I_m)/\alpha_m = 250 \times 10/1250\text{W/格} = 2(\text{W/格})$$

被测功率为

$$P = 2 \times 400\text{W} = 800\text{W}$$

2. 交流功率以及三相功率的测量

测量单相交流电功率时，往往也是采用电动系功率表且接线和读数方法同测直流功率时一样。只是在交流电时，其内部偏转角 α 不但正比于两线圈的电流有效值的乘积，而且正比于两电流相位差的余弦。

在进行三相功率的测量时，要根据电路的连接及形式，采用相应的测量方法。例如：在对称的三相交流电路中，可用一只功率表测出其中一相的功率，再乘以 3 就是三相总功率，这种方法称为一表法。在不对称的三相四线制电路中，可用三只功率表分别测出各相的功率，再相加就是三相总功率，这种方法称为三表法。在三相三线制电路中，无论负载对称与否，联结形式如何，均可采用二表法。关于二表法这里不作详细讨论，有兴趣者，可参考其他书籍。

第四节　万　用　表

万用表是一种多电量、多量程的便携式电测仪表。它的基本用途是测量直流电流、直流电压、交流电压、直流电阻等电量。

一、万用表的组成

万用表由测量机构（表头）、测量电路、功能量程转换开关三个基本部分组成。表头用来指示被测量的数值；测量电路用来把各种被测量转换为适合表头测量的直流微小电流；转换开关用来实现对不同测量电路的选择，以适合各种被测量的要求。

1. 表头及面板

万用表的表头，通常选用高灵敏度的磁电系测量机构，其满偏电流约为几微安至几百微安。表头本身的准确度较高，一般都在 0.5 级以上，构成万用表整体的准确度一般都在 5.0 级以上。万用表的面板上有带有多条标度尺的标度盘，每一条标度尺都对应于某一被测量。准确度较高的万用表均采用带反射镜的标度盘，以减小读数时的视差。万用表的外壳上装着转换开关的旋钮、零位调节旋钮、欧姆零位旋钮、供接线用的插孔或接线柱等。各种万用表的面板布置基本相同。图 12-12 所示是国产 MF30 型万用表的外形图。

2. 测量电路

万用表的测量电路由多量限直流电流表、多量限直流电压表、多量限整流式交流电流表、交流电压表以及多量限欧姆表等几种测量电路组合而成。有的万用表还有测量小功率晶体管直流放大倍数的测量电路。

3. 转换开关

转换开关用来切换不同测量电路，实现测量种类和量限的选择。它大多采用由许多固定触头和可动触头组成的机械接触式结构，一般称可动触头为“刀”，固定触头为“掷”。万用表内通常有多刀和几十掷，且各刀之间同步联动，随转换开关的旋转，各刀在相应位置上与掷闭合，连通相应测量电路与表头，完成各种测量种类和量程的转换。

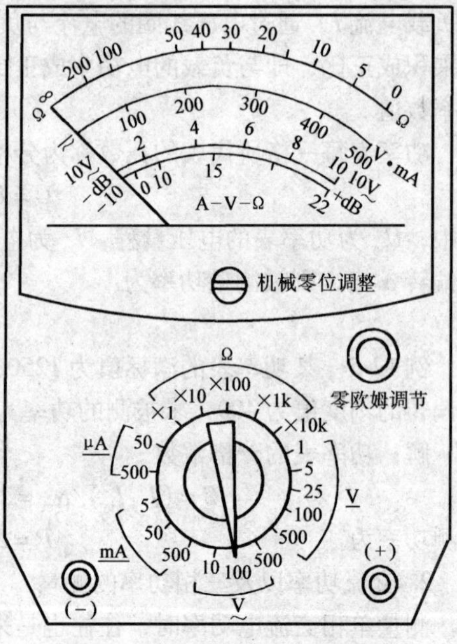

图 12-12　MF30 万用表的外形图

二、测量电路

1. 直流电流的测量

万用表直流电流测量电路，通常采用闭路式多量程分流器，经转换开关切换接入不同的分流电阻，以实现不同量程电流的测量，如图 12-13 所示。

采用闭路式分流器的主要特点是：转换开关的接触电阻与分流电阻的阻值无关，由它引起的误差极小。

2. 直流电压的测量

万用表直流电压测量电路，通常采用共用式附加电阻来构成多量程直流电压表，如图

12-14 所示。

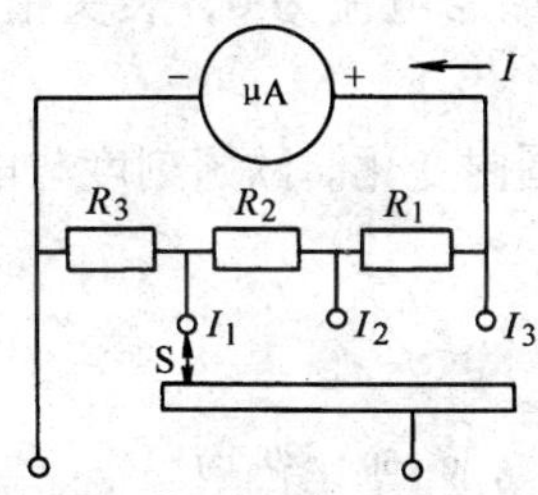

图 12-13　直流电流测量电路

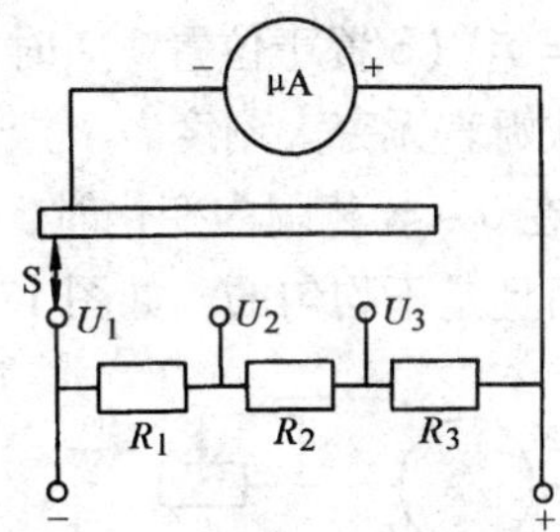

图 12-14　直流电压测量电路

3. 交流电压的测量

磁电系表头的万用表常采用半波或全波整流式转换装置进行交流电压的测量，且交直流电压可以共用同一刻度进行读数。如图 12-15 所示为半波和全波整流式交流电压测量电路。

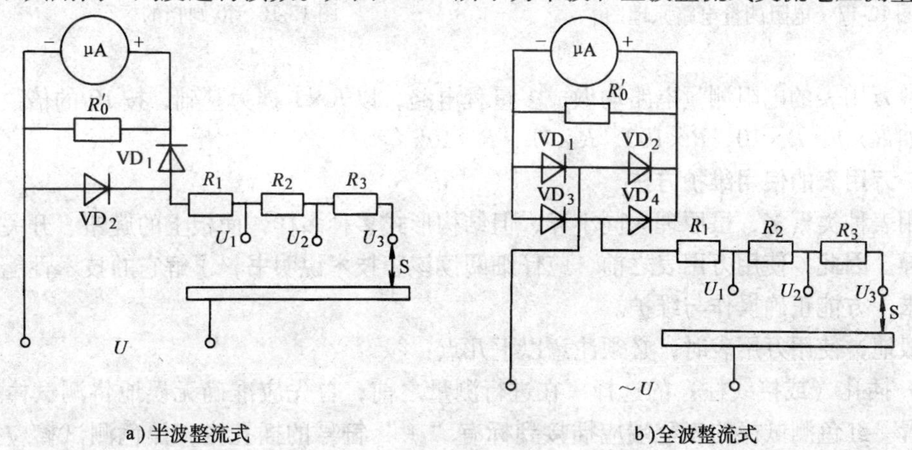

图 12-15　交流电压测量电路

4. 交流电流的测量

万用表交流电流的测量，一般采用分流器扩大量程的整流式电流测量电路，如图 12-16 所示。

5. 电阻的测量

万用表电阻测量电路，通常采用被测电阻与表头及测试电路串联的电路，如图 12-17 所示。在该电路中流过表头的电流为

$$I_m = E/(R_x + r_1)$$

当 $R_x = 0$（被测电阻短路，S 置于位置 1）时，回路电流最大，为使这时的 I_m 刚好等于表头满偏电流 I_m，可用可调电阻 R_p 进行调节。将 $I_m = I_0$ 的点定为零欧姆刻

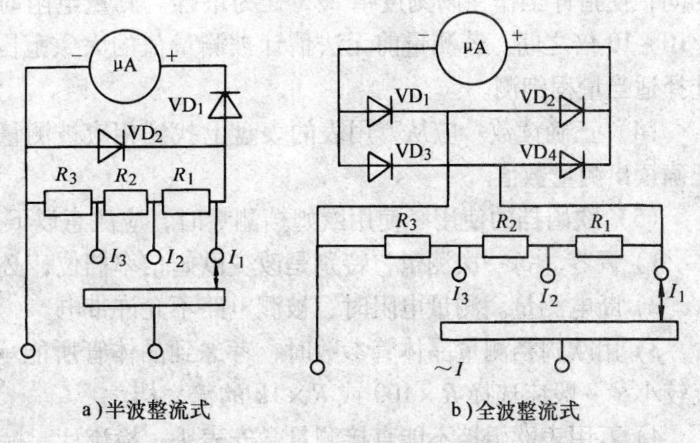

图 12-16　分流式交流电流测量电路

度。

当 $R_x = \infty$（S 置于位置 2）时，电路处于开路状态，回路电流为 0，表头指针不偏转，该点定为欧姆表无穷大刻度。

当 R_x 在 $0 \sim \infty$ 范围内变化时，指针也在 $0 \sim \infty$ 刻度范围内变化。欧姆刻度与电流刻度是相反的，而且是不均匀的，如图 12-18 所示。

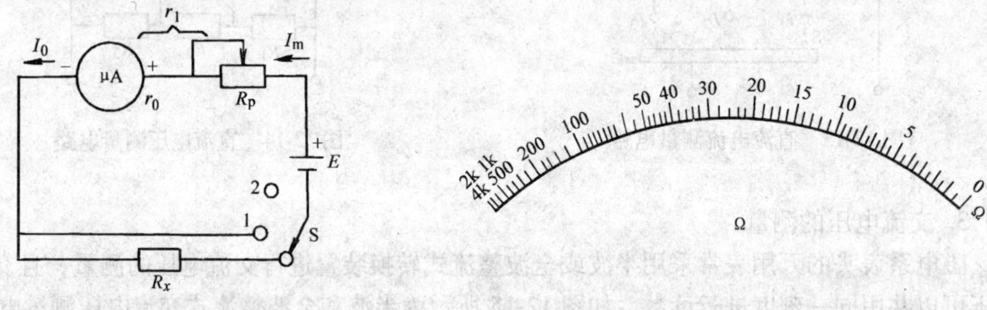

图 12-17　电阻测量电路原理图

图 12-18　欧姆挡的标尺

一般万用表的电阻测量电路均做成多量程电路，以 $R\times1$ 挡为基础，按 10 的倍数来扩大量程。如 $R\times1$，$R\times10$，$R\times100$，$R\times1\text{k}$，$R\times10\text{k}$ 等。

三、万用表的使用维护方法

万用表种类繁多，虽原理大同小异，但结构形式多种多样，面板上的旋钮、开关布局也各有差异。因此，使用万用表之前，应仔细阅读该表技术说明书，了解它的技术性能，严格按照要求，方能正确操作与维护。

一般地，使用万用表时，必须注意以下几点：

（1）插孔（或接线柱）的选择　在进行测量之前，首先应准确无误地将测试棒插入相应的位置。红色测试棒的表笔端应插接到标有“+”符号的插孔内，黑色测试棒应插接到标有“-”或“*”符号的插孔内。

（2）测量档位的选择　使用万用表时，应根据测量的对象，将转换开关旋至相应的位置上。不可搞错，否则将引起不良后果，轻者损伤仪表，重者烧毁表头。

（3）量限的选择　用万用表测交、直流电流电压时，其量限的选择和电流表、电压表相同，使指针工作在满刻度值 2/3 处为最佳。测量电阻时，则尽量使指针在中心刻度值的 1/10 ~ 10 倍之间。若测量前无法估计被测量值的大致范围时，应先用大量程粗测，然后再选择适当量程细测。

（4）正确读数　应从万用表的表盘上找到相应被测量类型的标尺并根据被测量及量限正确读出测量数值。

（5）欧姆挡的使用　使用欧姆挡测量时，应注意以下几点：

1）调零。每一次测量，特别是改变欧姆倍率档位，必须重新进行调零。

2）断电测量。测量电阻时，被测电路不允许带电。

3）用欧姆挡测量晶体管参数时，考虑到晶体管所能承受的电压比较小和允许通过的电流较小，一般应选择 $R\times100$ 或 $R\times1\text{k}$ 的倍率档。

4）万用表欧姆挡不能直接测量微安表头、检流计、标准电池等仪器仪表。

5）不使用时，不应让两根测试棒短接，以免浪费电池。

（6）归位　万用表使用完毕，应将转换开关旋至交流电压最大档处（一般于交流500V处）。

习　题

一、填空题

12-1　指示仪表的测量机构主要由__________、__________、和__________三部分组成。

12-2　常见的三种测量机构形式是__________、__________、和__________。

12-3　疏失误差是指______________________________。

12-4　电工指示仪表是由__________和__________两个基本部分组成的。

12-5　测量电流时，要把电流表和被测电路采用__________连接方式。

12-6　测量电压时，要把电压表和被测电路采用__________连接方式。

二、简答题

12-7　说明磁电系测量机构的工作原理和特点。

12-8　磁电系测量机构为什么不能直接测量交流？怎样才能测量交流？

12-9　常用电工仪表中有哪些标志符号？各标志符号表示什么含义？

12-10　仪表误差分哪几类？仪表误差采用的表示方法有哪几种？

12-11　指示仪表的准确度等级有哪些？

12-12　测量误差分为哪几类？怎样减少或消除这些误差？

12-13　为什么电流表要和负载串联，电压表要和负载并联？如果接错了，有什么后果？

12-14　对电流表和电压表的内阻各有何要求？为什么？

12-15　怎样正确选择功率表的量程和正确连接功率表？画出连接电路图。

12-16　万用表由哪几部分组成？万用表通常能测量哪些电量和电参量？

12-17　万用表直流电流挡和直流电压挡电路是怎样组成的？

12-18　说明万用表测量电阻的基本原理和电路组成？

12-19　使用万用表欧姆挡测量电阻时应注意哪些问题？

三、分析计算题

12-20　用1.5级、量程为250V的电压表，分别测量220V和110V电压，试计算其最大相对误差各为多少？说明仪表量程选择的意义。

12-21　用量程为10A的电流表，测量实际值为8A的电流，若仪表读数为8.1A，试求绝对误差和相对误差？若求得的绝对误差被视为最大绝对误差，求仪表的准确度等级？

12-22　用量程为5A、内阻为0.8Ω的直流电流表去测量100A电流时，要用多大的分流电阻？当电路中的电流为75A时流过电流表的电流是多少？

12-23　将量程为50V、内阻为20kΩ的直流电压表改装成量程为600V的电压表，需串联多大的附加电阻？

参考文献

[1] 王英．电工技术基础［M］．北京：机械工业出版社，2009.

[2] 李春茂．电子技术基础［M］．北京：机械工业出版社，2008.

[3] 谭永霞．电路分析［M］．成都：西南交通大学出版社，2010.

[4] 邱关源．电路［M］．4版．北京：高等教育出版社，2000.

[5] 席时达．电工技术［M］．3版．北京：高等教育出版社，2011.

[6] 田淑华．电路基础［M］．北京：机械工业出版社，2002.

[7] 陈庆礼，孙秀丽．电子技术［M］．2版．北京：机械工业出版社，2011.

[8] 刘志明．电路分析［M］．4版．西安：西安电子科技大学出版社，2012.

[9] 华成英，童诗白．模拟电子技术基础［M］．4版．北京：高等教育出版社，2006.

[10] 徐新艳，李厥瑾，孟建明．电工电子技术［M］．北京：电子工业出版社，2011.

[11] 徐新艳．数字电子技术及其应用［M］．北京：中国电力出版社，2010.